建筑
鉴赏方法

建筑
鉴赏方法

[意]弗朗西斯卡·普利纳 著
孙萍 译

北京出版集团公司
北京美术摄影出版社

图书在版编目（CIP）数据

建筑鉴赏方法 /（意）普利纳著 ；孙萍译 . — 北京 ：北京美术摄影出版社，2016.6
ISBN 978-7-80501-819-5

Ⅰ. ①建… Ⅱ. ①普… ②孙… Ⅲ. ①建筑艺术—鉴赏—世界 Ⅳ. ①TU-861

中国版本图书馆CIP数据核字(2015)第102519号

北京市版权局著作权合同登记号　01-2014-3927

责任编辑：董维东
助理编辑：刘　佳
责任印制：彭军芳
封面设计：董　璐

建筑鉴赏方法
JIANZHU JIANSHANG FANGFA
[意]弗朗西斯卡·普利纳　著　孙萍　译

出　版　北京出版集团公司
　　　　北京美术摄影出版社
地　址　北京北三环中路6号
邮　编　100120
网　址　www.bph.com.cn
总发行　北京出版集团公司
发　行　京版北美（北京）文化艺术传媒有限公司
经　销　新华书店
印　刷　鸿博昊天科技有限公司
版　次　2016年6月第1版　2018年11月第3次印刷
开　本　135毫米×200毫米　1/32
印　张　11.75
字　数　350千字
书　号　ISBN 978-7-80501-819-5
定　价　69.80元
质量监督电话：010-58572393

目 录

序 言

“对艺术家而言，艺术品的创作是很私人的事情，而建筑物的创作则不是。” 阿道夫·路斯的这番话总结了建筑作品的创作理念。作为一名奥地利建筑师，他被誉为理性主义建筑的先驱。建筑在与其观者（在现实生活中，这些人可以是住户、使用者、路人，甚至是破坏者）进行对话时，经常考虑历史和风格层面的东西而忽略了语义层面。这种对话在语言上使用了非常精确的建构于建筑构件、材料与建筑技术之上的语法结构。这些建筑构件、材料与建筑技术共同构成了建筑物的句法。

本书阐明了建筑的这一特性，分析了建筑的构件及其中所蕴含的象征意义，展示了从柱子到柱头、从墙壁到圆顶等建筑根本特征以及建筑有机体的各构件，比如立面、门、窗、楼梯等，本书的每一部分都关注建筑物的主要结构成分。建筑的主要目的是为了满足人类基本的居住和被保护的需求。通过使用自然界存在的材料，建筑实现了这一目标。因此，建筑必须密切关注这些材料中内在的自然法则。建筑材料对自然法则的依赖性及其自身的限制性赋予建筑一定的特性。这些元素不仅仅是建筑构造的附属品，它们还与历史背景、技术发展水平及建筑师的性格不可分割地联系在一起。它们自身即是建筑形象的象征性语言的化身。

本书首先简要介绍了设计的初始阶段，继而探讨了如下问题：建筑师如何使用现有工具在空间和体量方面将构思的建筑规划付诸实践，这包括实际项目的设计及现代化三维数字化项目系统等。最初想法和最终建筑攻略间的相互关系代表了真正的创造性活动，正是通过这种相互关联，建筑工程才得以实施。建筑师创造了建筑。因此，只有通过建筑师的斡旋，物质世界的某些特征及其社会动态才能被融入建筑中。建筑师作为一个复杂的社会存在，其自身就是解释世界的独特钥匙。

在建筑物的选择方面，本书更青睐欧洲的建筑作品，然而，这并不是要排除亚洲、非洲的建筑作品。建筑作品按其是否符合主题的逻辑进行编排：所示图片不仅体现了各个讨论主题，而且还体现了建筑形态从简单到复杂的演变过程。本书并没有严格地遵循时间上的先后顺序。有时，呈现的顺序与时间顺序不符，有时却又与时间顺序一致。然而，本书力图在每一个主题的结尾处都附上非西方国家建筑作品的例子。在一些案例中，为了强调几个世纪以来在不同文化中建筑形式的持久性而将不同时代的作品进行比较，这是非常有用的。

本书的最后一章主要介绍一些被奉为建筑史原型的建筑典范，这些经典案例跨越了地域，从西方文化的摇篮古希腊到中东，甚至远及日本。其目的是将支离破碎的建筑语言整合为一句连贯的话语，将那些迥异的理念整合为一个统一的指导原则——这就是建筑有机体本身。与其说这关乎以不同的方式组合建筑构件，不如说这关乎传统的风格理念（尽管它们确实是不可避免地出现了）——要创造一种变化的语言，这种语言涉及了建筑物所在地的地理、资金的可用性、赞助商、将服务的目标及相关的创造性人格。

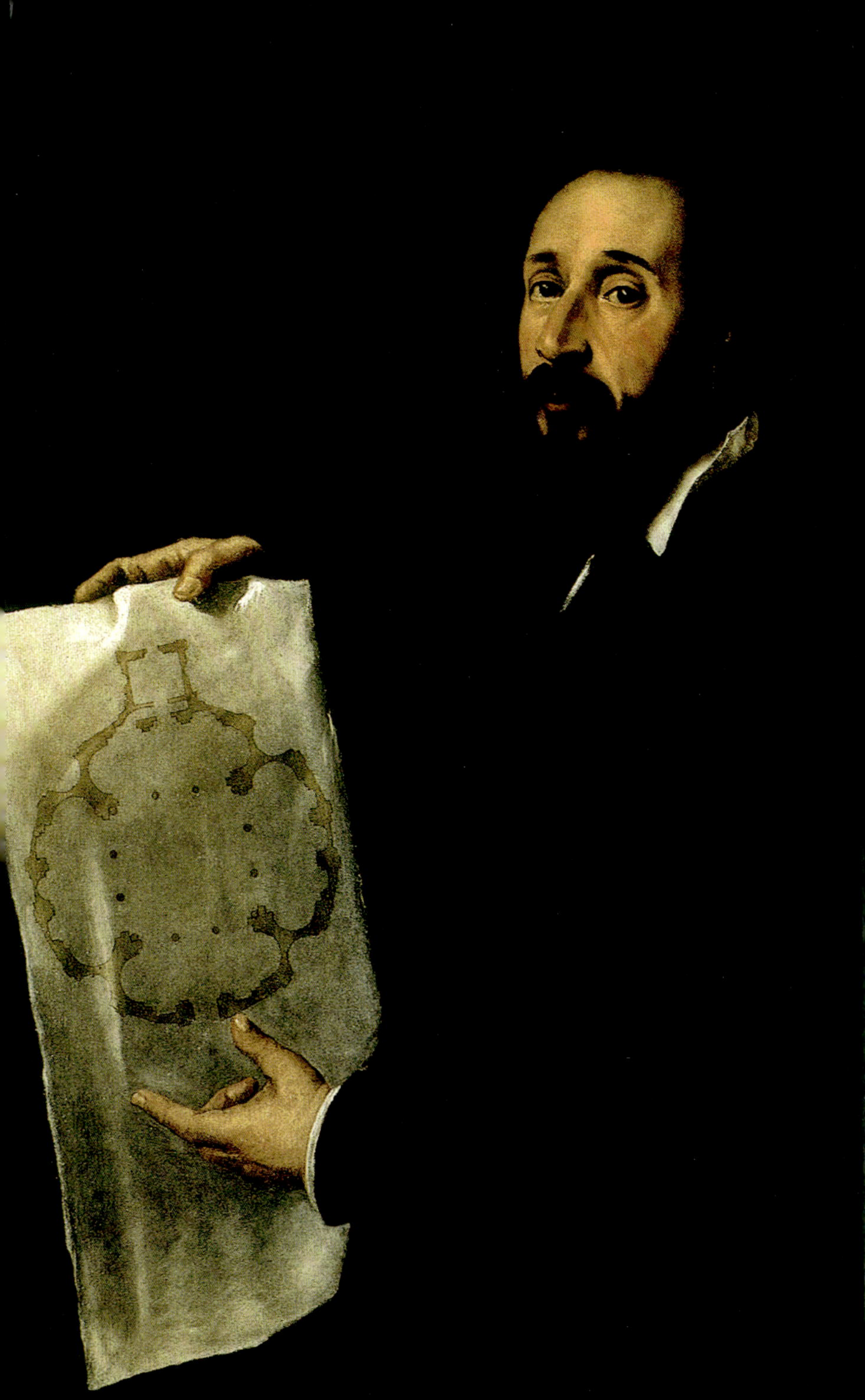

建筑师的工具

提香，
《吉乌利欧·罗马诺》，
约1536—1538年，
曼图亚，德泰宫博物馆。

建筑师的形象

建筑师是设计建筑作品并提供建筑规划的人。在古代，建筑师是一个具有巨大职业尊严的职业。许多首席建筑师的名字都流芳于世，比如塞加拉卓瑟王金字塔群的总建筑师伊姆贺特普（公元前2649—前2575年）以及帕特农神庙的创造者伊克提努斯和卡里拉特斯。罗马时代的杰出建筑师有阿波罗多拉和雷比瑞斯，但那个时期最具盛名的是维特鲁威。他的声誉与其说是源自于一部专著——《建筑学》（成书于公元前31—前15年），不如说是源自于他实际创作的建筑物。

在中世纪的大部分时间里，建筑实践被降格为机械艺术，然而到了20世纪初期，那些让人们联想起其具体作品的建筑师的名字又再次出现了，如兰弗兰科·波利尼和摩德纳大教堂、布斯格多和比萨大教堂、桑斯的威廉和坎特伯雷大教堂。

在哥特式大教堂的建筑现场，建筑师们开始广泛地从几何、数学的角度来理解其作品。沙特尔学派开始把上帝定义为优雅的建筑师、至高无上的建筑师，他按理性和几何规则创造了宇宙。随着文艺复兴时期的到来，这个比喻激励建筑师们以知识分子自诩，这是因为在他们的建筑实践中需要广博的知识。正如维特鲁威传统和古代遗迹的现实所示，建筑学绝不仅仅是一门技艺，它还涉及算数、几何及历史等方面的知识。因此，明确地说，建筑师既是设计者，又是建造者。

16世纪下半叶专科院校的兴起重塑了建筑师的新身份，这个新身份与专业及其象征意义——广场及罗盘——密切相关。从某种意义上说，直到两个世纪以后，这一观点才随着坚强而个性鲜明的专业人士的出现而得以实施。工业革命使建筑师的职业地位发生了显著变化，而现代建筑师则已成为真正的空间设计大师。今天，建筑师的活动范围非常广泛，建筑这一行业需要大量的文化和专业准备。建筑师就站在经济、社会及政治关系这张大网的中心。

术语来源
建筑师一词最早由普劳图斯提出（公元前254—前184年），这个单词的最初形式是architékton，后来，在拉丁语及中世纪世界，演变为architectus，用来指在工地从事指挥活动的人。

相关词条
建筑制图、建筑方案、建筑理论。

《作为宇宙建筑师的上帝》，
出自1220年《道德化圣经》中的微型人像画，
维也纳，奥地利国家图书馆。

布拉格圣维特大教堂彼得·帕尔半身雕塑像，
14世纪。

在中世纪时期，“parler”这一术语被用来指代在建筑承包商不在的情况下，负责将设计付诸建筑实践的专业人士。

在14世纪，“parler”成为一个姓氏，用来指建筑业最重要的一个王朝——帕尔王朝，它引领了中欧、东欧建筑史上的许多进步。

布拉格圣维特大教堂中的彼得·帕尔半身雕塑像证实了在整个14世纪，建筑师的地位日益显著。建筑师不再仅仅是一名优秀的泥瓦匠，他被视为一名知识分子：建筑规划的设计者及建筑实践的负责人，这显然是对创作者独立性的认可。

帕尔家族最为著名的成员彼得·帕尔(1333—1399年）是欧洲晚期哥特式风格的主要代表人物，以其新颖的设计风格而声名远扬。他的设计源泉从当代英国著作到德国北部著作，可谓包罗万象，从而摒弃了法国辐射式建筑风格的主题。

卡洛·方塔纳，
《方尖碑的陨落》，
出自《梵蒂冈宫及其起源》，
罗马，1694年，第三卷第九章第142页。

在机器上部的字母A表示木支架，用来支撑方尖碑的滑轮和绳索都被绑在木支架上；C表示缆绳，这些缆绳用以稳固支撑方尖碑的木框；D代表用以支撑倾斜的方尖碑的横梁；H代表由人操纵或由马匹拉动的绞车。

这幅图画既显示了现场施工实践，又体现了工程方面的光辉业绩：为了放倒方尖碑，将其运往梵蒂冈圣彼得广场而特意修建的木质框架正是教皇西克斯图斯五世城区改造计划的一部分。

在早期，建筑场地的组织反映了分工上的严格区别，建筑大师们监督建筑工人们在每个施工环节的工作。在文艺复兴时期，产生了现代意义上的工地概念。各种业务精通的人士被吸纳为建筑师，而工人们，尽管他们也很专业，却被转化为建筑设计的实施者。工地组织则清晰地展示了脑力活动与实际工作表现的明显分离。

当移动或安置像方尖碑这样沉重而庞大的物体时，需要特殊的建筑物。设计这些器械是为了确保安全性和保障最佳的工作条件。这里描绘的木质结构是由杜梅尼科·丰塔纳设计的。

画法几何

画法几何主要研究如何在一个或更多的平面展示二维或三维图形。它是一个在建筑设计和建筑渲染中非常重要的工具，亦是为了满足工程师、建筑师及制图者的需求而设计的实践性学科。主要绘图方法有中心投影、透视渲染和轴线测定。

透视法既使得在同一平面内绘制三维物体成为可能，又使得以固定的视角描绘远景从而营造一种宽阔感和深度感成为可能。透视法分为两个基本类型：一是直线透视，当所绘物体的各线条汇聚在一点并最终形成一个固定的灭点时，就产生了直线透视；二是空气透视，或叫大气透视法，这种方法通过光和色彩的强弱、深浅变化来描绘距离。在17世纪，透视法从一种绘画艺术演变为数学研究的目标，并被解释为画法几何和投影几何的基本形式。许多专著为前缩透视法提供了实用规则。比如，安德烈·波佐将透视法专门应用于建筑学。他使用正交透视（正交透视是指聚焦线始于各个角，延伸至中心灭点并在中心灭点处聚集）来描绘墙壁和天花板的建造情况。再如，费迪南多·加里·比别纳也将透视法专门应用于建筑学，他将透视法应用于剧场设计领域。

由于轴量法使得通过对笛卡儿平面图像的要点进行正交投影而重建三维图像成为可能，因此它被广泛地应用于建筑制图，以便更清晰而高效地反映建筑物的体量和形式。

术语来源
画法几何的起源可以追溯到文艺复兴时期的透视渲染研究。加斯帕·蒙日的作品构成了其现代理论的基础。他在18世纪末期创建了在同一投影平面展示三维物体的基本原则。

相关词条
透视图。

费迪南多·加里·比别纳，
“建立比例的几何方法”，
出自《建筑透视理论导论》，
博洛尼亚，1732年，第41页。

阿尔布雷特·丢勒，
《制图员绘制躺着的妇女》，
出自《测量论》，第4页，
纽伦堡，1538年。

线透视是一系列的规则体系，这些规则再现了同一平面的三维形态。透视渲染中的要素包括视觉金字塔、灭点、正交直线、水平线。

莱昂·巴蒂斯塔·阿尔伯蒂的《论绘画》（著于1436年）一书介绍了透视图的基本原理，即视觉金字塔与所绘图画表面的交集。这是透视法的第一原则。

在这幅版画中，丢勒展示了如何使用阿尔伯蒂（或网状）帷幕去创造凝缩的女性人物透视图。帷幕与“图画”是一致的，它代表了绘画面与视觉金字塔的交集，其顶部正好与绘画者视线平齐，而其底部正好对应所描绘的物体。

在描绘小图形及小物体时，阿尔伯蒂推荐在艺术家的双眼与所描绘的物体之间设置一个透明的网状帷幕。通过使用一张带有相同网格的纸，艺术家能准确地再现物体的特征。帷幕既是非常实用的应用，也是交集这一几何概念的具体体现。

匿名艺术家，
《理想之城》，
约1475年，
乌尔比诺，马尔凯国家美术馆。

几何透视体系也许清晰地表达了文艺复兴时期“人是宇宙的中心”这一概念。透视法提供了一个理性的空间秩序、一张构图各部分间的对称分裂及前景中物体的清晰影像。在理想之城，视图的中心点及透视的灭点精确地集交于圆形寺庙的大门，这样就创造了一个完美的空间维度，任凭时间流逝和历史更迭，集焦点不变。

透视建筑与观看者之间的关系是直接而明确的；建筑空间被投影到比例严格的模块底端，这些模块符合观察者的视觉感受并反映了其对建筑物的总体印象。

文艺复兴时期理论的说服力是如此强大，以至于许多世纪过去了，都没有任何人怀疑过这些理论。事实上，透视建筑并不与人们的真正视线相一致。

建造城市广场所使用的抽象数学理论，对古典建筑物的诸多参考以及寺庙完美的几何形状，可直接追溯至阿尔伯蒂绘画理论以及皮耶罗·德拉·弗朗切斯卡绘画世界的清晰几何图形。

在古代，光学与透视法之间并没有明显的区分。正是在文艺复兴时期，阿尔伯蒂编纂整理了最初由布鲁内列斯基发明的正确的透视表示法，作为对空间的合理测量及对比例的合理描述的一个部分，透视表示法指正交直线在一个或两个（例如在双焦透视中）灭点相交。

多纳托·伯拉孟特，
圣沙提洛的圣玛利亚大教堂里虚假的唱诗堂，
1479—1482年，
米兰。

圣玛利亚大教堂是将透视幻觉主义应用于建筑物的首例代表作。伯拉孟特使用绘图的方法实现了真实空间与虚幻空间的某种平衡——这种方法是通过使用事实上根本不存在的透视空间而被发明出来的。

由于存在空间不允许建造足够深的唱诗堂来使内部空间显得对称，伯拉孟特用粉饰灰泥创造了一个“透视”唱诗堂，其虚幻深度为教堂的圆顶提供了它所需要的视觉支持——在假设的拉丁十字架的第四臂上。

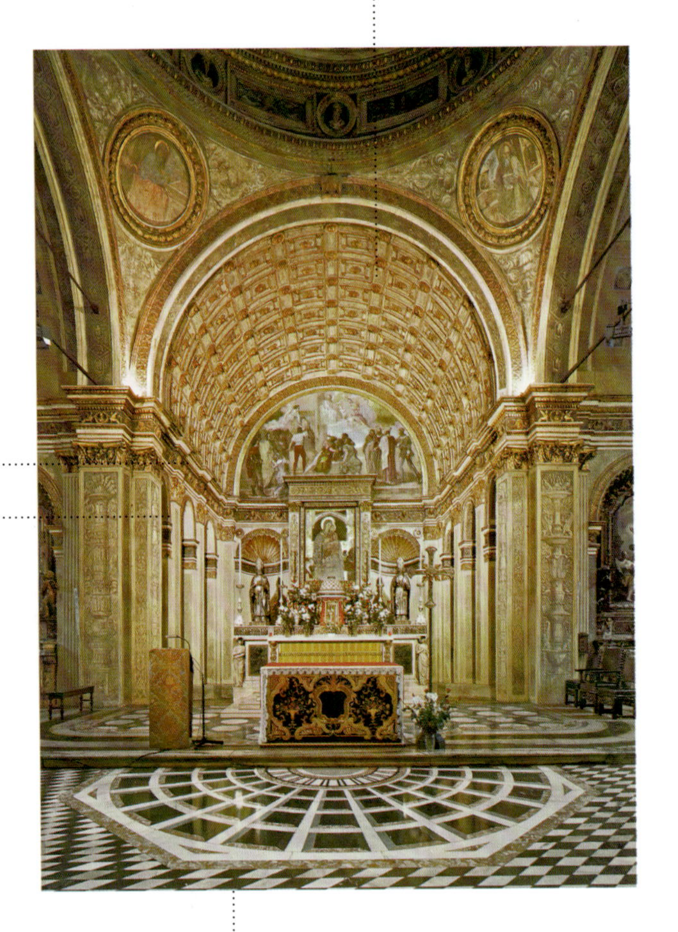

唱诗堂具有一定的结构逻辑：伯拉孟特尽可能地表现了墙壁的厚度以增强透视图的三维效果，他采用了与真正的建筑中相同的材料、颜色和装饰图案。

建筑因此有了可感觉得到的比例，这与实际建筑物的比例是类似的：在一个实际宽度为120厘米（1厘米=0.39英寸）的地方，伯拉孟特设计了一个看上去似乎有11米（1米=39.37 英寸）的翼，由柱墩上的三扇凸窗相分隔。通过这种处理手法，他使视平线在某种程度上增高了，从而强调了圣像和圣坛的重要性。

在这个唱诗堂里，伯拉孟特将实际的结构与透视所产生的虚幻可能性和谐地融合。透视不再仅仅是应用于建筑的图形效果，而是建筑本身的杰作。

乔瓦尼·圣蒂尼，
圣约翰·内庞穆克教堂，
1719—1722年，
日贾尔。

显然，通过外部的圆顶檐口人们即可了解内部构造的动态设计。在这个结构中，数字“五”不断重现：有五个入口、五个小礼拜堂、五个圣坛——据说，在圣约翰·内庞穆克升天的那一刻，在他头部周围出现了五颗金星。

伸长的舌头形状的窗户象征着圣约翰·内庞穆克的殉难：由于他拒绝泄露国王的妻子索菲娅忏悔的内容，国王温塞拉斯四世将他斩首。

圣约翰·内庞穆克教堂的轴侧投影将中央圆形空间与从外部及内部插入的椭圆相结合。圣蒂尼使用了带有五个椭圆形的复杂星形平面图，与设置在圆形中心周围的五个三角形的壁龛相间，与外部的凸状结构交相辉映。

圣约翰·内庞穆克教堂是欧洲巴洛克时代晚期独一无二的哥特式风格的教堂，颇具怀旧和荒谬感。事实上，圣蒂尼设计了一个华丽的、纯粹用于装饰而没有结构功能的相互交织的肋拱结构。

在内部表面的设计上，很明显，圣蒂尼充分利用了丰富的文化元素，用灰泥和苍白的石膏粉装饰，并与哥特式肋拱结构相连；他对窗户的巧妙设计使得整个建筑光照充足。

所采用的中央设计并没有彰显向心力或离心力对它的影响，生成建筑体的并置以及连续墙都使空间看上去是封闭的。

平面图与测面法

平面图是水平面的截面，将建筑物、建筑物的一部分或建筑构件按比例缩小。从某一高度切入，平面图描绘了建筑物位置的正投射、内部空间的大小以及门、窗、楼梯、支承结构等构成要素。尽管很抽象而且与具体的视觉体验无关，但平面图在设计上却非常重要，因为它有效地阐释了建筑作品。

最常见的平面图有三种：第一种是中心平面图，在这种平面图中，各建筑物对称性地排列在中心点周围；第二种是轴平面图或巴西利卡平面图，在这种平面图中，各建筑物沿着中轴对称、纵向排列；第三种是与基督教建筑密切相关的十字形平面图，清晰地再现了十字架的象征性形态，这一十字架形态有很多变体，比如希腊十字架（各部分大小相同）、拉丁十字架（对应教堂正厅的纵向部分要比对应教堂十字形侧廊的横向部分长）和圣安东尼十字架（像一个T形）。除了这三种最常见的平面图，还有由一系列椭圆相互连接构成的椭圆形平面图及没有任何特殊体量的形式，也不被对称格式或对称关系所限制的敞开式平面图或自由平面图。在现当代建筑中，平面图仅代表建筑物的理性需求和功能需求或建筑师对空间现实的个人理解。

测面法创造了不带浮雕的水平地形投影。它被广泛地应用于城市设计中，以确定如何使用某块土地，从而囊括了任何建筑的设计。

术语来源
在16世纪，平面图这一术语被引为建筑学用语，以代替当时普遍采用的iconografia一词，该词源自维特鲁威语，意为平面图形的绘画。

相关词条
透视图。

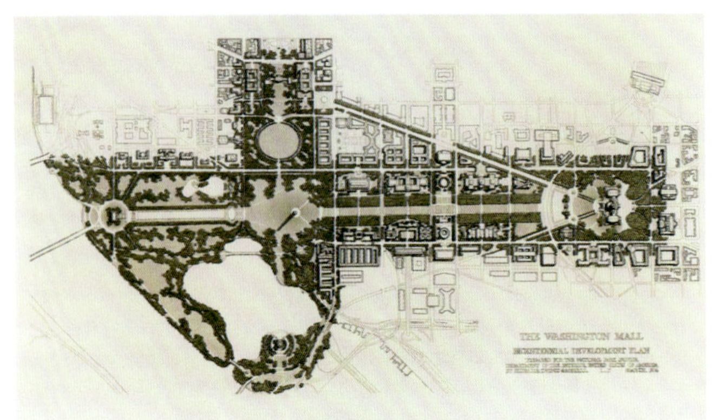

斯基德莫尔、奥因斯和梅里尔，
华盛顿购物中心，
1974年，
开发平面图。

集中式构图建筑物的各个部分都对称地排列在一个中心周围：它们的形状是以规则的几何形状为基础的，比如圆形、椭圆形、正方形和八边形等。有时，这些形状是互相连接的，并且尽管其屋顶盖法不同，但这些相连接的部分都附属于中央区域。

罗马万神殿是古代集中式构图建筑的最高代表；直到早期基督教、拜占庭洗礼池和教堂中的纪念性部分之类建筑的出现，建筑才在形式上呈现出多样化的趋势。

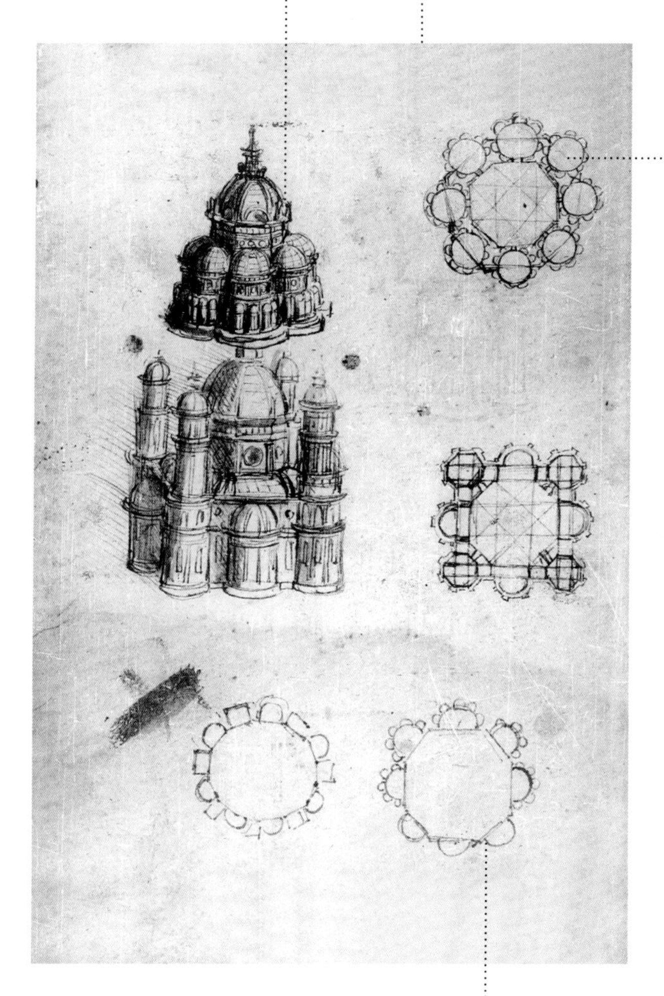

所有意大利文艺复兴时期的艺术都对集中式构图宗教建筑物的理想形态进行了推理性探究；由于这种建筑形式能将各种几何形状和谐地融合在一起，并使用球体、立方体这些简单的立体图形，它代表了追求空间综合体的最高境界，清晰地诠释了天穹及以地球为中心的世界的理性形态，从而，人成为宇宙的理想中枢。

莱昂纳多·达·芬奇，集中式构图教堂研究，科迪斯B，约1490年，法兰西学院，巴黎。

这幅图显示了这样的理念——按照集中式构图原理建造的教堂是以一个精确的对称排列为基准的：四个相等的轴在中央交叉。

这产生了向四周延展的环形且与中央平行六面体相连的小礼拜堂；这种设计再次强调了主穹顶与第二层覆盖物之间的层次。

亚历山大－让－巴普蒂斯特·拉布朗德，
圣丹尼大教堂（法国）及瓦卢瓦小礼拜堂平面图，
出自M. 费利比安《法国圣丹尼皇家大教堂的历史》，
巴黎，1706年。

在纵向的或巴西利卡式平面图中，一个建筑物的所有结构都沿着同一中轴排列。这种平面图被广泛地应用于宗教建筑的部分原因是它被看作人类精神寄托的象征。

唱诗堂有两个非固定的回廊，一个理想化延伸的侧堂和一个向四周延伸的小礼拜堂；高大的窗户穿透墙壁。该平面图让人体验到的是单薄的柱状支承构件，而不是雅致的棱纹穹顶。

由普利马蒂乔设计的瓦卢瓦小礼拜堂的中心平面图以墙复合体为中心并向四周发散开去，形成了三叶形的形状。该平面图显示了人们是如何将文艺复兴晚期被视为独立单元的小礼拜堂移植到中世纪纵向结构中的。

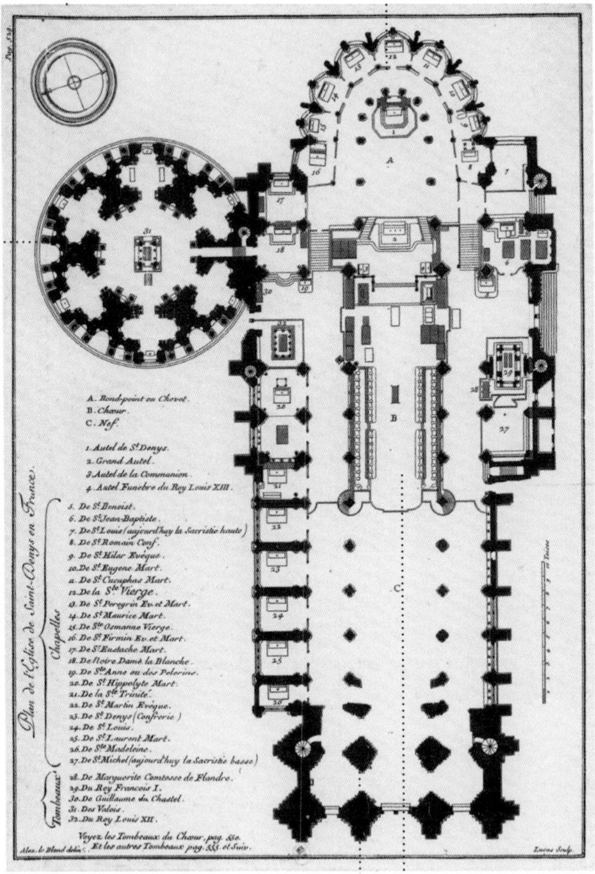

在圣丹尼大教堂平面图中，纵向空间被一系列圆柱分隔，从门口一直到圣坛。可以清楚地看到中堂和侧堂（中堂的面积是侧堂的两倍大），不是很凸出的十字形翼部及侧面小礼拜堂的座位。

教堂被用作修道院的意图是很明确的：为修道士预留的区域与为信徒们预留的区域被截然分开。

卡洛·丰塔纳，
圣彼得大教堂平面图，
出自《梵蒂冈宫及其起源》，
罗马，1694年，
第五卷，第八章。

该平面图阐明了如何将拉丁式的纵长十字架形状应用于伯拉孟特设计的圣彼得大教堂中心平面图原稿中，所使用的不同色调表明了建筑的不同阶段。

颜色深的部分修建于尤利乌斯二世（1503—1513年）任教皇期间，直到保禄五世（1605—1621年）任教皇前。灰白色部分是在保禄五世任教皇期间建造的，在此期间，东翼被扩建，希腊十字架平面图亦被代替。

伯拉孟特的最初设计是以希腊十字架平面图为基础的：半球状的穹顶位于各翼的交汇处，四个稍小一点的穹顶坐落于四角，各个带角楼的后殿均位于外墙内部，只有几个主要的后殿延伸到墙外。

四个巨大的柱墩威严矗立，用以支承拱券，直径大约有40米的穹顶就位于拱券之上。

中堂两侧配有侧堂和侧面小礼拜堂；侧堂被椭圆体的穹顶覆盖。小礼拜堂的正面还有一个柱廊。

丰塔纳清晰地展示了沿中线的两个平面图的不完美并置，指出字母A和B稍稍偏向中堂北侧。字母C表示由于这种偏离，各柱子相连后成锐角而不是直角。

瓜里诺·瓜里尼，
神圣的圣玛利亚大教堂平面图，
里斯本，1656—1659年，
出自《建筑学院》，
都灵，1737年，第17页。

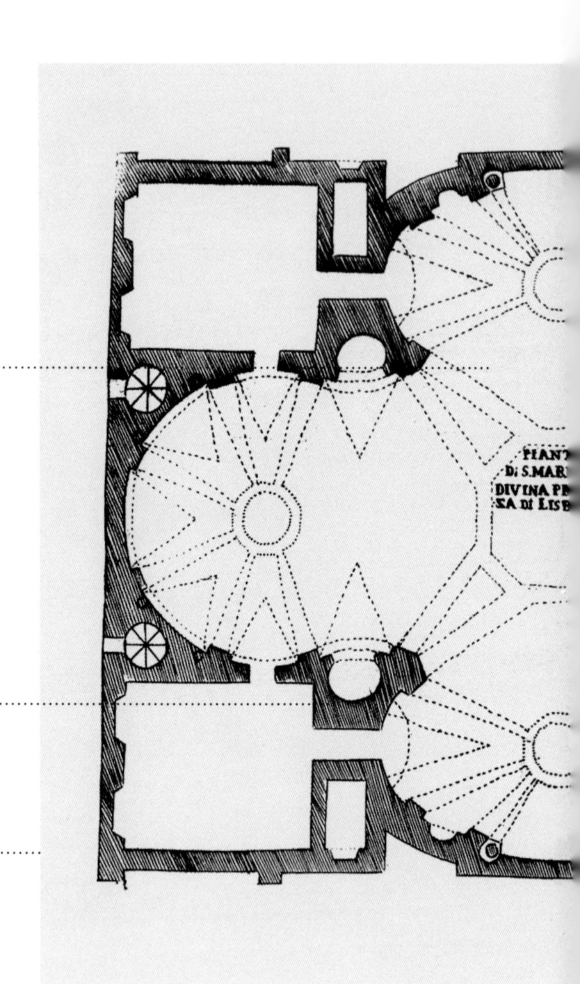

该平面图似乎是按照传统风格绘制的，它以巴西利卡式格局为基础，带有十字形翼部和半圆形后堂。但其纵轴是由一系列椭圆形拱顶构成的，中堂和十字形翼部有机地结合在一起，从而给人以不断运动的视觉印象。

瓜里尼创作了单室空间，这些单室在组织结构上都遵循脉动并置的原则，这就沿中堂营造出波浪形的运动效果，使柱子看起来像在震动。事实上，复杂形状的柱子也是按同样方式进行排列的，其侧面是较小的独立柱子，这体现了椭圆形的小礼拜堂的结构特征。

在这里，作为一名科学家兼建筑师的瓜里尼以一种癫狂的方式应用几何规则，这是因为事物间的关联是精确而有象征意义的。

作为巴洛克时代的典型代表，该平面图将一系列椭圆形连接在一起。通过这种方式，统一的建筑整体被分割为很多独立的空间单元。

这种被称为“组合艺术”的方法曾轰动一时，人们在赞叹之余也感到很困惑：所有直线轴都彻底消失了。

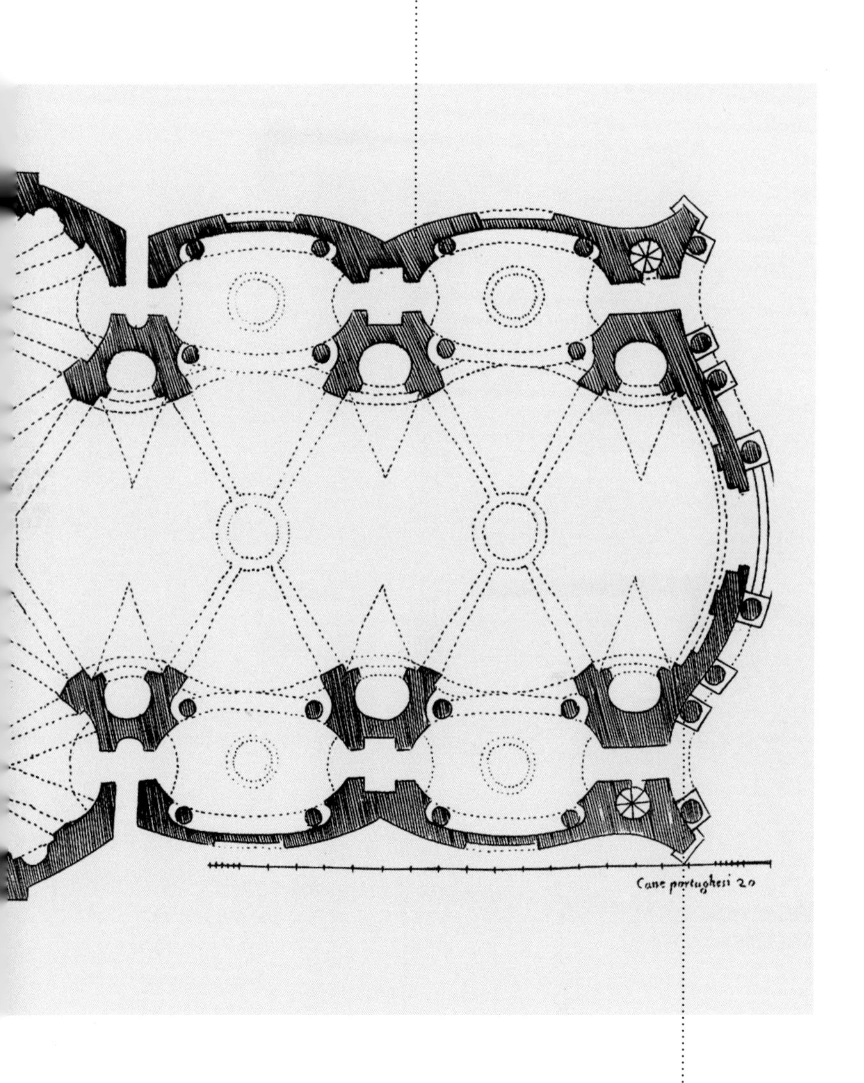

整个教堂都使用曲线形设计，从新月形的正面到波浪形的墙壁和拱顶，都摒除了界限的概念。

理查德·迈耶，
挪克伯住宅方案图，
佛罗里达州，
1995—1998年，
那不勒斯。

当代建筑在很大程度上依赖于所谓的开放式布局：这种布局形式不受限于任何对称设计或构图，而仅仅为了满足理性和功能性的需求或服从于建筑师对空间现实的个人理解。

因其作品的非凡理性而闻名于世的建筑师理查德·迈耶设计了一个以直线的垂直排列为基础的建筑物，大小几乎相同的房间都呈直线排列。

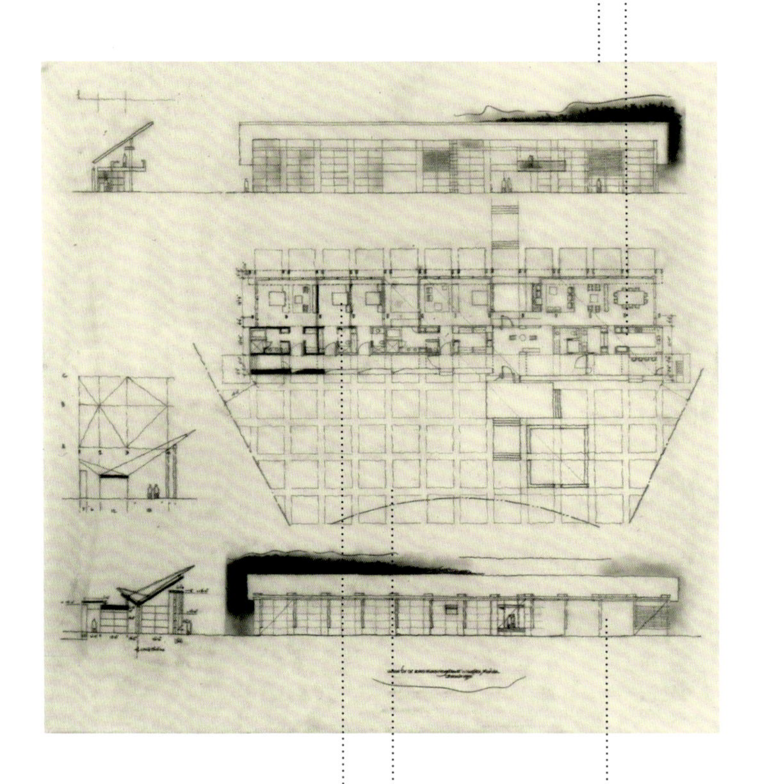

整齐的卧室和服务区绵延85米，奢华而威严的住宅顶部是倒三角形屋顶。

理查德·迈耶特别注重挪克伯住宅的外表，将该住宅变成了一个巨大的凉廊。透过高大的窗户可以俯视南侧的日光浴室和游泳池，以及另一侧的公园和街道。

考虑到整体上几何布局的完美性，两个入口实际上是按稍微偏离中心的形式进行排列的，尽管它们看上去像是呈一条直线排列，但令人颇为赞叹。迈耶还设计了按精准的几何网格状排列的花园。

卡罗·穆西基尼，
米兰纪念公墓总平面图，
863年，
米兰市历史档案馆。

该图描绘了米兰公墓的布局及其与孕育它的土地之间的关系；作为城市规划的工具被设计出来，它并不包含浮雕线。

该平面图显示了建筑物的布局以及花园附近的纪念堂，花园内还设有为城中重要家族做葬礼的教堂。

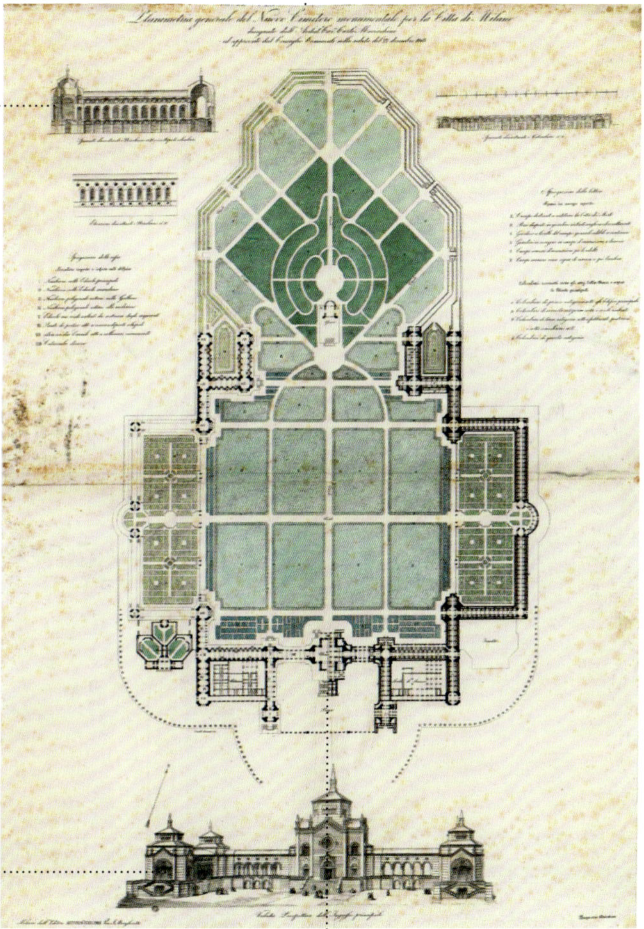

该图包括米尺、正视图图例、剖面图以及纪念堂的透视图，所有这些都证明了从13世纪、14世纪伦巴第建筑风格中汲取的装饰构件的使用。

中心建筑的透视图表明纪念堂的两翼都带有柱廊；这种巧妙的布局使人除了能清晰地看到中心建筑，还能看到中心建筑背后更为广阔的空间。

该平面视图表明建筑物是按照准确的几何空间排列的，这使得今后有可能再添加或合并各建筑物。可以在不影响该项目整体外观的前提下进行扩建，中央建筑物在构图上起到中枢的作用。

各侧翼对称地向外延展至八边形的小礼拜堂，每隔一定间隔，这些小礼拜堂就出现在交叉点上或各建筑物的尽头，因此也就成为真正意义上的使建筑物的各个部分旋转90°的模块化连接点。

正视图与剖面图

正视图描绘的是整个建筑物或建筑物的一部分的表面，是对物体垂直面的投影。它可以是物体外部结构的投影，也可以是物体内部构造的投影。尽管它往往与建筑物的立面相同，但却并不一定就是建筑物的立面。建筑师将正视图广泛地应用于构图及最终设计阶段，正视图也可以用来代表永远不会被建造出来的建筑。

制作正视图是一个描述的过程，它是设计工作中不可或缺的参考工具，可以简化设计工作并保证其与总体设计相一致，同时，它也解释了建筑物的几何与空间关系。正视图不必一定是一种技术制图，它可以采用各种不同的方法，比如，建筑大师和城市设计师J.J.P.欧德的著名设计图就综合了鹿特丹尤尼咖啡馆立面的所有美学特征。在简单的白色石膏表面，被涂上蒙德里安抽象表现主义原色的正方形窗户和门特别醒目，体现了抽象立体派风格。

剖面图是通过一个垂直的或非垂直的面来展示建筑物的内部构造。它提供了有关厚墙的信息，展示了拱顶的特征，显示了屋顶结构等。剖面图也被叫作纵剖面，是理解建筑物空间关系的重要工具。

相关词条
建筑平面图与测面法、建筑制图、投影。

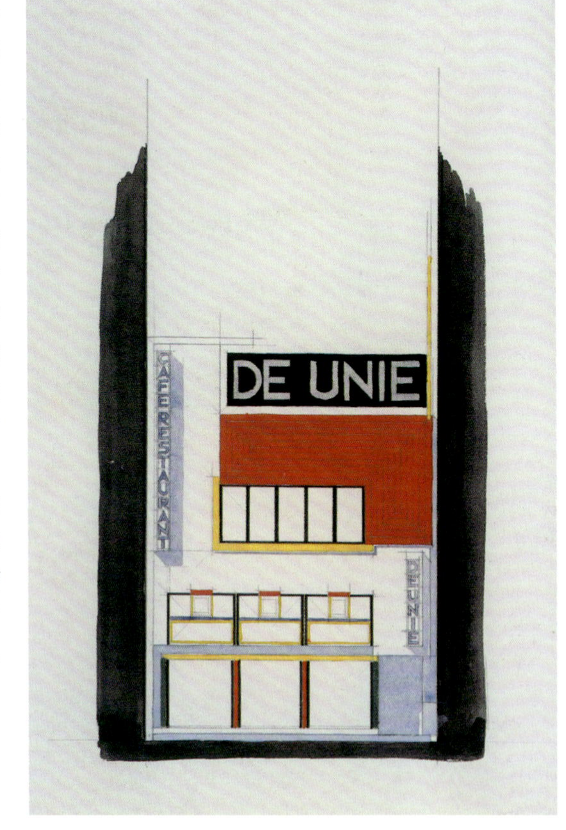

J.J.P.欧德，
鹿特丹尤尼咖啡馆正视图，
1925年，
鹿特丹建筑学院。

菲利波·尤瓦拉，
中央设计式教堂的设计图，
1707年，
罗马，国立圣路加学院。

尤瓦拉设计的教堂立面正视图完美地展现了高大的巴洛克式宗教建筑，包括地面的科林斯式壁柱、规则的平板、入口以及三角形楣饰等。

教堂的上部结构充分体现了巴洛克建筑风格：带状层、檐口、栏杆柱呈几何直线形排列，穹顶被设置在高高的鼓座上，硕大的窗户消失于空中灯塔间，钟楼两侧并列。

教堂平面图充分展示了其体量及空间单元的复杂性，这些是无法在正视图中看到的。如图所示，教堂正好是八边形的中心。立面的混合线结构、楼梯的相关形状、列柱门廊以及呈放射状延伸的半圆形小礼拜堂、圆形钟楼轮廓都一览无余。

雅克·勒梅西耶，
卡普拉罗拉法内斯宫殿视图，
1607年，
梵蒂冈市，梵蒂冈图书馆。

在这幅版画中，勒梅西耶将宫殿的透视图与其剖面图结合在一起；残留的堡垒（最初由小安东尼奥·桑加罗设计的堡垒就是多边形的）地基限制了平面图的形状，使其呈八边形。

该透视图体现了贵族官邸与中世纪居民点之间的联系：将城市一分为二的小路消失在草坪尽头，呈对角线排列的两个建筑物就在草坪旁边；它们之间由两组楼梯相连，第一组楼梯是钳形的，第二组则带有两个坡道。

简单的外部设计以及彰显高贵气质的尖形粗面砌筑、壁柱、呈清晰水平线状排列的檐口和带状层在本质上都与中央圆形庭院相一致。该剖面图体现了雅格布·达·维格诺拉的精湛技艺，明暗对比效果突出的窗户和拱券以及俯瞰内部庭院的粗面砌筑式双层凉廊减少了结构紧凑的建筑物给人的沉重感。

艾蒂安·路易·布雷，
露天剧场剖面图，
出自重建巴黎歌剧院的提案，
1781年，
巴黎，法国国家图书馆。

布雷的剖面图展示了巴黎歌剧院的内部构造，大型观众席坐落于舞台和用镶板装饰的半球形穹顶之间；其背景是一个柱廊，上面是四排包房，纵剖面图使其整体布局一览无余。

内部空间是由其直径上的半圆弧旋转而产生的。若平放，它便会显示出大厅的形状；若竖放，它便创造出整个舞台空间。

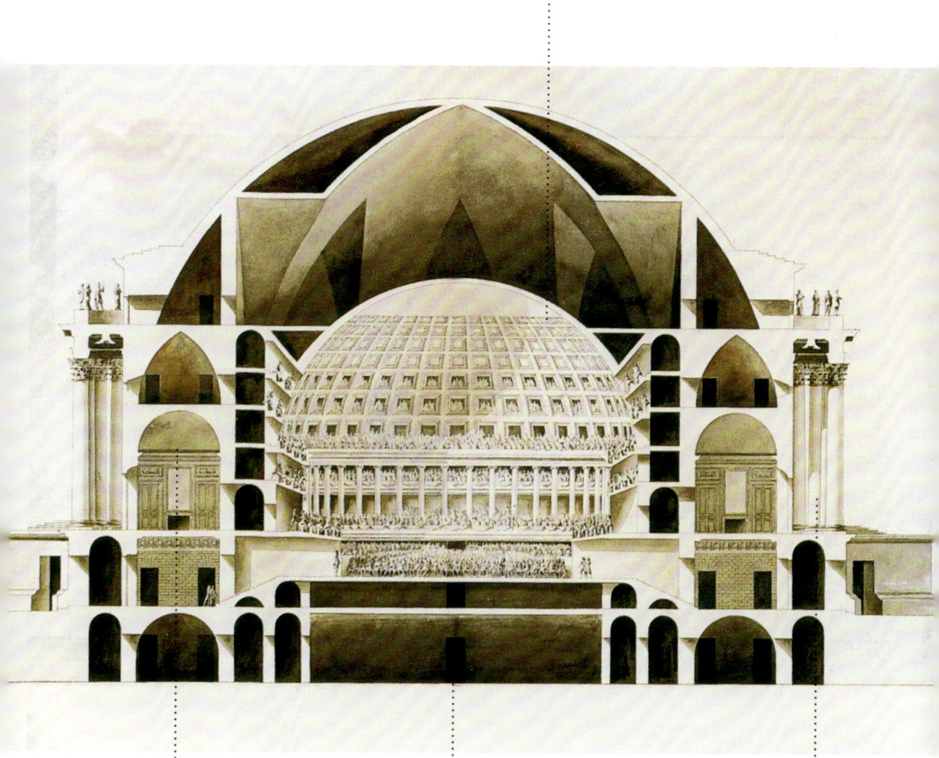

可以清楚地看到，两侧是诸如休息室、门厅、休息区之类的服务区。

该剖面图还显示了用于支撑外立面的巨大科林斯式柱群。

对于为演出而设计的建筑物来说，圆形平面图是个非同寻常的选择。这似乎是源自于带有圆形设计的古代神庙的形象。剧院空间理想造型的设定深深吸引着18世纪下半叶的理论家们。

建筑制图

建筑制图也许是建筑师制图活动最自然、最直接的体现，它在确定了制图的基本方面的同时，也体现了艺术活动和技术活动的区别。建筑制图包括工程制图、徒手图、草图等多种形式，它可以从宏观上处理建筑物及其各个部分；还可以显示出建筑师的手写记录和设计过程中的深思熟虑。早在13世纪，维拉德·荷内柯特便在《利夫雷肖像画》一书中确立了建筑制图在正式审查和施工过程中的双重功效。值得一提的是，在15世纪的人文主义文化时期，阿尔贝蒂在他的《建筑论》一书中将这样的观念编成了法典并流传开来，即不同于具体的施工过程，设计体现的是艺术设计师的思维过程，从而确立了设计师的新地位。

从那时起，建筑制图经历了许多根本性的转变，这些转变反映了透视图几何规则的要求、建筑学规则的编纂、18世纪定义的用分析和数学方法制图的规则、画法几何的科学依据及18世纪中心投影方法的形成。这为双重投影和三维制图奠定了基础。随着工业时代的到来，建筑制图从观念和认知上的工具转化为建筑方案。最近建筑设计业的趋势是赋予建筑制图交际的功能，将建筑方案的数据分析交给计算机去处理。

相关词条
平面图与测面法、正视图与剖面图、建筑方案。

维拉德·荷内柯特，
莫城圣安蒂安娜唱诗堂，
出自《利夫雷肖像画》，
约1220—1235年，
巴黎，国家图书馆。

安德里亚·帕拉迪奥，
希腊出版社，
出自《建筑四书》，
威尼斯，1570年，
第二卷，第42页。

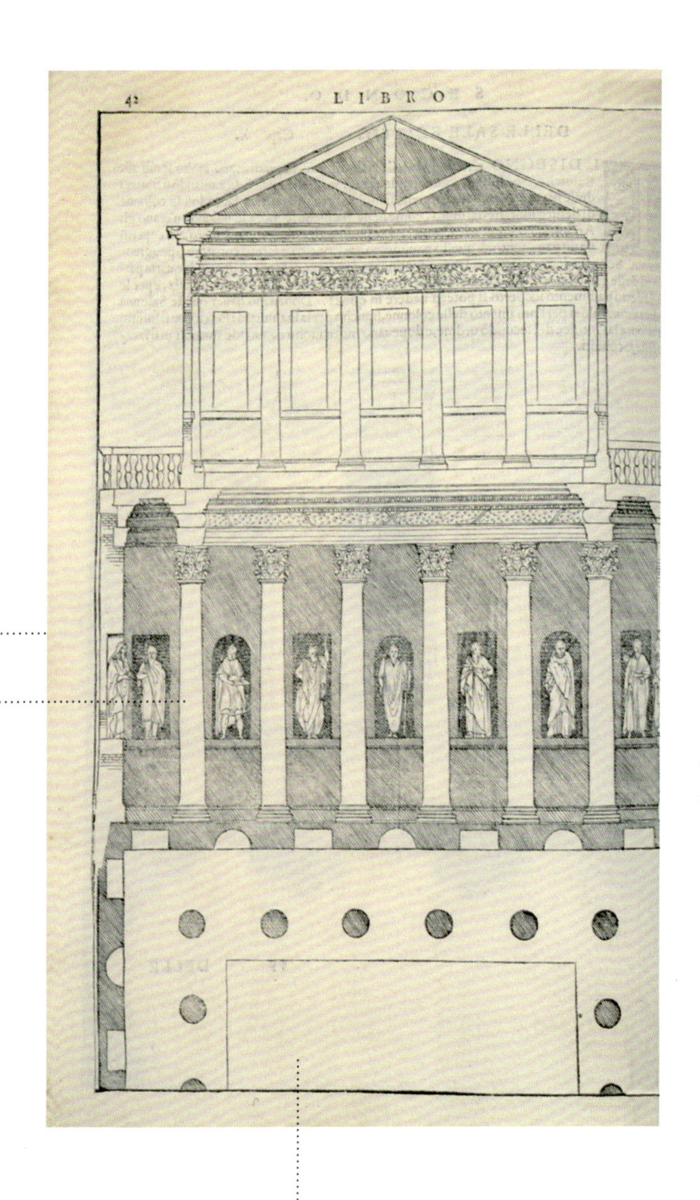

在16世纪，帕拉迪奥将建筑制图编入建筑学规则中。他的目的是使建筑构件在形态组成和结构组成上更加标准化。通过这种方式，他创造了适用于各个时期的建筑法则。

该正视图展示了位于柱廊之上的希腊住宅的正面；科林斯式圆柱支承着其檐部及上面带栏杆的阳台。上面的楼层被一系列规则的壁柱分隔，并终结于三角形楣饰。纵剖面使支承倾斜屋顶的桁架清晰可见。

部分平面图显示了中央列柱走廊周围圆柱的排布以及支承雕像的形状各异的长方形或半圆形壁龛。

赫克多·吉马赫，
巴黎贝朗榭公寓图，
出自《贝朗榭公寓》，
巴黎，1894—1898年。

新艺术时期的建筑制图既强调典型的城市特征——艺术和理性的精心制作，也同样关注公共建筑和住宅类建筑的主题，以及室内陈设和日常生活用品，从整体布局到个性化装饰构件，可谓包罗万象。

作为居住综合体的贝朗榭公寓是巴黎中产阶级世界的中心，该设计图展现了整个建筑的结构，其凸起、凹进及装饰都历历在目，同时也生动地展现了熟铁、砖瓦、石块和陶瓷制品等建筑材料的新颖组合。标志着植物主题大胜利的雅致而自然的装饰风格，增强了各建筑构件的表现力。

两幅平面图展示了建筑用地非同寻常的整齐划一及公寓传统的内部布局；只有建筑物的立面颇具创新性，可这却丝毫没有降低艺术家非凡的创造力。

淡淡的、柔和的色调，雅致的水彩画突出了外表面上石块和石膏的使用。

如图所示，带竖框的或不带竖框的窗户令人愉悦地组合在一起，阳台上林立的铁栏、童话般的塔楼，都彰显出中世纪的风格。

弗兰克·劳埃德·赖特，《国家人寿保险公司办公大楼》，芝加哥，1924—1925年，西摩H.波斯基作品集。

起始于现代主义运动时期，建筑制图经历了一个与实用建筑主义意识形态相一致的转变过程。由于建筑物与城市规划呈现出日益复杂的趋势，建筑制图旨在寻找使其更加合理化的方法：如对住宅类建筑的类型学研究、对城市规模的规划以及使用源自工业生产的建筑材料和技术等。

该图将建筑物描绘成相互关联、相互渗透的集结体。它是一个被牢牢地固定在地面上的用悬臂支撑的集结体式建筑——在某种程度上说，这是一种对建筑的形而上学的解释。

由于使用了彩色铅笔和油墨，赖特的建筑制图展示了多层办公大楼的透视图；同时也体现了他喜欢在模数网格上进行设计，以及使用简单几何形状的习惯。

阿尔瓦·阿尔托，
芬兰的考图阿住宅区透视图，
1937—1938年，
赫尔辛基，阿尔瓦·阿尔托基金会。

唯美的徒手画展示了为奥斯龙公司员工设计的考图阿住宅区：以森林住房概念为基础的建筑青睐生态环保类设计，如适合高密度居住及以强调水平线的矮层建筑为特色的住宅建筑。

阿尔瓦·阿尔托倡导绿色城市的概念，他详细地阐释了被称为城市森林的城市化建筑形式：阶梯状住宅沿山坡而建，这标志着对传统联排住宅和以城市街区为基础的城市模型的重大突破。

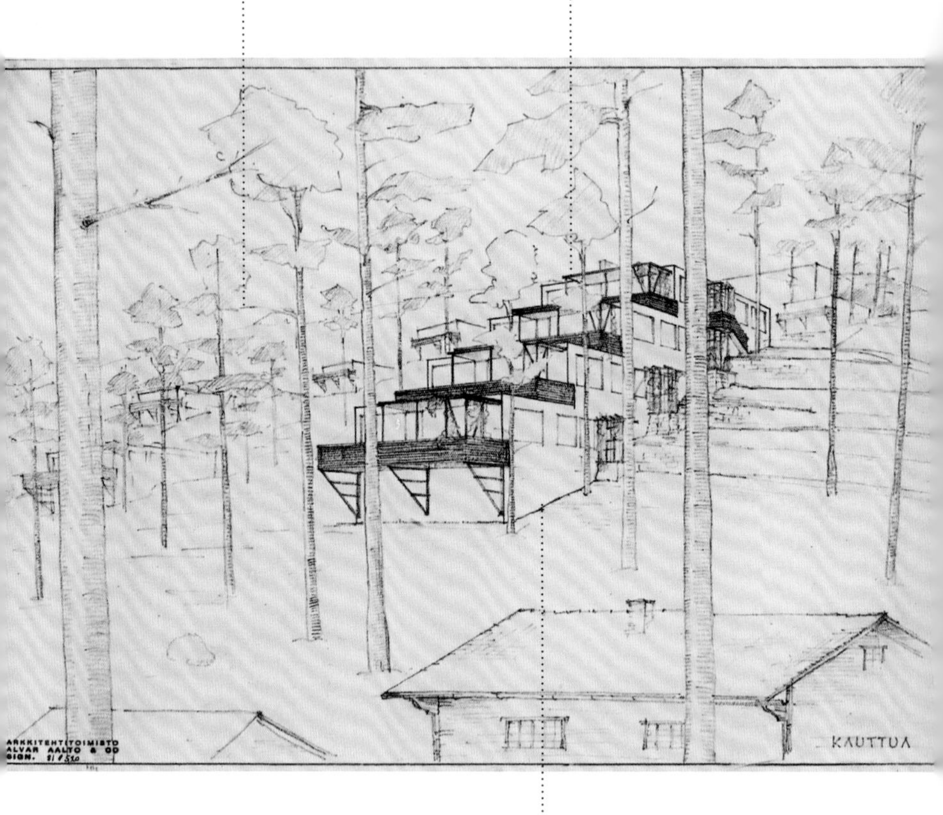

该图描绘了一组主体和地基都是由混凝土制成的阶梯状住宅（尽管只有一所住宅完工），完美地展现了该地区的自然属性，也强调了对光线、空气和阳光的渴望。该城市设计认真地调查了该如何应对来自工业区的建筑挑战。

勒·柯布西耶，
出自《卡尔内》草图No.56，
1959年，第49页。

勒·柯布西耶以其多才多艺和非凡的创造性而闻名于世。他创作的建筑制图常常能引起人们情感上的共鸣，其率性和直观性也颇为引人注目。在其旅行期间创作的《卡尔内》草图是徒手画，既体现了他的建筑理念，又包含其手写的评论。

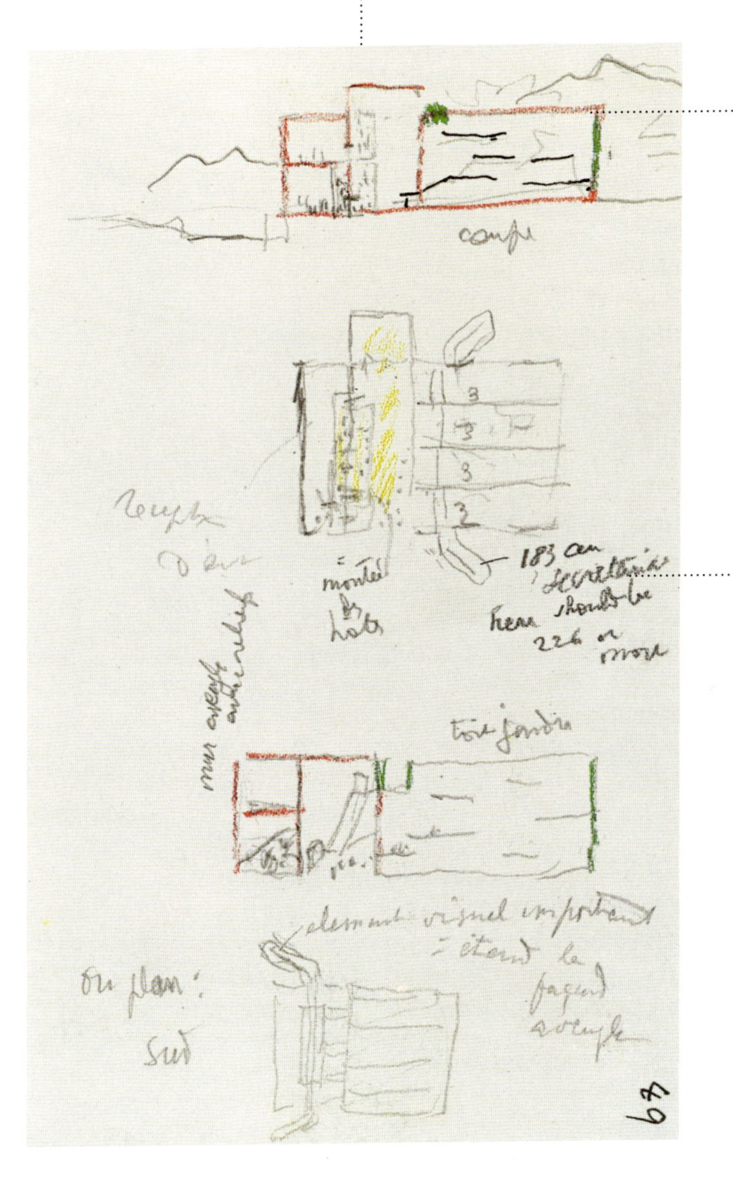

酒店建筑的草图包括一个非常简单的结构的纵剖面，这个纵剖面是由规则的几何形模块组成的，是现代主义建筑的典型代表。

“183厘米高的秘书”这一符号似乎表明了模度的应用。勒·柯布西耶在1948年出版的《模块式协调研究》是以一个身高1.83米的男性的身形和活动为基础的。模度开启了建筑的新理念——根据人的需要去设计，而不是（或仅仅是）按结构的要求或纯粹的组合规则去设计。

建筑方案

建筑方案是一种理论和方法学的阐释方法，它会用到包括技术制图、用计算机处理三维图像在内的各种手法。这种在建筑工作实施前即已完成的建筑方案颇具创造性。建筑方案属于美学范畴：它绝不仅仅属于技术或工具的范畴，而更像是一个需要深入探讨的领域。它绝不能仅仅从结构计算、实体设备、地形图及建筑表现的大小和规模的统一等方面来证明技术的熟练程度，还必须尊重城市背景、社会传统以及建筑类型的知识和其构造最优化、经济学最优化、分布最优化。具体而言，建筑方案必须在艺术上和技术上尊重、诠释、解决拟议结构的所有建筑细节。

数百年来，经典的建筑风格表明所有建筑方案都必须遵循美学上的十全十美，但是现在，建筑形式再也不强调从过去的建筑风格或对自然的模仿中汲取灵感了。建筑工作室成为传递建筑学知识的中心，其创建都是围绕着同一个统一的思想。这种思想更注重方法论而非风格，并且能够面对社会建构的各种需求。同时，战后重建使建筑工作室的建立成为必然。这些建筑工作室聚集了各方面训练有素的专家，以满足大规模的城市和土地转型所带来的建筑挑战。技术、信息及大众传播的国际化与价值的多样化及促进建筑发展的新主观主义相碰撞——被看作是现代社会“盛宴”的新主观主义是后现代主义和解构主义的结合。在近代，人们开始重新注重环境要素，因此尽管有时对位置是持批判态度的，但还是出现了重视位置的建筑方案。

术语来源
建筑方案这一术语最先出现在1838年版科特米瑞·德·昆西著的《建筑学历史词典》一书中，从此，建筑制图与艺术制图被区分开。

相关词条
画法几何、平面图与测面法、立视图与剖面图、建筑制图、模型、效果图。

查理·佩尔西埃，
研究院会议大厦方案，
1786年大奖赛，
巴黎，巴黎国立高等美术学院，

筑理论

随着古典时期建筑学专……维特鲁威的《建筑学》的……建筑理论在15世纪开始蓬……展。在中世纪，该书主要被……学识的来源。它所展示的建……的形象与中世纪的建筑工地……毫不相关：在该书中，建筑……降级为机械手艺，不需要任……术性知识，这些知识是在手……目录中记载过的职业秘密。……5世纪，建筑师又恢复了以……为艺术创造者的尊严，这导……探讨如何通过比例系统和对……的控制来研究空间表现和目……的空间建造类著作的激增。莱……巴蒂斯塔·阿尔伯蒂在他的《论……》一书中主张设计和建筑方……的统治性地位。15世纪的建筑……专著专门为个人和领主所著；……世纪的建筑学专著则专门为职……建筑师所著，比如塞利奥严谨……本质论方法，维尼奥拉在《建……规范》一书中提到的实用法以……帕拉第奥对建筑理论所做出的……深奥的解析等。

在17世纪，建筑文学摒弃了……法论的展示和包罗万象的批判……系而代之以自传体式的专著，……得艺术院校里的建筑师培训失……了其存在的意义。只有法国系……地采取多种方法来发展建筑这……学科领域内的各个主题，从技……进步到功能进步，再到城市设计和花园设计等，目的是识别基本建筑构件并将形式与功能相结合。在18世纪，刊载建筑唯理论原则的文章在写作形式上有所改进；同时，有关考古学新发现的刊物以及展示古迹的浮雕在建筑学辩论中占有特别重要的地位。

在19世纪，建筑学取得了突飞猛进的发展——广泛采纳了新技术和新材料，迎合了中产阶级的各种品位，这改变了传统建筑类刊物的出版形式，出现了有关建筑学的理论文章及专家技术手册。20世纪建筑理论的分化导致了大量著作的涌现，这些著作一般研究建筑学的概念和目的、建筑设计及建筑方法等，但是这些研究大多没有系统性，多以宣言、自传和论文的形式写成，其中也有很多是以杂志和会议论文集的形式出现的。

深度解读

在19世纪之前，公元前1世纪维特鲁威·波利奥的《建筑学》一直被看作建筑学上主要的教学工具书，通过此书，人们可以查阅到有关建筑学术语的各种解释，该书是按照对话的模式编写的，是建筑师灵感的源泉。除了提供准确的构图和比例原则之外，维特鲁威还提供了很多光学、声学、几何、数学和音乐方面的理论，体现了建筑学跨学科的本质。

相关词条

建筑师的形象。

匿名法国艺术家，
《维特鲁威将书呈给奥古斯塔斯》
和《维特鲁威教授学徒》，
出自维特鲁威《建筑学》插图，
15世纪，佛罗伦萨，劳伦图书馆。

扎哈·哈迪德，
费诺科学中心建筑透视图，
1999—2003年，
沃尔夫斯堡。

由扎哈·哈迪德设计的费诺科学中心数字透视图展示了科学中心的水平结构、其复杂的体量以及供公众移动的开阔场地。同时，它也展示了体量的交错和虚实空间的交替等。

线条的不断交错构成了各种各样的形状；由于在各区域间没有视觉上的干扰，这些形状被凸显得异常清晰。

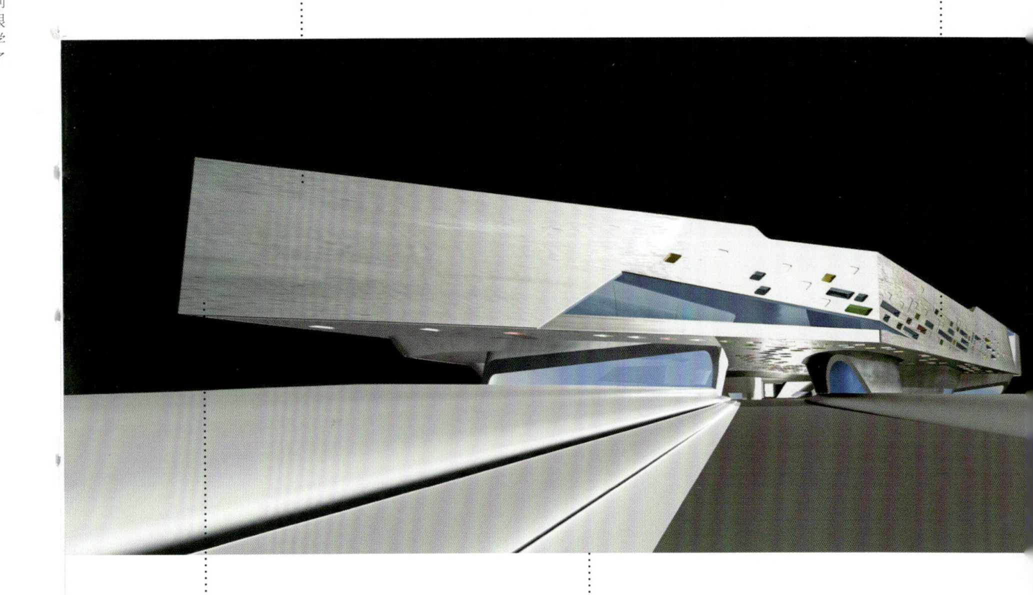

新的科学中心反映了哈迪德明显的动态美学观：建筑物应具有精心设计的婀娜流畅的轮廓，结实而雅致的主体，像刚刚从模子里跳出来一样活灵活现。从远处看，其外形庞大但却并不突兀。虽然整个建筑物丝毫没有触及地面，但横着看却是扁平的。从本质上来看，科学中心是离地八米高的四边形混凝土盒子，这个混凝土盒子被架设在十个作为结构支承的混凝土椎体上。这些圆锥体就像趴在地面的巨型昆虫的脚一样。

该透视图阐释了哈迪德对建筑物空间维度的探究，建筑学被定义为营造新景致的能量场和流通场。

建筑与工程

1747年，法国国立路桥学院的创立确立了工程师这一新的职业人士的地位，这标志着在整个建筑文化领域内开始出现了分裂。将结构的精确性作为其终极目标的工程促使人们寻找新的建筑技术，这就将建筑工程变成了一个获得最经济的材料的手段，以一种理性的方式来组织施工的手段，按照固定的结构构架来设计建筑物的手段。建筑理论之争的术语发生了变化，不再围绕古典柱式展开，而是试图解释不同语言的各种可能的表现形式，这预示着对建筑领域所依赖的历史模型的颠覆。

让·尼古拉斯·路易斯·迪郎在其《皇家综合工科学院建筑学课程概要》（1802—1805年，1823—1825年）一书中解决了建筑与工程的关系问题。该书对19世纪上半叶的专业培训产生了深远影响。建筑学的关注点已经远离了文艺复兴时期建筑师的理想，不再聚焦建筑表现的问题。

由于今天的建筑师面临着诸多问题，如建筑形式的大爆炸、创新材料的不断更新、对高层建筑越来越高的需求等，如果没有建筑设计室的技术支持，比如计算建筑物的可建性及检测设计的坍塌点等，建筑师就不能对这些问题应对自如。英国工程师奥帕·艾拉普被看作是混凝土和钢建筑，尤其是结构咨询方面的首席专家。

深度解读

始于19世纪早期的争论既反映了理工学院与美术学院之间的对立，也反映了工程与建筑之间在文化上、技术上和功能上的差异：工程体现的是建筑物的技术科学层面，而建筑则体现了建筑物的风格和装饰层面。

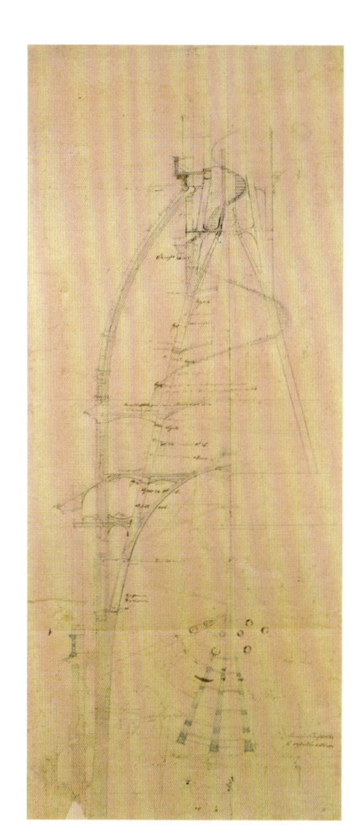

阿力桑德罗·安托内利、诺瓦拉圣·高登齐奥，教堂穹顶研究，出自阿力桑德罗·安托内利档案，1861年，都灵，市立博物馆。

约翰·伍重，悉尼歌剧院，1956年。

如果建筑师能够想出如何从单一的几何图形中推演出其外部形态——在本案例中，是一个直径为75米的虚拟的球体，那么该建筑的屋顶框架是可以被建造出来的。

这些框架占整个球体的¼。由预制成分组成的两个曲肋支撑着球体。建筑物外部的覆层是由在赫格纳斯和瑞典生产的100多万个白色陶瓷瓦片组成的，这些覆层被应用于由预制的坚实混凝土制成的镶板并被固定于建筑物的上部。

丹麦建筑师设计的作品的新颖性在于一个巨大的石制演出平台，在这个平台上并存着两个大厅以及技术室和功能室。巨大的高达60米的混凝土外壳就罩在该平台上方。

在施工过程中，屋顶拱顶的复杂性（在组成上与其内部的空间表达截然不同）带来了很多结构性的问题，伦敦奥帕·艾拉普建筑设计室及工程师彼特·赖斯都被请来帮助解决这些问题。从结构计算的角度来说，艾拉普建筑设计室是世界上最受人瞩目的，它由通力合作的来自不同学科领域的建筑师和工程师们组成。

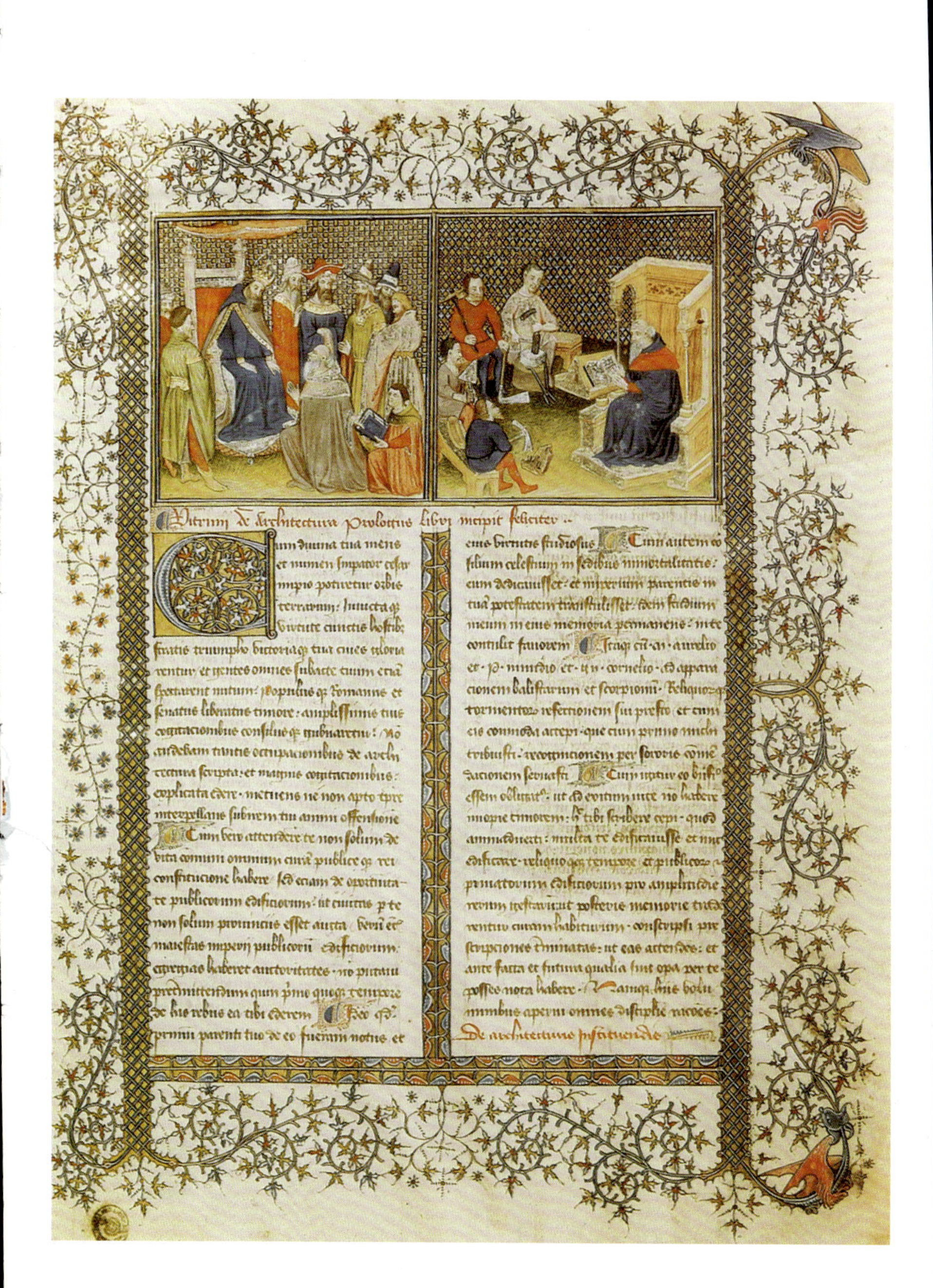

雅格布·巴罗齐·达·维尼奥拉，《建筑的五种柱式规范》卷首插画，1562年，罗马。

作为建筑师和理论家的维尼奥拉(1507—1573年)在绘画和透视图方面经受过训练。在罗马短暂逗留期间，他研究了很多古迹的建筑风格。在枫丹白露，他与普利马蒂乔一起成为法尔内塞宫的建筑师。

维尼奥拉是文艺复兴时期著名的论文作家。在他的著作中，他力图解析维特鲁威的作品以及古典建筑学的知识，确立了以所谓的建筑原则为基础的严格标准，对古典建筑词汇进行综合和编撰。直到19世纪，维尼奥拉也一直深受建筑师们的尊重。

通过展现文艺复兴时期建筑师的形象，我们可以清楚地了解到当时人们对建筑师的理解：维尼奥拉毫不犹豫地在其作品的卷首插图里展现自己——他置身于一个精巧的小型建筑物里；通过正方形和指南针这两个建筑元素可以看出，建筑业又被赋予了新的特征。

作为建筑学手册的《建筑的五种柱式规范》之所以颇具实用性，是因为它确立了建筑学的概念标准，认为建筑学词汇是具有普遍价值的。

作为一本建筑学指南，该书理解深刻，条理清晰，两个多世纪以来，维尼奥拉的作品对设计者来说一直都是不可或缺的。

精心建造的此种规模的模型精准地演绎了很多建筑的细部，更深入地证明了关于设计长方形廊柱大厅的讨论的重要性。当时，该讨论是如此重要，以至于人们能够接受这种造价昂贵的设计风格。

安东尼奥·达·桑迦洛的设计使中央和纵向布局被强制性地交叠在一起，这表明关于新的圣彼得大教堂外观的讨论尚且还没有最终结论；同时，它也表明罗马教廷仍在很大程度上被保守势力控制，这些保守势力青睐于体现拉丁十字架布局的传统模型。

透视图

在建筑中，画法几何常被应用于实际的工程建造中，透视图可以用来复制、显示某个设计理念的比例及视觉特征。今天，对画法几何应用的计算机化使建筑师不仅能绘制出复杂建筑对象的三维图，而且能检查所有的形状和维度以排除合理性疑虑。作为电子描述基础的数据不像传统方法那样一成不变，相反，这些数据是可被修改的——不仅可以对单个数据进行修改，还可以在整体上进行修改。

透视图是三维计算机制图最重要的应用。在建筑学中，透视图可以使建筑物更加形象化，也可以直观地展现建筑物的效果，如其与城市环境的融合度、人文性及环境影响等。简单地说，可以把它称作一个虚拟模型。

由理查德·罗杰斯设计的加的夫威尔士国民议会总部透视图呈现了宽敞明亮的透明结构，该结构是用先进技术和材料建成的，位于坡面尽头细长圆柱形塔架的顶端。同时，该透视图也展示了人与建筑的关系及周围的环境特征。

对于当今的许多建筑师来说，透视图不仅仅是纯粹而简单的有关建筑物的数字图像。考虑到其非同寻常的设计要求，法兰克·盖瑞注册了一个计算机程序，通过使用这个程序，他可以对数据进行数字转录，以检验他所设计的建筑的效应与结构强度。

深度解读
透视图用数学方法描述三维场景，用计算程序来定义图像中每个点的颜色。这种描述方法将几何学、视角以及可见面视觉效果的相关信息等知识都融合在一起。

相关词条
画法几何、建筑方案、建筑模型。

理查德·罗杰斯，
威尔士国民议会总部项目透视图，
2006年，加的夫。

维欧勒·勒·杜克，
“理想的大教堂”，
出自《法国11—16世纪建筑全书》，
巴黎,1854—1868年，
第二卷，第324页。

在19世纪，专家技术手册开始讨论如何处理不同性质的建筑问题。

作为一名理论家和建筑师，维欧勒·勒·杜克力图将哥特式建筑风格从罗马式建筑风格中解放出来，他提出哥特式建筑风格是满足现代建筑需求的理性建筑形式。作为一名修建者，他修复了很多重要遗迹。

对于维欧勒·勒·杜克来说，建筑理论不再是美学的思辨体系，而是经验主义的科学研究。他支持工业品的使用，鼓励建筑师尝试使用新工具和新材料。

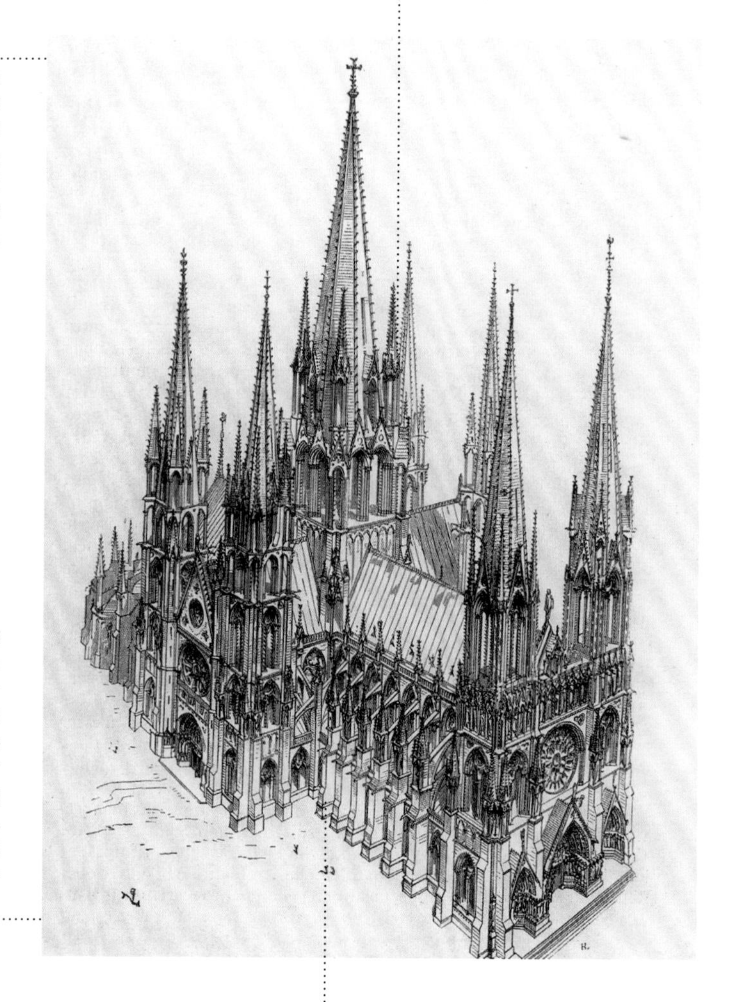

1838年，维欧勒·勒·杜克被任命为民用建筑委员会审计师，开始清查并修复法国中世纪建筑遗迹。同时，他编撰了《建筑全书》，在该书中，他谈及了自己对中世纪建筑的理解，并详细解释了许多建筑学概念。

理想的大教堂汲取了所有华丽的哥特式风格的伟大建筑的精髓，是维欧勒·勒·杜克“真正的”哥特式风格建筑的典范。

维欧勒·勒·杜克将骨骼构造的哥特式建筑风格看作哥特式建筑风格的顶峰，因为它体现了所用材料的质量，将静态关系转变为基于相对张力间平衡性的动态关系。

奥尔多·洛里斯·罗西、文森佐·托瑞艾瑞、艾玛·布昂多诺，
“韦尔泽拉二剧院”（Due Teatri di Verzura）建筑方案图，
辛德勒奖，1997年，那不勒斯。

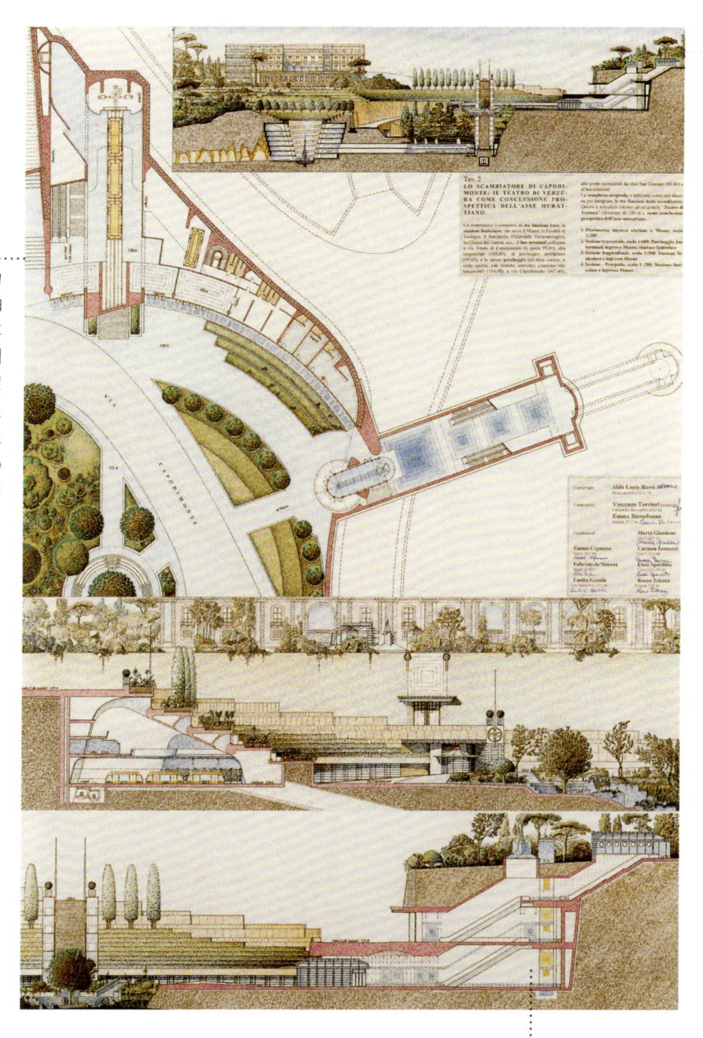

该方案图展示了作为穆拉特（Murattiano）轴透视结点的波迪蒙特停车场、那不勒斯韦尔泽拉剧院。呈现了始于卡波迪蒙特博物馆终至庞大的穷人之家的整条路线；该图像所绘景物朝向Palasciano塔方向，附近还有一个环境优美的公园。

该方案图是按“平面图—立视图—剖面图”的方法绘制的透视图，因其写实性而著称，这对建筑设计来说具有重要意义。

建筑模型

建筑模型是一个小型的三维建筑物，它按照一定的比例来再现真实的建筑物以展现其构造或向资助人展示建筑师的设计意图。正因为如此，模型是最易被理解的建筑表现方式。用来制作建筑模型的材料包括：石膏、木材、金属和塑料制品。自19世纪以来，一般模型、概念模型和比例模型之间就有了明确的区分：被看作地形表示法的一般模型是拟建工程的缩小版；概念模型被看作是没有严格按比例重现建筑物的方法，它对建筑者来说没有任何意义，仅用来阐明建筑师的理念；比例模型是将拟建工程按比例缩小而制成的实物模型，最终要为施工的工人们所用。

米兰斯卡拉歌剧院修复和扩建剖面模型显示了建筑师马里奥·博塔是如何将原建于18世纪的旧歌剧院后部扩建为现在的两大区域的：立方体形状的观景塔内设有新的排练大厅，一个椭圆形的部分包罗了更衣室和各种服务室。在当代，建筑模型的使用保留了自古以来积淀下来的所有意义和内涵；尤其是在工业设计方面，建筑模型亦被用作研究生产方法的工具以及预测和核实的手段。除此之外，还有桥梁之类的基础建设工程的模型，可对其进行各种测试，以检验其抗压性。

术语来源
阿尔贝蒂用模量这一术语来表示被用作工程支承结构的原型，但在其后的一个世纪里，该术语最终被用来表示艺术家在建筑工程的施工过程中所提及的例子。白田诺西在其《词汇》（著于1681年）一书中对其进行了详尽的解释。

相关词条
正视图与剖面图、建筑方案、透视图。

马里奥·博塔，
伊凡·昆茨的木制模型（扩建和修复米兰斯卡拉歌剧院），
2004年。

里米尼马拉泰斯诺教堂模型，
为“里米尼马拉泰斯塔的辉煌”配置，
2001年，里米尼。

该模型重现出建筑物正面的上部是威尼斯风格的皇冠状，所设计的涡卷是为了掩饰房顶的沥青。这些建筑解决方案从未被实施过；在实际版本中，中心桥跨上方未完成的结构被视为阿尔贝蒂原设计中的凯旋门。

木制模型并不代表实际建造的神庙，而是以马泰奥·德·帕斯蒂制作的圆形金属饰物上的描述为基础的，这表明也许为了凸显该建筑的不朽，原设计便采用了像希腊风格万神殿那样的半球形穹顶。

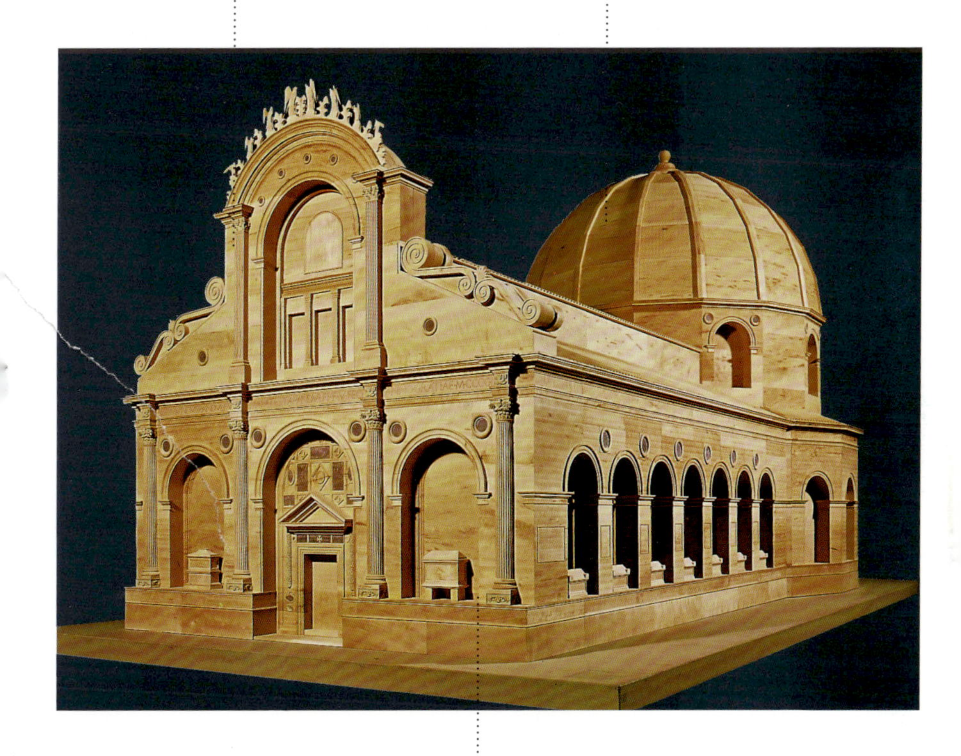

阿尔贝蒂巧妙地对阴沉的马拉泰斯塔家族教堂进行了重建，他将原来的建筑物融入豪华的古典大理石神庙中；建筑物正面重现了附近奥古斯都凯旋门的维特鲁威风格，两旁的拱廊使人联想起罗马水渠。

安东尼奥·洛瓦科，
圣彼得长方形基督教堂模型，
再现了安东尼奥·达·桑迦洛二世的设计风格，
1539—1546年，
罗马，圣彼得大教堂博物馆。

梵蒂冈基督教堂的木质模型忠实地再现了安东尼奥·达·桑迦洛二世在1520—1527年所设计的建筑方案，它包括由布拉曼特设计的耳堂，该耳堂在当时即已建立——是希腊十字架形状的，带有四个巨大的墩柱和拱券以支承穹顶——耳堂与新修建的带有教堂正厅的细长建筑物相连。

在模型侧面，可以清楚地看到三叶草饰半圆形后堂被方形结构包围。两排拱廊支承着置于高高的鼓座之上的穹顶。灯塔看上去尤为恢宏壮观。

整个侧面被带状檐口水平地分割开；纵向是壁柱和附墙柱，成为鼓面壁龛和窗户的框架。双子塔楼成为里面的框架。

圣彼得大教堂模型是微架构作品，占地面积为45平方米，高4.5米，游客可以走进模型来欣赏其内部空间构造并品鉴每一个装饰细部。

稳定性与形式

墙

柱子

柱头

檐部

支柱

壁柱和无帽壁柱

扶壁柱

拱券

屋顶覆盖层

拱顶

圆顶

立面

柱廊和凉廊

门道、门、正门

窗

楼梯、阶梯、斜梯

伊瑞克提翁神殿雷比瑞斯女像柱的门廊，
公元前420—前406年，
雅典。

墙

作为人造结构的墙可以由各种材料制成。它将空间垂直地分隔开并且还起到承重的作用。墙可以是直线形的，也可以是曲线形的。只要它们是完美相连的，就可以做成任何形状，这样就可以不被阻断地转移压力，建立建筑群。

最古老的墙可以追溯到新石器时代。那一时期的墙的形状取决于自然界中存在的基本材料的使用。在古代，主要有两种造墙方法：干砌和使用砂浆及黏合剂。使用干砌的方法筑墙，各部分的结合完全依赖于重力作用以及各部分之间的黏合度。最初的罗马墙是堆积起来的粗凿巨石，随后是早期的希腊墙，使用较小的石块，石块间的空隙被嵌入的碎石片抵消。之后的墙体现了接触面制作的进步（印加墙就是一个典型的例子）。使用砂浆及黏合剂造墙保证了各个部分能更好地黏结在一起，也使砖之类小巧建筑构件的使用变成了可能。这些小巧的建筑构件很容易被制造和运输，而且更适合不同的结构应用和空间应用。

罗马建筑表明砌砖技术已登峰造极。出现了钢筋混凝土和金属合金，被用来创造独立的承重框架，最终将墙彻底解放出来，它不再用来承重，而是用作幕墙（非承重墙）。这一方法促进了新的建筑手法的发展，并产生了建墙用的新型超轻隔热、隔音材料。这类带有预制嵌板的墙，将很快被建造出来。

深度解读

如果墙起到了结构性的功能，即将其上部结构的重量转移到地面，那么这种墙就被称作承重墙或主墙。主要起分隔空间作用的内部承重墙被称作隔墙。用来分隔空间并防止外部物质侵害的非承重墙被称作幕墙。用来吸收尘土压力和水压力的墙被称作挡土墙。

马丘比丘印加墙，
15世纪晚期，秘鲁。

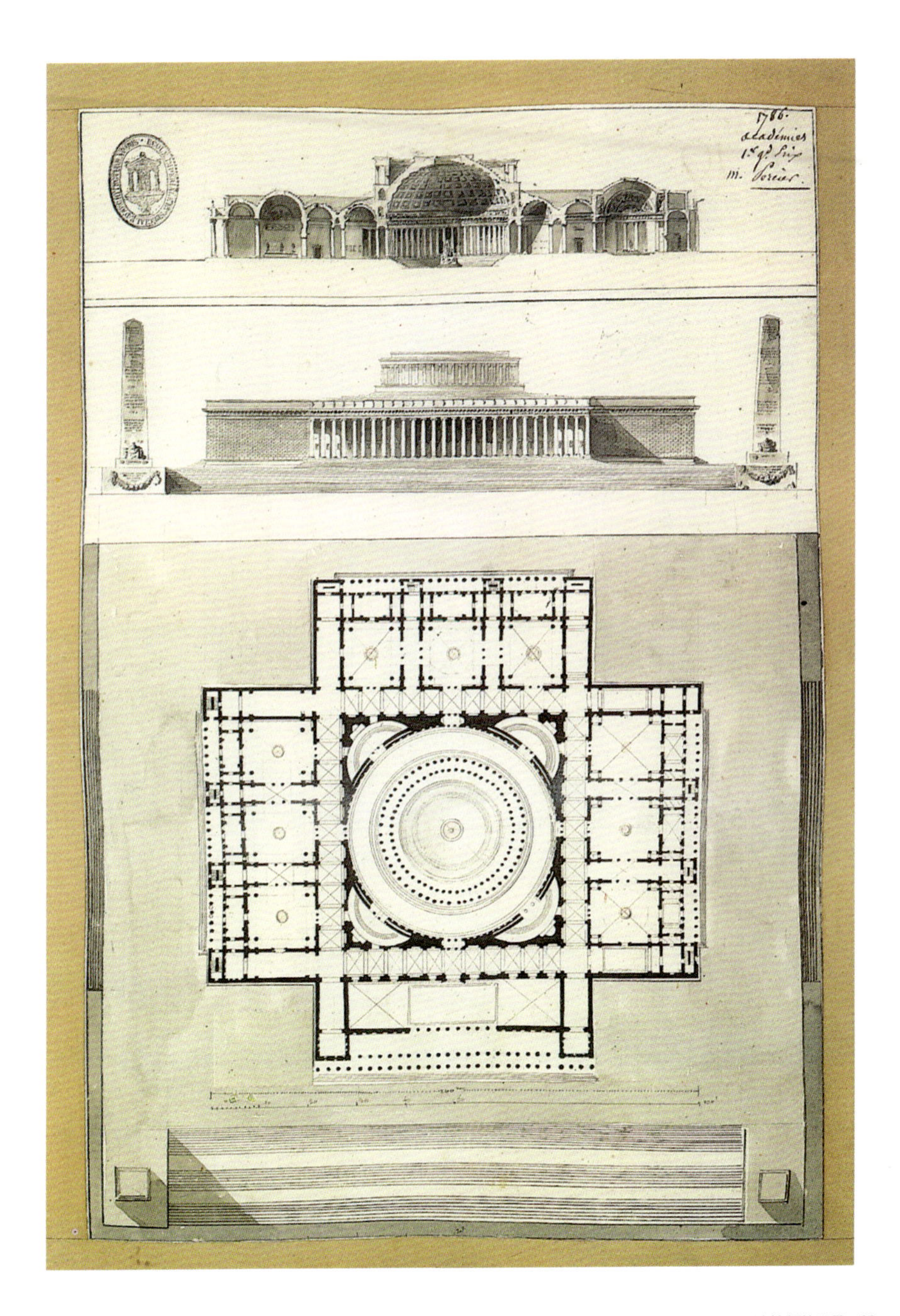
1786.
academies
1.er g.d prix
m. Percier

卡洛·斯卡帕，
威尼斯美术学院画廊方案图第二层平面研究，
1945—1959年。

如右上方的圆圈所示，斯卡帕使用不同的颜色来表示所陈列作品的时间先后顺序：粉色代表15世纪的作品，蓝色代表16世纪的作品，黄色代表17—18世纪的作品。比例尺大小也被明确地标注出来：1/200。

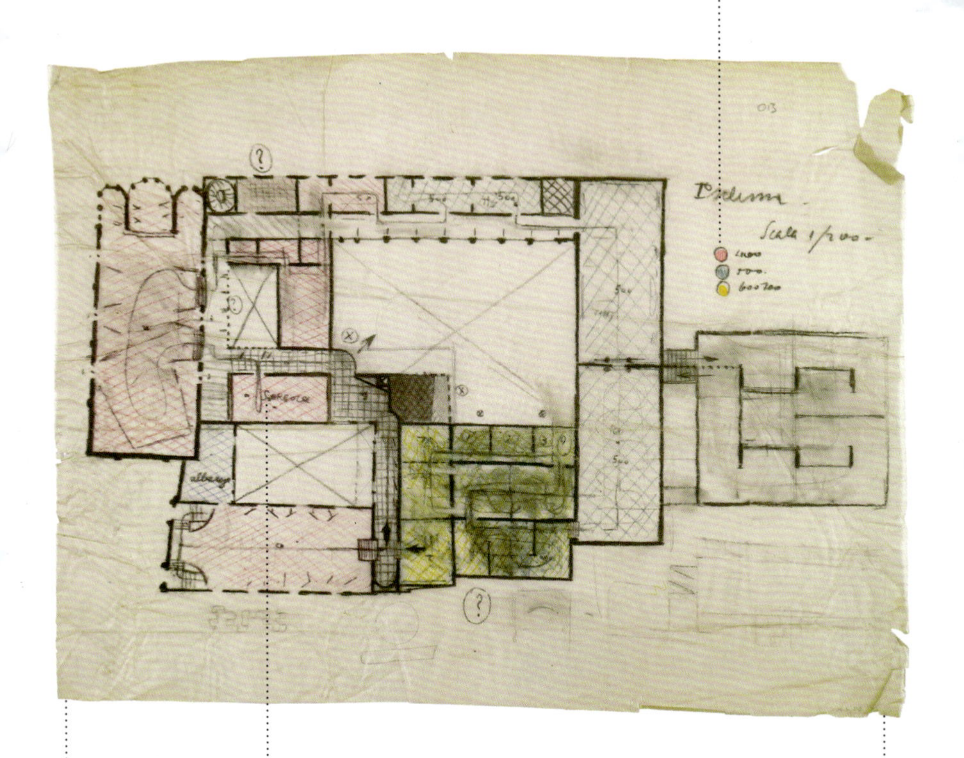

斯卡帕在釉纸上娴熟地展现了其对石墨和彩色粉笔的掌控，正如其在亲笔题词中所说的，该图是重新扩建由斯卡帕与战后（第二次世界大战后）时期维托里奥·莫斯奇尼合作完成的美术学院画廊的第一份草图。该方案图从未被实施过。

为了创建一个编年序列，斯卡帕设计了一条新路线，即从第一大厅的尽头一直延伸到所谓的索拉亚庄园大厅，再到前卡瑞塔教堂，到为展览18世纪油画而设计的大厅，最后到15世纪绘画展览大厅。

早期显示二层楼各大厅排列的方案图既清晰地反映了斯卡帕设计思想的技术本质，让人联想起风格派（对称性平衡）的特征以及“赖特风格”的建筑理念，又显示了他对细节的天赋和细腻的感悟力。尽管将体量、材料和色彩进行了持续的分解，但其整个作品依然以富丽堂皇的古典布局为特征。

雷比瑞斯，
奥古斯都宫，
公元前92年，罗马。

奥古斯都宫是罗马帝国皇帝图密善命人在帕拉丁山丘建造的帝王行宫，它完全由混凝土建造而成，在砖块表面镶满了瓦片。其遗迹反映出当时奥古斯都行宫的宏伟规模、工匠们精湛的技艺、平面的多样性以及非传统的设计风格。

罗马建墙技术的基本构件是砖。砖被加工成各种各样的形状，然后合并为一体，这种建造方法对于出口和传播砖技术是至关重要的。

奥古斯都宫的结构表明了砌砖系统的应用，这一系统是这样的一门技术：将砖按直线排成排，与墙体自身的纵向结构相一致。使用砖来加固——在门口或窗口按辐射状排列以形成缓解压力的拱券，分散墙的重量——这种做法也增强了墙本身的美学效果。

奥古斯都宫成为历代帝王宫殿的建筑典范，私人区域与公众接待区被严格地分离。较低的宏大列柱廊在过去曾经被双层柱廊包围，如今，其外部装饰均已脱落，位于其中心的是一个巨大的带有皮盾牌图案的喷泉，嵌落于一个宜人的花园中，这是行宫中最具感召力的地点之一，其复杂的建构以及与世隔绝的幽静氛围，让人回忆起往昔罗马的辉煌。

科尔马木构架房屋，
法国。

框架结构是一种古代建筑手法，它采用木构架作为支承结构，使用胶泥、枝条、砖，或更罕见的富含砂浆的石块等非结构材料来填充空间。木构架房屋的立面表明木构架的结构，而其他填充区域则经常被涂以灰泥。

通过识别用来填充空间的材料类型、木梁的排列以及是否使用带斜纹的木制材料和砖台等，人们就可以看出桁架结构在不同地区、不同历史阶段的变化。

15世纪，桁架结构发生了根本性的演变：从地面到顶层的垂直梁柱被独立楼层取代。这使短梁的使用成为可能，这些短梁既体现了一定的美感，也增加了建筑物的高度。

保存在赫库兰尼姆和庞培地区的建筑物表明，早在古罗马时代就已被广泛采用的古建筑方法——桁架结构在中世纪晚期即已在中欧和北欧的某些地区流传开来：尤其是在15—17世纪的德国；在法国，它被称为木骨架或墙筋柱；在英国，则被称为木架结构，通俗地说就是半木结构。

路德维格·密斯·凡·德罗，
西格拉姆大厦，
1956年，
纽约。

幕墙是当代建筑中一个很普遍的建筑构件，使用非承重外墙。这些非承重外墙是由繁复的预制模块化嵌板组成的。

巧妙设置的嵌板不仅将内部构造与外部结构区分开来，而且更重要的是保护了内部构造，使之远离气象因素的侵害，起到隔热、隔音、控制光线和空气流通的作用。

现代主义建筑师进行了一系列的尝试，从现代的眼光来看，这些尝试是对如何使用幕墙所进行的一系列革新。这些革新始于建筑构造的工业化。该建筑方法在第二次世界大战后的美国被大规模地采用。通过引入新材料和新的建筑方法，创新性表现成为可能。

青铜色和大理石色外立面使西格拉姆大厦显得优雅华贵，堪称运用全新建筑方法建成的经典之作。

如今，幕墙的使用十分普遍，尤其是在办公楼中。在这类建筑中，玻璃是最主要的建筑材料，成为定义建筑物的高科技性的必备要素。

用作支承结构的嵌板是由金属合金、玻璃或塑料制成的。由于幕墙被串联在一起而且重量轻，因此使用幕墙会节约大量时间和成本。

詹姆斯·斯特林和迈克尔·威福德，
新国立美术馆，
1977—1983年，
斯图加特。

材料的使用增强了新国立美术馆空间、倾斜表面以及可见小径间的复杂渗透，因为这些材料是以一种拼贴的方式组合在一起的：双色石墙构成了美术馆的外部构造，这传承自传统的建筑风格，而其入口构造却大胆采用了起伏的玻璃墙结构。

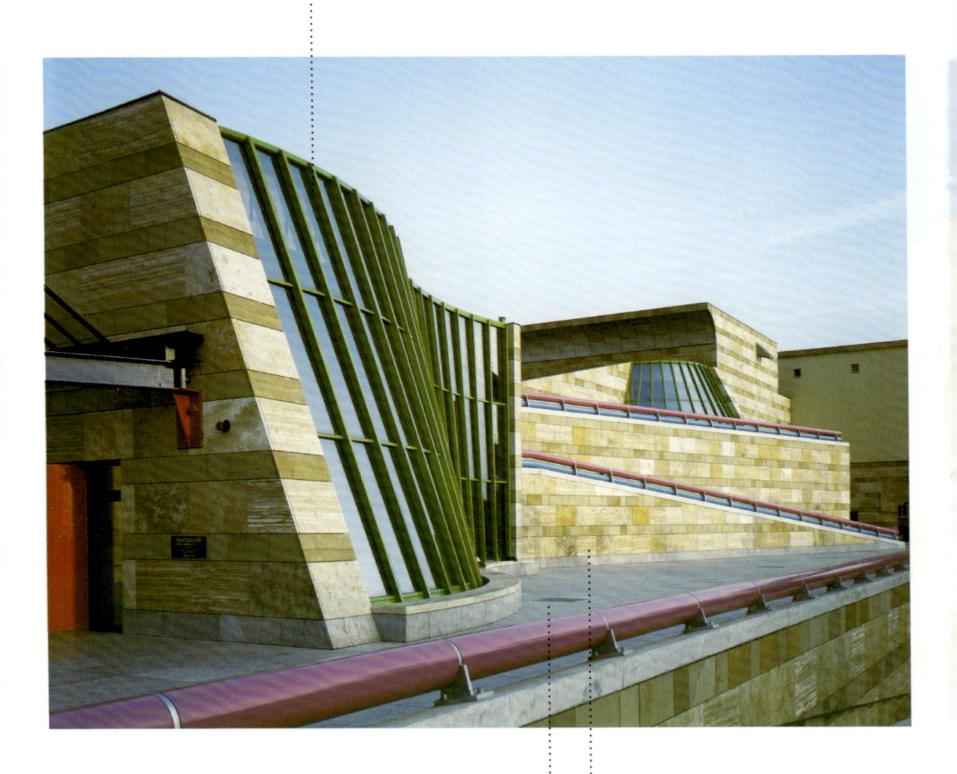

斯特林把美术馆看作为集体参与和公众生活所设计的敞开空间。为了将空旷的公共空间与城市结构进行对比，他设计了一条贯穿整个美术馆的人行通道。该人行通道的表面将各种形式兼收并蓄地拼贴在一起，起到了与周围环境水乳交融的效果。

方琢石和悬琢石的完美结合需要高超的技艺和施工技术。这其实是最贵的，但同时也是赞誉度最高的一种墙，极富表现力，使得整个装饰风格显得富丽堂皇。

万里长城，
中国。

长城蜿蜒曲折，顺应了地形的起伏变化，将人类创造与自然环境完美地融合在一起。

万里长城是中国建筑创作的一个典范。明代大规模修筑长城，以保卫明朝北部边境。

尽管由于建筑时代不同，万里长城各部分的风格各异，但它主要是由巨大的土块及砖块形的巨石组成的。带城垛的墙身高达10米，宽达6米，每隔一段距离就设有一个瞭望塔，每到山势陡峭的地方，就有铺砌好的路面。

柱子

柱子经常是垂直的、圆形的建筑构件，尽管它也可以起到装饰和增添喜庆氛围的作用，但它的主要功能是起支承作用。很少有柱子是由一整块巨石建成的，而通常是由三个不同的构件组成的：柱身、柱础和柱头。柱身的长度不一，截面大小不等且连成一排；柱础将柱身与支承它的部分连在一起（通常是石头底座）；柱头将柱身与其上部结构连在一起，可以用来识别不同种类的柱子。

由于建筑时代、建筑物的种类、用途以及修建时的文明程度不同，柱子的比例和装饰风格也迥然不同。柱子是地中海和印度古建筑的典型特征，后来被广泛地应用于基督教建筑和伊斯兰建筑中。只有希腊建筑赋予柱子明确、不变的特征。主要建筑构件的确立产生了“建筑柱式”这一概念，这对建筑未来的发展起到了根本性的促进作用，“建筑柱式”首先体现在罗马建筑中，而后又体现在文艺复兴和新古典主义时期的建筑中。在希腊化时代晚期，出现了特殊的柱子形态，包括绞绳柱、箍形柱和卷须柱等。在中世纪早期，古典柱形被再次使用，但到了中世纪晚期，新的不可思议的柱子取代了过去常规比例和形态的柱子，这些新柱子包括很多种类，比如，打结的角柱（两个柱子的顶端被连接在一起，形成了一个独立的单元）和卢卡圣米歇尔教堂的绞绳柱等。

在文艺复兴时期，与新古典主义时期一样，柱子被赋予特定的建筑功用，在形态上又返回到古典柱式，但是在巴洛克时期，不仅可以按形态，而且也可以按比例对柱子进行自由演绎。在19世纪，新颖建筑材料和技术的使用表明新的轻盈型支承结构的发展。在建筑学语言中，任何与传统柱式有关的词汇都被现代运动淘汰。在当代建筑中，只有在谈及其在功能和结构上的价值时，人们才能提到“柱子”一词，否则，“柱子”一词终将完全淡出。

术语来源
柱子这一术语起源于拉丁文“columna”，最初是由木头制成的，很有可能是从树干的形状受到了启迪。随着时间的推移，柱子在技术上和风格上都发生了演变，产生了与其互为补充的构件——柱础和柱头以及其他变体。

相关词条
柱头、檐部。

圣米歇尔教堂，
带有绞绳柱、打结柱和装饰柱的建筑的立面细节，
始建于1070年，
卢卡。

塞巴斯蒂亚诺·塞利奥，
“建筑的五种形式”，
出自《建筑五书》，
1537年，
威尼斯，
第四卷，第127页。

在古典文明中，人们根据柱子的特征，将其定义为两种不同的类型：多立克柱式和爱奥尼克柱式。在这两种基本柱式的基础上衍生出很多变体，值得一提的是托斯卡纳柱式和科林斯柱式。柱子、柱头和檐部的关系及其各个组成部分（这些组成部分决定了柱子的形状和比例）之间的关系是建筑柱式的必要构件。

这铸就了统一的建筑方法：将建筑柱式看作预先决定建筑物维度的方法，这确立了各个建筑构件之间的比例和对称关系。

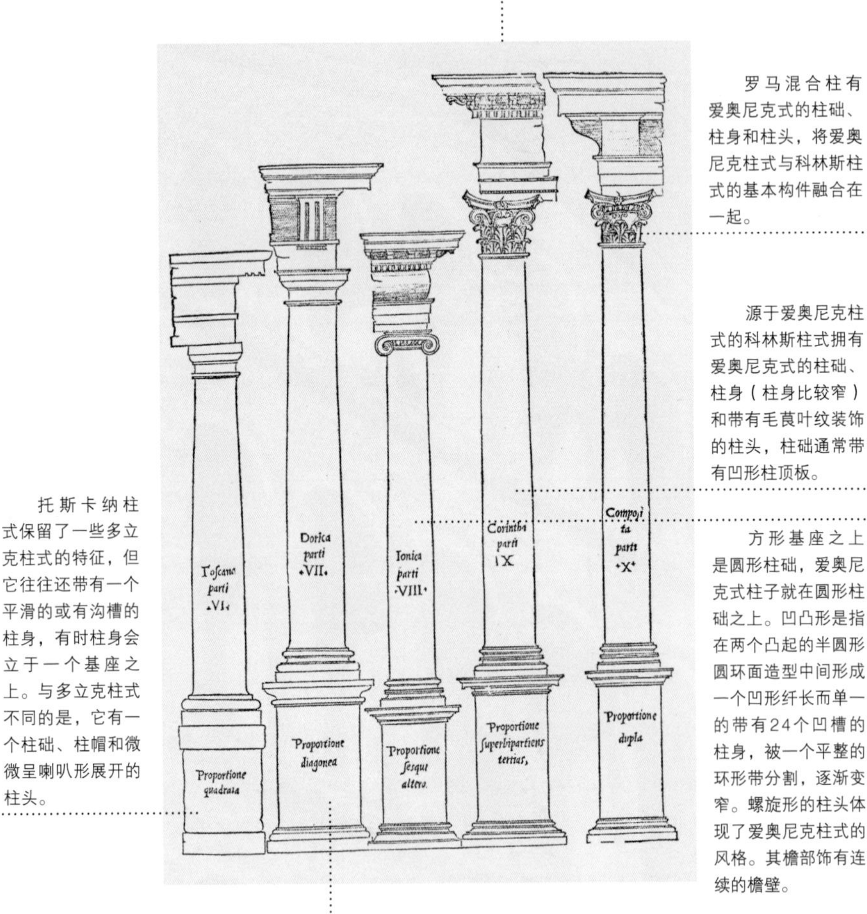

罗马混合柱有爱奥尼克式的柱础、柱身和柱头，将爱奥尼克柱式与科林斯柱式的基本构件融合在一起。

源于爱奥尼克柱式的科林斯柱式拥有爱奥尼克式的柱础、柱身（柱身比较窄）和带有毛莨叶纹装饰的柱头，柱础通常带有凹形柱顶板。

托斯卡纳柱式保留了一些多立克柱式的特征，但它往往还带有一个平滑的或有沟槽的柱身，有时柱身会立于一个基座之上。与多立克柱式不同的是，它有一个柱础、柱帽和微微呈喇叭形展开的柱头。

方形基座之上是圆形柱础，爱奥尼克式柱子就在圆形柱础之上。凹凸形是指在两个凸起的半圆形圆环面造型中间形成一个凹形纤长而单一的带有24个凹槽的柱身，被一个平整的环形带分割，逐渐变窄。螺旋形的柱头体现了爱奥尼克柱式的风格。其檐部饰有连续的檐壁。

多立克柱式没有柱础，却带有一个厚厚的锥形柱身，该柱身是由一系列凸肚状的截面组成的（是柱身⅓高的膨胀物；用来对比视觉凹面）。整个柱身共有20个垂直的带有锐利边缘的凹槽。

多立克式柱头的显著特征是带有一个圆形扩展的柱帽和厚厚的方形柱顶板。檐部带有由垄间壁和三垄板构成的檐壁。

圣康斯坦齐亚大教堂，带对柱的内部构造，350年，罗马。

尽管三巨石结构已被摒弃，传统的扁平额枋结构也被拱券取替，但在罗马帝国晚期的建筑物内部却依然使用古典柱式。由于被支承的墙壁往往要比柱子及柱头重，因此用来连接墙壁及其支承物的檐部的淘汰便导致了严重的结构问题。

在圣康斯坦齐亚的陵墓里，建筑师是这样解决这一问题的：通过使用对柱来增强支承结构，这些对柱互相依偎，其柱头和柱础看上去几乎彼此触碰。建筑柱式主要体现美学特征，却与建筑物的承重结构关乎甚微。

圆形教堂被冠以一个巨大的穹顶，这个穹顶置于墙壁之上，由一系列拱廊支承，这些拱廊由花岗岩组合柱构成。因此在中央区域和环形拱状非固定回廊之间营造了空间上的连续效果。呈放射状排列的科林斯式组合柱及其深度加工的檐部体现了方向感的多重性。其重要性在于它们恰好汇聚在建筑物的视觉焦点上：过去，柯斯坦萨石棺起到视觉焦点的作用；如今，圣坛变成了新的视觉焦点。

组合柱的一个变体是对柱，对柱相互依偎，有时甚至是共享相同的柱础和柱头。

沙特尔大教堂，
柱形雕塑细部，
1140—1150年，
法国，皇家港口。

沙特尔皇家港口被看作哥特式雕塑的起源。虽然仍是建筑物必不可少的一部分，但被雕刻在柱子上的修长而严肃的《圣经》人物像却拥有属于他们自己的生活。

人物像在哥特式建筑中占有重要地位，带人像的柱子既象征着人与宇宙秩序的关系，又体现了神人同形同性论的特征。

雕像极力反对任何结构上的牵连，重塑了人在世界上的中心地位。

圣柱，
圣彼得工厂博物馆，
梵蒂冈城。

吉安·洛伦索·贝尔尼尼，
圣彼得大教堂，华盖，
所罗门柱（螺旋形柱）细部，
梵蒂冈城，
1624年。

圣柱拥有一个螺旋形或弯曲的柱身，由相互交替的部分组成，这些部分被雕刻成葡萄藤形装饰物（象征着环绕于圣柱的葡萄藤将其勒出印痕），其顶部是混合式柱头；柱帽饰有毛莨叶纹装饰和槽形背景，顶部是两个涡卷。

当他开始着手安排圣彼得大教堂内主要祭坛的位置时，洛伦索·贝尔尼尼引入了早期的建筑理念并决定采用康斯坦丁置于教堂正厅尽头的12个柱状藤架，这些柱状藤架是雕刻在所罗门柱上的青铜华盖，其基本色调是黑色和金黄色。与早期柱子一样，这些柱状藤架也带有凹槽形的柱础，并饰有植物形状的雕刻。他用教堂侧廊的支柱来衬托并凸显绞绳柱；通过这种方式，华盖既支配了其周围的广袤空间，又彰显了其中心地位。

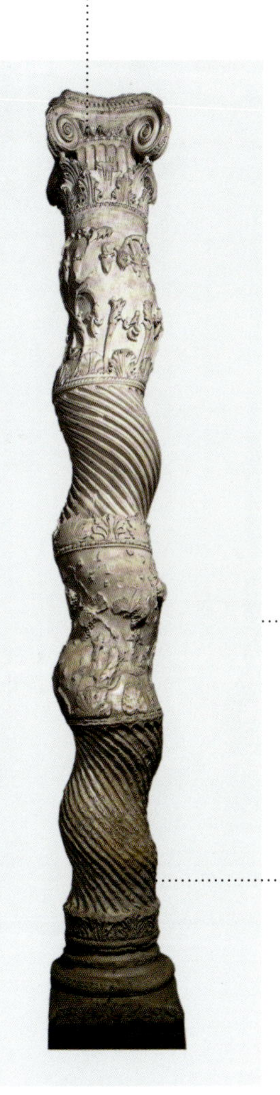

在康斯坦丁资助期间，六根绞绳柱被置于彼得的坟墓之上。其余的六根柱子是后来拉文纳总督作为礼物进贡来的；传说这些柱子源于耶路撒冷的所罗门神庙,因此被称为所罗门柱。

葡萄藤叶和芽状装饰图案象征着耶稣基督是所有“真葡萄树”之主。

奥古斯丁·查尔斯·达韦勒，
“柱式比较图”，
出自《理解维尼奥勒柱式的建筑教程》，
1691年，巴黎。

自古以来，就有用柱子记录宗教仪式和民间仪式的习俗，以达到庆祝或纪念的目的。比如在古希腊，在圣地高举还愿柱就是一种风尚。

尤其是在罗马时代，在公共场所立柱子是为了纪念重大事件或名人及他们的丰功伟绩。在巴洛克时期，在城市设计中使用离体柱具有特殊的重要性。

柱子的功能不仅仅局限于结构上的支承作用，也可以通过柱身和柱头的装饰赋予柱子象征意义。达韦勒阐释了所有可能的柱式变体，并将所有正式柱式视为一门真正的语言，在这种语言中，可以随心所欲地收集或分解个性化的建筑构件。

绞绳柱有螺旋形的柱身。

纪念柱，被看作是用以支承雕塑的离体柱，这种柱式的起源可以追溯到共和罗马时期。它包含很多类型，既包括用人的图像装饰的柱子、凯旋柱和箍形柱，也包括用人像装饰的柱身。

蜗形柱也可以用来增添喜庆气氛表示庆祝，它常常在城市背景中孤立一隅。它的名称源自图拉真柱，指其内部的螺旋形楼梯（源自蜗牛壳，“cochlea”）。后来，这一名称被普遍应用于各种带有螺旋浮雕的柱子中。上面刻有叙事性浮雕的柱子也被称作用人的图像装饰的柱子。

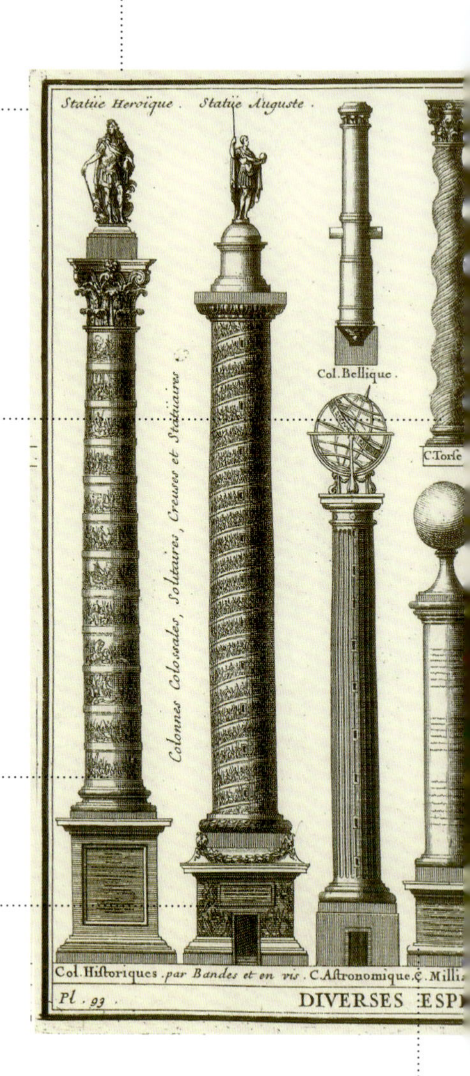

大约有150厘米高的里程碑是罗马公路上用来标识英里数的柱子。

望柱只起到装饰的作用，其特点是外形设计流畅。

在巴洛克时期风靡一时的凯旋柱常用来支承马术纪念碑。

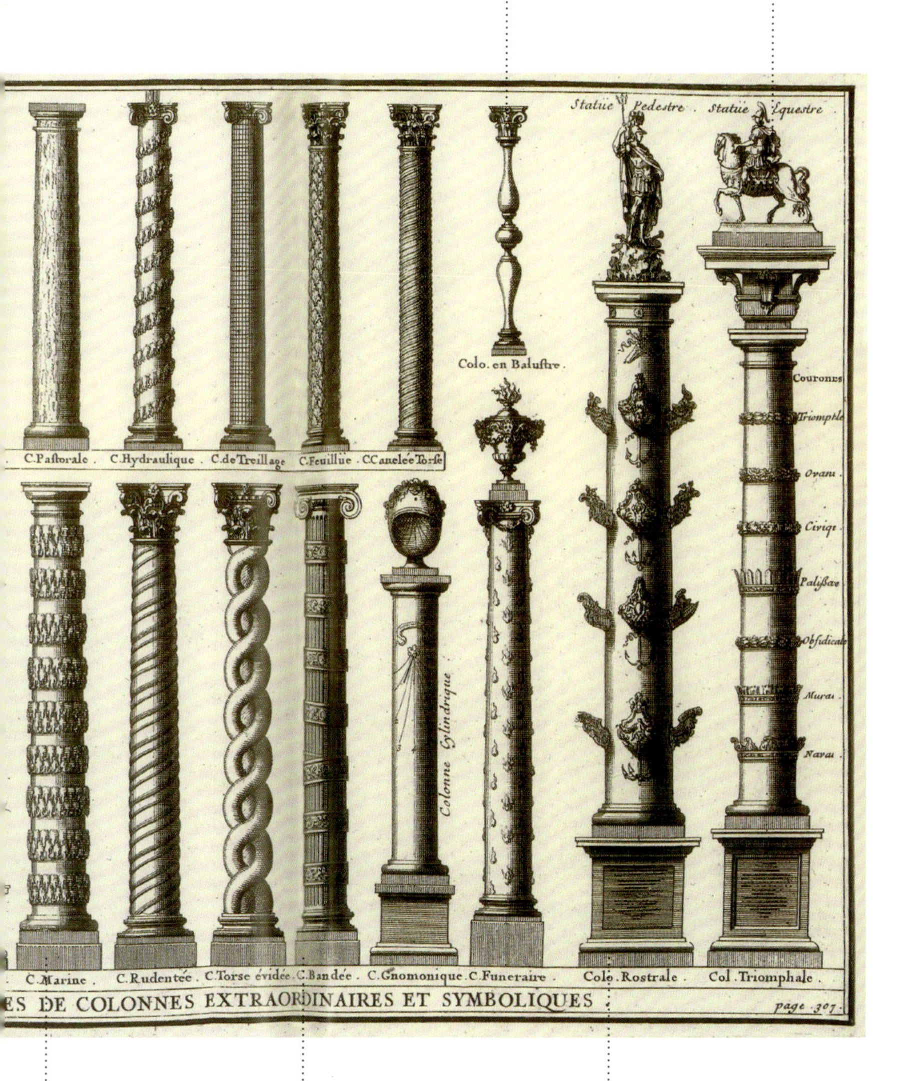

由于覆满贝壳，海洋柱的表面是粗糙的。

箍形柱上的圆环位于轴截面的接合处；除了起到装饰的作用之外，也起到了加固的作用。

古战船船头纪念柱代表庆祝。罗马人在这种柱子上挂上俘虏来的敌船的船头，以示海战的胜利。

克劳德·尼古拉斯·勒杜，
绍村理想城，导演之家，
1775—1779年，
法国。

建筑物的立面被发挥到了极致，被齿状装饰环绕的三角山花与屋顶斜坡默契地结合在一起，将带有圆形窗户的光滑门楣包围起来。整个建筑物看上去像是综合了各种基本几何形状而被建造出来的一样。

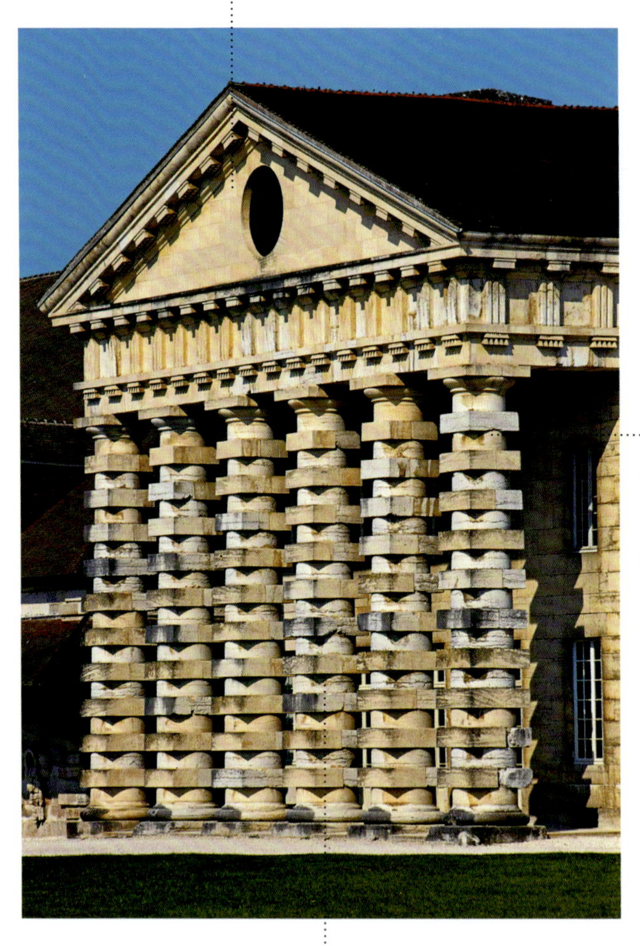

导演之家内的六柱式柱廊采用的是箍形柱（文艺复兴晚期柱式的一种变体），展现了极度的形式上的自由。

显而易见，勒杜展示了托斯卡纳式的石柱廊，这些柱廊都带有位于基座之上的雅典柱础。光滑截面与粗糙截面交相辉映，构成了柱身。

这些柱子的顶端是带有向外延伸的圆形柱帽和方形柱顶板的柱头。通过其檐壁造型可以看出其檐部是多立克式矩阵，光滑的垄间壁与三垄板交相辉映，而且还饰有齿状装饰的檐口。

千柱之庙耆那教寺庙，
精雕细琢的大理石柱子细部，
始建于1439年，印度。

在印度教传统中，印度建筑多使用多边形柱子，呈现出蕾丝状的浮雕造型。人们使用大理石作为建筑材料来建造这些多边形的柱子。

林立的横梁柱定义了迥异的空间范畴，而这些不同的空间序列又紧密相连，体现了建筑物引人注目的活力，这也正体现了当时盛行的美学原则。额枋上的舞蹈家雕像展示了耆那教仪式中神圣而虔诚的舞蹈动作。

造型丰富的柱础上是稍显修长的柱身，柱身支承着带有人物形象的柱头。这些装饰形象无比丰富，几乎占据了柱子表面的每寸空间。该插图将花卉图案和几何形图案的装饰物与耆那教和印度教诸神的形象巧妙地融合在一起。

献给阿迪那沙的耆那教寺庙拥有与众不同的十字形平面，29个供奉不同神龛的神殿以及1444根大理石柱子，每根柱子上雕刻的图案都独树一帜。

柱头

柱头是用以识别不同的建筑柱式的建筑构件，用来连接垂直的支承结构（如柱子、支柱和壁柱等）与支承结构之上的部分（比如额枋和拱券等）。当被嵌入到墙壁以突出拱券或拱顶的拱端托时，就被称作悬挂着的柱头。最简单的柱头是由两个具有不同功能的构件组成的：其上部呈几何形状，被称作柱顶板；其下部用以装饰，被称作柱帽。其与垂直支承的连接点被称作柱颈。

自古以来，柱头的比例和类型保持不变，注定在每一个古典主义复兴时期被重建和重修。中世纪是一个硕果累累的时代，装饰构件，尤其是叶状装饰数量的剧增证实了古典主义文化遗产被人们认可。重新引用古代例子（如至尊战利品的例子）的风俗一直持续到11世纪晚期。人物柱头在这一时期得到了人们的充分肯定，其构图精湛，巧妙地融合了动物和植物图案，并引入了新的肖像画法，有一些颇具叙事性。

文艺复兴时期，古典主义文化得以系统性地复兴，这在很大程度上激励了论文写作。在这一时期，随着古典柱式的复兴，出现了标准比例和类型的柱头。科林斯式柱头和综合式柱头最为引人注目，多立克式柱头在16—17世纪也被反复修建，比如梵蒂冈圣彼得广场的贝尔尼尼柱廊就是这一特点的典范。巴洛克时期柱头的与众不同之处在于它是真正意义上的装饰构件"大爆炸"：引用了盾、饰板、动物、面具、植物等元素以及柱顶板、柱帽、涡卷、毛莨叶纹装饰等经典构件。尽管如此，这一时期的柱头仍然十分重视建筑法典上所记载的比例和设计。

随着新古典主义和兼收并蓄风潮的涌现，19世纪是柱头的最后鼎盛期，随后，它就像柱子一样，被排除在当代世界建筑的传统类型之外。

深度解读

将柱头视为独立于柱子的一个建筑构件源自这样一种技术需求，即增强垂直支柱与其所支承的结构之间的联系。就引人注目的程度而言，柱头具有特殊地位。这种特殊性使其成为一种适合被装饰的建筑构件，在装饰的风格和象征意义上往往变化多端。

相关词条

柱子、檐部、支柱、壁柱和无帽壁柱、拱券。

圣桑特·佩雷·德·盖里冈茨修道院，塞王柱头，11—12世纪，赫罗纳。

海神殿，多立克式柱头，
约公元前460年，萨勒诺。

光滑的额枋由珠状饰的小巧截锥体组成，这些构件位于束带饰下方，束带线脚将额枋与檐壁分开。

早在公元前6世纪，多立克式柱头就被广泛采用，其特点是几乎不使用装饰性构件。多立克式柱头是由凸出的柱帽组成的，类似倒置的截锥体。强劲的环形物（柱颈）将截锥体与柱身分离。在截锥体顶部是一小块方形石头柱顶板。多立克式柱头大多出现在希腊大陆以及大希腊殖民地。

维特鲁威试图在其《论建筑》一书第四卷中确立建筑的标准，他确定了多立克、爱奥尼克和科林斯三种主要柱式的特征以及它们分布的地理区域。

通过其锋利的沟槽，带圆箍线的柱颈将柱头和圆柱连接在一起。

托斯卡纳式柱头起源于伊特鲁利亚，在造型和坚固性上都可以与多立克式柱头媲美，此种柱头在罗马时代甚为流行。它是各种几何构件的组合：包括一个微微凸起的柱帽和一座高大厚重的四边形柱顶板。

特尔斐阿波罗神殿爱奥尼克式柱头，
公元前550—前525年，
希腊。

爱奥尼克式柱头拥有一个被圆凸形线脚装饰的柱帽，其顶部是一个带状物，该带状物由两个角形涡卷和被圈线装饰的柱颈组成。有些纤细的柱顶板带有凹凸形雕刻图案。由于原先只为正面设计，其两侧的问题较为突出；两个相对立的涡卷由一个在中间部分变窄的沟渠相连。然而，有的爱奥尼克式柱头有四个相同的面；在这种情况下，涡卷是呈对角线排列的。爱奥利亚变体有两个简单对立的涡卷。

奥克塔维亚神庙，
科林斯式柱头，
竣工于公元前1世纪，
科林斯。

被扁带饰分离的刻有沟槽的爱奥尼克柱。

科林斯式柱头更富有装饰性。传统观点认为，科林斯式柱头的发明要归功于雕刻家卡利曼裘斯。卡利曼裘斯的灵感来自于小女孩坟墓上一个用柳条编的篮子，篮子周围长着一株毛茛。

毛茛叶纹双排叶纹装饰着圆锥形的钟状物（也就是柱头的核心部分），被caulcoles（叶子的叶柄）区分。涡卷向内延伸，并支承着柱顶板。柱顶板呈凹形并被塑成一定的形状，被花卉图案一分为二。这就是所谓的板花纹。这种柱头在希腊风格和罗马风格的建筑中十分普遍。

亨利·拉布鲁斯特，
万神殿柱廊样式图，
约1828年，罗马。

佛朗西斯科·博罗米尼，
圣安德肋教堂，柱头，
1653—1665年，罗马。

在巴洛克时期，博罗米尼设计了复合式柱头，该柱头带有翻转的涡卷和带有植物冠的拟人化人兽雕像装饰。如果在重新设计古典柱头的过程中允许自由发挥，那就很有可能完全颠覆标准柱头的逻辑。

复合式柱头是罗马建筑师创造的，它综合了爱奥尼克和科林斯构件的特点。带有双层莨苕叶纹冠的中央的钟状物顶端是一个被圆凸形线脚装饰的柱帽，这是爱奥尼克柱头的典型特征。在柱帽和柱顶板之间，是一对巨大的角形涡卷。柱顶板是凸面形的，并且被花饰分割。

尤其是在弗莱维恩时期，复合式柱头深受人们喜爱，因此被大量复建，在弗莱维恩时期以后的时代里，涡卷、兽雕被演变成多种绝妙的变体。

圣维达尔教堂拜占庭式柱头，
始建于532年，
拉文纳。

在拜占庭和拉文纳地区，通过增加一种叫作柱顶垫石的石头，一种新型的柱头被创造出来。它看上去就像一个倒置的金字塔,被设置在柱子柱顶板顶端，因此，其顶部成为拱券的拱端托。在这儿雕有一对饮用生命之泉的小鸟，其造型充满创意而又新颖奇特。

在去意大利的旅途中，勒·柯布西耶创造出该图样，忠实地再现了圣维达尔教堂柱头的特征，证实了拜占庭式建筑装饰性的雕塑手法是可以通过伟大的现代建筑师的设想得以复原的，这给人留下了非常深刻的印象。

在这儿，其表面密集的几何装饰使带有简单几何形状的柱头充满了活力。

柱头的概念发生了根本性的变革，其结构特征再也不会被模拟的自然构件掩盖。相反，多亏了抽象的几何语言，柱头在反压力和反推力系统中起到了关键作用，很好地支承了拱顶。

柱顶垫石的使用为立方体形状柱头的使用铺平了道路，这种立方体形柱头带有圆抹角，与柱身相连。这种柱头在复杂的中世纪、欧图王朝时期及罗马晚期都颇为流行。

勒·柯布西耶，
圣维达尔柱头图样，
出自《柯布西耶基础》，
1907年，巴黎。

11—12世纪的欧洲，宗教、文化氛围异常浓厚，作为教堂建筑诸多构件中的一个单元，人物柱头占据了十分重要的地位，因为它能够体现各个重要而复杂的肖像画周期的特点。

这些画反复体现的主题是《旧约》和《新约》中的场景：展现了圣人的生活、寓言和传奇，以充分利用这一形象的教化力和说服力；西班牙、意大利以及法国包括勃艮第在内的很多地区的建筑风格都体现了这一特点。

克吕尼修道院人物柱头，约1110—1120年，法国。

克吕尼修道院唱诗堂的音乐柱头体现了格里高利圣咏的音调，展现了优雅气质及构图自由。装饰板看上去似乎与古典风格的莨菪叶纹格格不入，其上题字为：“第三个柱头代表了耶稣复活”（TERTIUS IMPINGIT CHRISTUMQUE RESURGERE FINGIT）在装饰板内饰有格里高利圣咏音调的化神——一个弹奏古代弦乐器的年轻人。

在大背景的衬托下，雕琢出来的音乐家形象显得异常清晰。柱头的其他三个面都刻有象征音乐的元素：弹古琵琶的乐手，敲着小鼓的舞者，敲钟的年轻人。这样，柱头起码在视觉上放弃了其结构上的功能，而被其颇具象征意义的装饰美化。

圣奥古斯丁的《论音乐》一书深深影响了整个中世纪，它将音乐定义为“适当调节的科学”，也就是说，浮雕音乐单元的安排也要遵守严格的体现数学关系的公式，其中第一个公式是纯四度音程。

格奥尔格·戈特洛布·翁格维特，
柱头研究，
出自《哥特式建筑手册》，
1859—1864年，莱比锡。

在哥特式建筑时期，尤其是在修道院建筑领域，昌盛一时的罗马建筑风格让位于以正式简化著称的建筑风格，这种风格在卷叶形柱头这种建筑造型中可见一斑，其柱头被格式化的叶形装饰，顶端呈钩状或块茎状折叠。

从广义上来说，哥特式柱头绝不仅仅局限于卷叶形柱头；仍有很多新型柱头造型被创造出来，这些新形式无不采用人物元素以及那些源自科林斯柱式的多叶自然元素的奇妙组合。

大约在1230—1240年，卷叶形柱头是三朵花的形状。

所谓的哥特式植物形状的柱头成形于12世纪中期的法兰西岛，反映了人们模仿自然的渴望。最终出现了超级自然的叶子形态，像大自然的叶子一样柔韧。这只是众多细部当中的一个，满足了大教堂对装饰的不朽性的需要。

荷露斯神庙，柱廊细部的植物形柱头，
公元前237—前57年，
伊德夫。

荷露斯神庙廊柱的柱身和柱头支承着带有花托和反曲线饰模塑的檐部。在柱头和额枋之间是一个有些沉重的四边形石头柱顶板。

柱身及棕榈叶形状的柱头可以追溯到古代结构惯例和象征习惯：柱身在与箍筋的相交处消失，在箍筋上安置的是柱头，这模仿了一簇棕榈枝的形状，棕榈枝的末端是圆形的并且向外弯曲。它让人想起饰有棕榈枝插入地里以标明古代葬礼界域的杆子。

在埃及建筑中，石制的柱身和柱头被重复地雕刻上当地有代表性的植物的形状；一簇簇的棕榈叶、纸莎草、莲花被雕刻于圆形柱础之上，这些柱础与柱头的基座相连，继而又仿制了花的形状，棱形柱顶板起到了连接的作用。一簇簇的植物图案被用作支承构件，这与之前的建筑方法如出一辙。

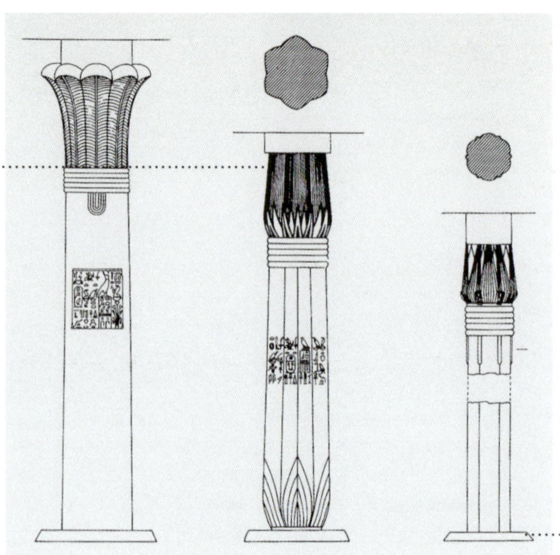

在纪念性建筑中，植物形状的柱身构成了最为普遍的支承物形态：带有柱头的梨形柱身描绘了张开的花萼，是上埃及地区的纹章植物。

莲花卉状的柱身凸显了六根唯美的茎。柱头被塑成由六个微微张开的花萼组成的花形，其顶部是一个厚重的柱顶板。在柱身和柱帽之间是六个刻有蓓蕾的石柱。在埃及神话中，莲花与太阳神形象密切相关，传说太阳神就是站在一朵莲花上从初始之海里升起来的。

枢机殿中柱柱头，
约1571—1585年
法地布尔·西格里古城（邻近阿格拉市）。

枢机殿，亦被称作珠宝屋，其与众不同之处在于其中柱承载着精美的宝座，宝座是古代帝王落座的地方。支承着圆形台的巨大柱头被精心地刻上了典型的印度标志，如莲花、象鼻以及伊斯兰教风格的几何设计。

砂岩的使用更增添了其非凡的艺术感染力，精工细琢并使用了以当地的木工传统为基础的繁复工艺。

与其顶部的柱头相比，与柱身的连接部分显得很孱弱，延伸的柱颈也并没有将其凸显。

饰有花边状刺形栏杆的空中石桥将这种三巨石结构与宫殿的二楼相连。

檐部

檐部，也被称作柱顶盘，是三巨石结构中的水平构件（抬梁式构架），由两个支承第三个水平构件的垂直构件组成。这第三个构件承载着其上面结构的重量，将重量传递给垂直的支承构件（柱子或支柱）。檐部由额枋、檐壁和檐口所组成。它可以由各种材料制成，比如木头、铁或钢筋混凝土之类有弹性的物质以及琢石之类坚硬的物质。

额枋在檐底，填充了直柱间的空缺。在古典建筑中，檐部成为区分建筑柱式类型的构件之一；精确的比例原则确立了其与柱子直径及柱子间距离的和谐关系。在多立克柱式中，额枋是光滑流畅的，冠部突出的带状物下方是小型珠状饰；在爱奥尼克柱式、科林斯柱式及混合柱式中，额枋被分割为一系列不断向外突出的带状物。檐壁位于额枋和檐口之间；在多立克柱式中，檐壁由垄间壁和三垄板构成；在爱奥尼克柱式中，由被称作人形（或兽形）装饰的连续带状物构成。檐口这一术语可以追溯到14世纪，指檐壁上方凹凸形突出带状物以及起决定性的构件。凹凸形构成了各构件间连接的外部轮廓。如果其外形是凸形或半圆形的，就被叫作圈线；如果是凹形，类似于¼圆的弧线形，则被称为圆凹线脚；如果由倒S形双曲线构成，就被称为波纹线脚（亦被称作双弯曲线）。

术语来源
三巨石结构起源于巨石做的墓石牌坊。

深度解读
在基督教时代，通常檐部上刻有碑文，这些碑文强调了耶稣作为“门”的象征意义或者说“耶稣承载着建筑物的重量”。

相关词条
柱子、柱头、壁柱和无帽壁柱。

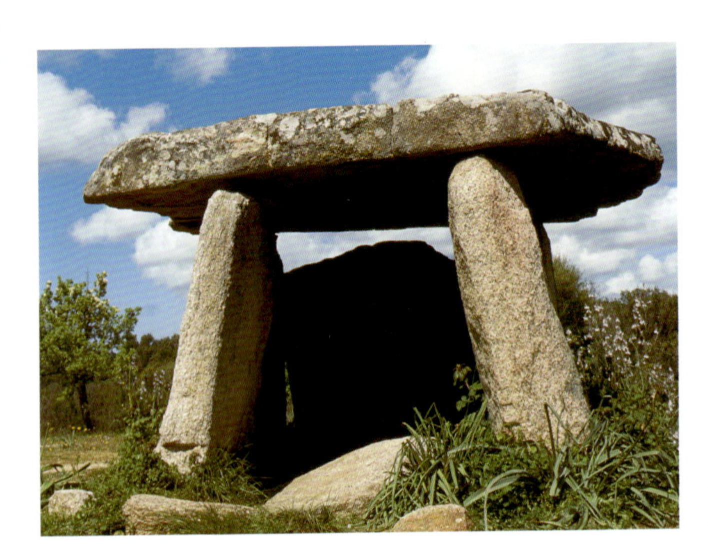

丰塔纳西亚墓石牌坊，公元前2500—前1800年，科西嘉。

阿蒙神庙多柱厅的柱子和檐部细部，
公元前1530—前1323年，
底比斯。

三巨石结构体现了埃及建筑中的纪念碑形式：带有额枋的中心柱由琢石雕刻而成，高达23米。

神庙和墓穴中的额枋象征着永恒的神的创作。

带有134个巨大的纸莎草式柱子的多柱厅是著名的埃及建筑遗址之一。中心柱分为两列，每列包含六根柱子，每两根柱子构成一组，每一组柱子依次比它前面的一组高出⅓，构成了通向神庙的柱廊。

朱利欧·罗马诺宫殿，
多立克式庭院檐部细部，
约1524—1535年，
曼图亚。

帕特农神庙，带有多立克式
檐壁的三角形山花细部，
公元前447—前438年，
雅典。

檐口包括一个突出的上部，其内部饰有被称作托檐石的方块。

朱利欧·罗马诺宫殿是一个令人心驰神往的伟大工程，对当时的文化大环境有着重大影响。由于其建筑主题体现了自然的非理性和作为能工巧匠的人类理性之间的辩证统一，因此这种剧院式结构既有趣又令人叹为观止。庭院的多立克檐部包括看上去并不协调的三垄板，暗指一个不稳定的结构，暗指已建体制的可能性变化，也暗指古典建筑原则所体现的自由性。这些原则非常重要，可以被不断地反复改进。

檐部是由附墙圆柱或半圆柱支承的被嵌在墙里的柱式结构，它不是由块状而是由板状、不同厚薄的装饰物组成的，这种被应用于墙的外表面的装饰物虽风格各异，但实际上却没有起到支承的作用。

由于该檐部呈现出显著的装饰性特征，拥有更加自由的铰接式结构，因此被称作突出的檐部。

檐部上方是楣饰，三角形表面被封闭在檐口的凹凸形中，其顶脊被称作波纹线脚。帕特农神殿的门楣饰有雕像。

垄间壁和三垄板交错，构成了檐壁。垄间壁是三垄板间的开放区域，它们可以是光滑的、精雕细琢，甚或是被巧妙绘制的；起初，它们被用来填充支承屋顶的大梁间的空隙。

三垄板是一个支承三个垂直凹槽的方形石块；维特鲁威将凹槽之间的光滑部分称为股骨。他精确地描述了三垄板的理想大小，认为它是木支撑梁的顶部。

多立克檐部由带有小巧珠状饰的平滑额枋构成，珠状饰位于束带饰下方。

安德烈亚·帕拉第奥，
Hadrianeum上部外檐的轮廓，额枋细部，
1545—1547年，
维琴察，城市博物馆。

罗马建筑采用了古典柱式的形式，它之所以熠熠生辉，是因为额枋饰有大量装饰物和雕刻图案。

在帝国时代，檐部通常包括带状物，这些带状物被光滑或装饰性的凹凸形按比例分隔开，其比例往往随着不同时期风格的变化而变化。

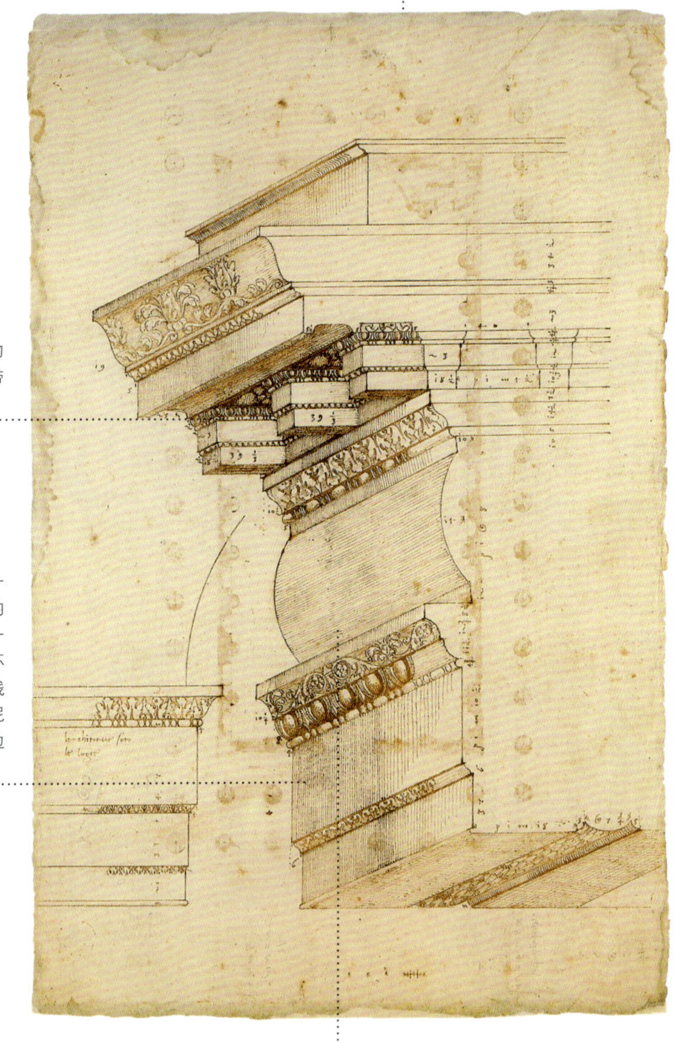

檐口是饰有植物形状的齿状装饰和带状装饰。

额枋被分割成一个个逐渐向外突出的带状物；其顶部是一个光滑的凸环，凸环顶部是倒置的波纹线脚凹凸形，被爱奥尼克式卵锚饰拱顶花边装饰。

连续檐壁呈凸形形状。

巴尔塔扎·诺伊曼，
内雷斯海姆教堂，
破裂的檐部细部，
1745—1792年，
德国。

晚期巴洛克建筑在结构组合上发生了一系列变化，例如内雷斯海姆教堂的独立对柱支承着一个造型奇异的檐部，该檐部虽没有任何装饰，却体现了新古典主义意蕴。

这与其凹凸形外部轮廓所体现出的非凡活力相结合，很好地与墙部形状匹配。檐部包裹在圆柱周围，不仅起到了顶部覆盖物的功能，而且还成为垂直的支承构件，具有重要的结构价值。

在结构结点处，檐口的线条亦曲亦断，体现了平面图的特征：一系列横向椭圆形空间被动态相连的穹顶覆盖。

支柱

支柱是用来提供垂直支承力的建筑和结构构件，有时，它还包括一个柱础和柱头。尽管总的来说它呈对称体形状，然而通过将几何形状有机结合，它也会呈现出迥异的造型，或由独块巨石铸成，或由很多石块砌成。其功能与圆柱类似，除此之外，它还具有超强的耐压缩性。

由于钢铁和钢筋混凝土之类的材料有更好的耐压缩性，尤其是具有很强的抗拉应力，因此通过使用这些材料，而不是石头和砖块之类的材料，人们实现了非常有趣的结构创新，这在以前是难以想象的。通常，钢铁支柱是由金属型材组成的，与加强的交叉钢铁板支架相连。这些钢铁板垂直于支柱的轴线，或用螺栓连接，或铆接，或焊接于钢铁支柱，通常都是预制构件。先用木材、金属之类的材料制成模具，再将加入了金属加强料的混凝土注入模具中，便制成了钢筋混凝土支柱，也叫作架构。加强料是由钢筋条组成的，纵向排列并由横向金属条连接，由支柱的外表面向外延伸三厘米宽，并与支柱的轴平行，以保持结构上的连续性。有时，支柱由圆形或椭圆形型材制成，垂直的加强料与从柱础一直延续到柱顶的连续螺旋连接；这种通过抵消横向压力的做法加强了支柱的强度。

术语来源
支柱这一术语源自拉丁语“pila”。作为一个建筑构件，支柱在早期的建筑中就有记载，并一直持续到现在。

相关词条
柱头、檐部。

皮埃尔·路易吉·奈尔维，
阿奎拉劳动宫，蘑菇形支柱细部，
1960—1961年，
都灵。

罗伯·吕扎尔什，
亚眠大教堂，带组合柱的教堂中堂，
始建于1220年，
法国。

组合柱的塑性使中心柱能够不受任何阻断地延伸至穹顶，既突出了垂直感，又增强了创作的节奏感。

由于使用了半圆柱结构，圆柱在形式上和结构上都失去了其与支柱相结合的自主性；在结构上，它起到了向下传递拱顶推力的作用。

在后期结构更加精巧复杂的哥特式建筑中，檐口、柱头之类的中间构件消失了，因此在视觉上和结构上将支承物与穹顶完美统一在一起。

组合柱或集束柱是一个由不同建筑构件组成的复杂单元，这些建筑构件都被统一为一个整体，并且按照它们所支承的建筑构件的形状来设计。这种支承构件位于所谓的有效支承体系底端，这种建筑结构严格地演绎了推力和反推力的作用，从而使哥特式建筑的建筑师们能够建造出纤细雅致而完美的支承构架。

多纳托·伯拉孟特，
圣彼得大教堂平面图，
1505—1506年。

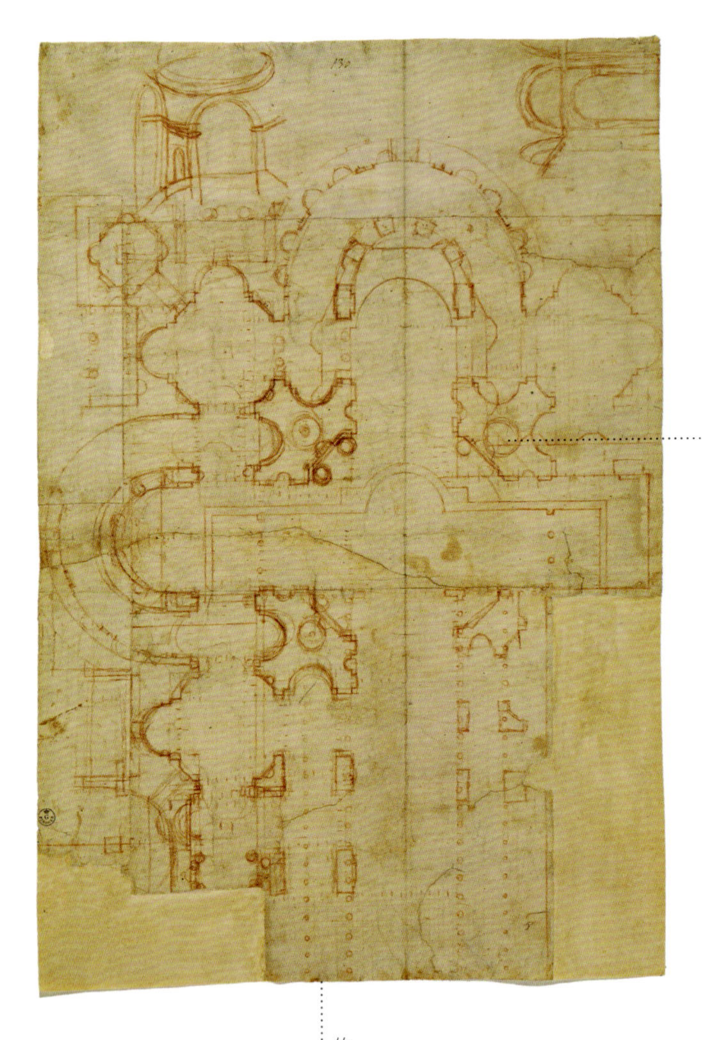

圣彼得大教堂耳堂的四根巨大支柱的外形轮廓呈复合线性排列，这样设计的目的是为了承载支承圆顶的拱券。每根柱子的体量巨大，以至于在1628—1640年，吉安·洛伦索·贝尔尼尼在柱子里面建造了能够容纳巨大雕像的壁龛。后来它们又被装饰上用来搁置圣骨匣的凉廊，周围是古代康斯坦丁绿廊绞绳柱。

没有哪个建筑能像圣彼得大教堂那样完美地呈现教堂的中心性和普遍性；这种中心性和普遍性正是通过向人们展现奇妙的耶路撒冷风格造型而得以诠释的。

伯拉孟特的设计颇具象征性，也体现了礼拜仪式的特点，他的这些设计理念源自早期的建筑理念及有关规则几何体空间价值的研究，证实了文艺复兴时期的艺术家们所使用的中心设计不仅仅是美学偏好的应用，更是理论研究和正规研究的结果。

乌菲兹美术馆，
佛罗伦萨洛伦佐·马提利上宫
中庭的男像柱，
1721—1722年，
维也纳。

不同于任何一种古典柱式形式，该男像柱支承着一个复杂的檐部，檐部转而又支承起刻有手臂、盔甲以及家族守护神——萨伏依尤金王子丰功伟绩的拱形殿顶。

在巴洛克时代，通常来讲，支柱经历了彻底的变革，在结构上似乎不再起任何作用，而更专注于体现其美学价值。上宫的一层饰有强壮的男像柱，这些男像柱都是由大理石雕刻的超人造型的男性形象，支承着天花板穹顶。

男像柱形象是按照希腊神话中的大力神阿特拉斯的形象建造而成的，传说阿特拉斯被判支撑天穹，设计男像柱是为了形象化地体现阿特拉斯支撑天穹时是何等费力。在维特鲁威看来，男像柱象征着战败的敌人，正因为如此，18世纪奥地利巴洛克式住宅的男像柱经常带有土耳其特征。

贝尔韦代雷的男像柱位于高高的底座之上，带有线脚和装饰图案。

彼得·贝伦斯，
德国通用电气公司涡轮车间，
钢柱细部，
1909年，柏林。

在建筑物两侧，耸立着生产涡轮机的工厂，被规则排布的钢柱分割，钢柱呈锥形，越是靠近地面的部分就越细，与砖石结构的角架一起支承着钢铁及玻璃结构的重量。

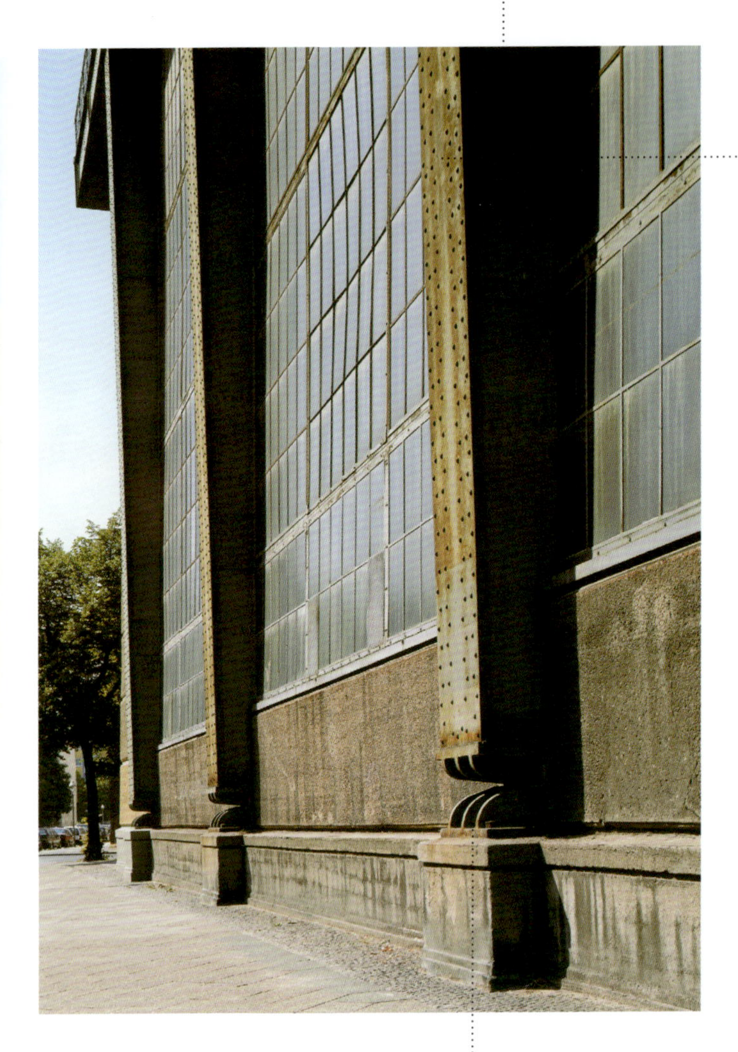

支柱始终起到承重的作用，不仅支承着来自垂直上方的重量，而且也承载着来自水平结构的推力。由于与自身的高度相比，支柱剖面的大小有限，因此既要承受压缩力，又要承受弯曲张力。

支柱末端（即铆接钢接合处）被链接到金属座上。这样设计的目的是为了将推力传递到钢筋混凝土制成的柱础上。

勒·柯布西耶，
萨伏伊别墅，
1928—1931年，
普瓦西。

正是因为使用了钢筋混凝土之类非常坚固的材料，纤细的支承物与庞大的别墅体之间的视觉冲突才变成了现实。

内部相似结构的使用使得整个建筑不再需要承重墙来支承，而且也可以使用宽阔的正面结构和宽敞的凸窗。

对于勒·柯布西耶来说，将建筑物的承重构件与非承重构件分离是不可能实现的；基于这个原因，他用钢筋混凝土制成的带有纤细支柱（也叫作底层架空柱）的小型柱础来代替墙，这就颠覆了柱础上方必须是墙面的传统。由于有这些支柱的支承，房屋腾空而起，这样既能防止地面潮气的侵袭，又能吸收更多的光照，加速空气流通。

勒·柯布西耶从古代桩结构的建筑方法中获得灵感，将底层架空柱制成带圆形剖面的钢筋混凝土结构。它们挖掘出第一层的功能，使其变得可用；新增加的区域可以用作花园，这就如同将房屋的屋顶用作露台一样。

维欧勒·勒·杜克，
钢柱结构支承的市场屋顶，
出自《与建筑的对话》，
巴黎，1863—1872年。

理查德·罗杰斯，
巴拉哈斯机场4号航站，
马德里，2005年。

在19世纪，钢铁取代了石块，用来支承屋顶，这一建筑理念来源于哥特式建筑中弹性构架的建筑原则。

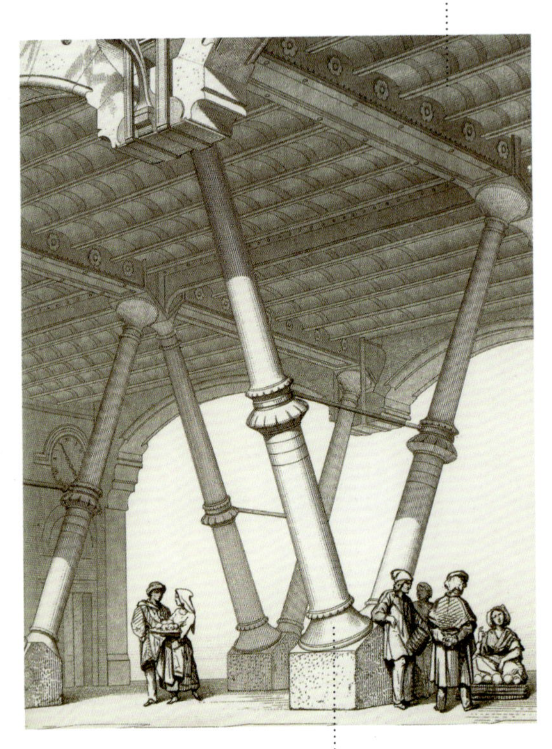

该版画诠释了不带任何装饰，简单而功能性强的建筑结构。巨大的斜导柱支承着简洁的水平梁，水平梁上方是波浪形的屋顶。斜导柱在中间处两两相连并被置于水泥柱础之内，水泥柱础承载着向下的推力。

大约130年以后，理查德·罗杰斯将类似的结构应用于斜导式钢柱的设计中，在巴拉哈斯机场航站，这些钢柱从钢筋混凝土制成的柱础中分叉延展开来，它们支承着空中波浪形的屋顶，屋顶是由钢梁制成的，在钢梁的外面包裹着竹篾。

整个屋顶是透明的扩展空间，阳光可以透过硕大的圆形天窗直射进来，因此有效地利用了光照：事实上，一公里长的航站在白天不需要任何人造光。支柱的颜色各异，使得航站充满活力，其长度更加令人印象深刻。

这种斜导柱是现当代建筑中经常使用的建筑手法，从高迪的作品到扎哈·哈迪德的斯特拉斯堡电车站和停车场，无一例外。

圣地亚哥·卡拉特拉瓦，
里斯本东站，
1998年，里斯本。

在里斯本交通枢纽中心屋顶的设计上，卡拉特拉瓦采用了钢结构的“树状”支柱，其形似棕榈树。支柱好比是棕榈树的树干，其分支支承着整个屋顶，形成森林状的结构。

由于受到自然界奇异物种形态的启发，卡拉特拉瓦在他的作品中融入了个性化的风格，将自然元素与建筑工程天衣无缝地融为一体。

在建筑史的不同时期，树形支柱被反复使用，很多工程的设计都从自然界的有机生命形态中受到启发。这种将支柱设计成树形的设计理念体现在高迪和维克多·霍塔的作品以及斯坦斯特德和斯图加特机场的设计中。

查尔斯·拉维妮，
诺曼底大桥（翁弗勒尔—勒阿弗尔），
1995年，法国。

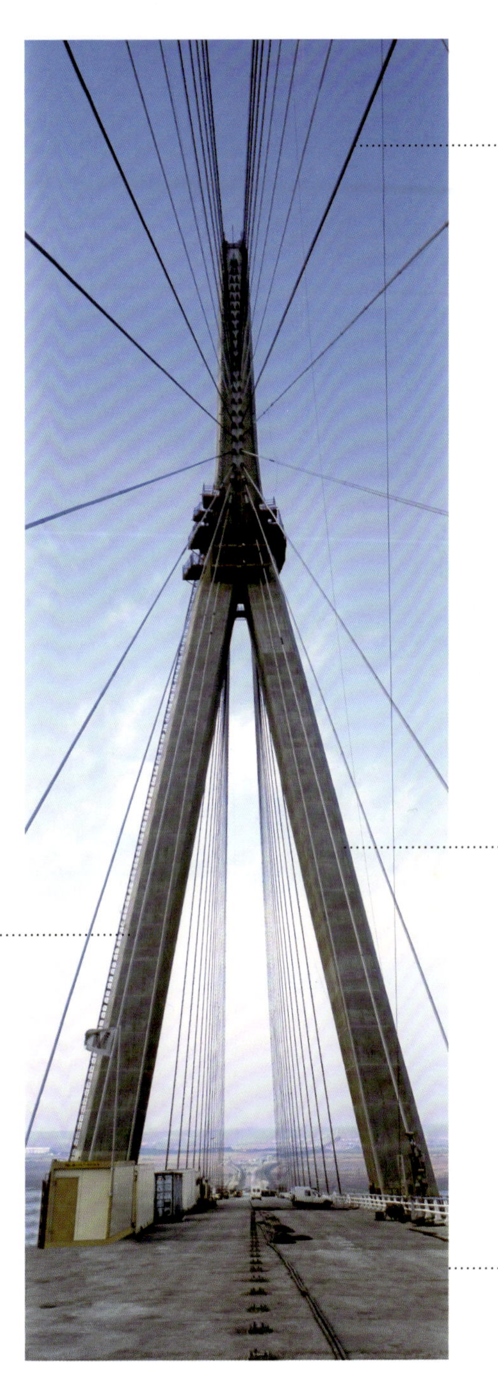

由于斜拉桥要比悬索桥更具抗风性，因此拉维妮决定建立一座斜拉桥。在中央，两个宏大的由预应力钢筋混凝土制成的桥塔支承着桥上巨缆，钢沉箱顶部被混凝土封闭以提高其坚韧度。

每个金属截面都由两个横梁和一系列垂直的预制隔板组成，这些隔板被嵌入镶板之中，构成了肋拱结构，这种设计能够吸收过往车辆产生的震动并为驻留车辆提供泊地。

这些支柱看起来像是一对张开的A字形圆规，此种设计将推力全部传给柱础，车辆在起支承作用的两个支柱下畅通无阻。支柱在顶端相交，形成了一个底部有210米高、50米宽的支护锚杆。

为了避免使用更多的支承体（因为若支承体过多，会影响塞纳河上船只的航行），诺曼底大桥是一座只有中央支承体的斜拉桥，总跨度不超过856米。

明石海峡大桥（本州—四国），
1998年，日本。

宏大的钢结构桥塔高达283米，顶部宽达35.5米，如果将所使用的钢材都聚集在一起，总高度将达到7米。其桥塔支承着桥面，桥面由3组斜向网状梁和平行的钢桁式加劲梁组成，旨在缩减桁架梁系统的间距；加劲梁高14米。

明石海峡大桥是目前世界上跨度最大的悬索桥，桥面设有双向六车道，总长度为3911米，其中主跨1991米。

明石海峡大桥坐落于经常遭受台风侵袭的地震活跃区域。在建造过程中，该桥即已在结构上凸显出巨大的优势：在1995年神户地震中，仅有微小损坏。

明石海峡大桥是一座三跨二铰加劲桁梁式吊桥。要完成大桥的建设，需要提高钢的强度，这包括研发一种能够提高安全性能的钢缆。大桥的防腐系统是独一无二的，包括一个降低湿度的减湿系统。

壁柱和无帽壁柱

壁柱是一个垂直结构：是嵌入或突出于墙壁的半身柱或半柱，既起支承作用，又起装饰作用，与其他柱子的作用是一样的。它带有一个柱础、柱头、檐部、凹槽以及其他能够区分是何种建筑柱式的构件。

有时，人们会将壁柱和无帽壁柱混淆，壁柱更多的是起装饰作用，因此，二者的区别在于其功能，而不在于其外部的形态特征。

在佛罗伦萨美第奇圣洛伦佐教堂建筑群内，米开朗琪罗采用无帽壁柱来实现三维造型和色彩变幻。该建筑群落中的所有房间（包括幽雅的阅览室）都通过壁龛、窗户和镜子周围色彩强烈的框架结构加以区分。塞茵那石的建筑形式与苍白的墙壁构成了鲜明对比；墙壁本身被用作雕刻表面，上面布满了精雕细琢的作品，使整面墙看上去生机勃勃。

术语来源
壁柱一词源于意大利语“pilastro”，而“pilastro”又源自拉丁语“pillar”。无帽壁柱大概源自中世纪拉丁语“lauxema”，而“lauxema”又起源于希腊语“lauxema”，意为“用石头制成.”。

相关词条
墙、柱头、檐部。

米开朗琪罗，
劳伦齐阿纳图书馆阅览室，
始建于1524年，佛罗伦萨。

扶壁柱

扶壁柱是一个垂直的建筑构件，通过荷载一部分传递给它的推力而增加整体结构的强度。通常情况下，扶壁柱位于建筑物外部，但在军事工程、防御工事等建筑中也可被建于墙内，以更好地增强建筑物的强度。无论拱顶是简单的还是复杂的，作为拱顶支承物的扶壁柱都具有特别重要的作用，这是因为拱顶处聚集了集中于应力点的推力，推力并没有被分散到围墙上。

在罗马建筑中，扶壁柱经常被置于建筑物中。在罗马式建筑风格盛行的时代，由于惰性稳定度原则，即所谓的消极抵抗让位于推力平衡原则，人们倾向于将扶壁柱置于建筑物外面。在那个时代，扶壁柱有时被建造成半柱状。通常，它有一个四边形的截面并在推力集中的地方起到加厚墙体的作用。

在骨架结构的哥特式建筑中，棱拱的推力经常由外部扶壁柱承载，这些外部扶壁柱与小尖塔一起向外延伸，这正体现了哥特式建筑理论，该理论认为，应由既彼此独立又彼此相连，且横向加固了的支承物来承担额外的负荷，不需要用连续的墙体将它们连接在一起。在哥特式推力平衡中，扶壁柱起了突出的作用，人们能够用大面积的彩绘玻璃窗来取代围墙。

在后来的几个世纪里，扶壁柱造型随着建筑类型学的变化而几经改变。因此，我们现在既可以看到16世纪厅堂式教堂的附属小礼拜堂，也可以看到18世纪由隆盖纳设计的威尼斯安康圣母教堂的涡形装饰，还可以看到支承米兰维拉斯加塔楼上半部分的倾斜的扶壁柱式建筑构件。

相关词条
墙、拱顶、立面。

巴尔达萨雷·隆盖纳，
安康圣母教堂，用外部扶壁支承的圆形拱顶，1631年，
威尼斯。

马略卡岛帕尔马大教堂南侧面，
始建于1306年，
西班牙。

从海面上看，大教堂在某种程度上就像是一道隔离墙，将城市特色全部阻隔在其身后。在大教堂的南侧面，静态的施工设计图基于扶壁柱和双跛拱系统，额外增加的砌筑墙被建在与建筑主体轴线垂直的地方。在哥特式风格的教堂中，经常可以发现这种结构，既缩减了墙的面积，又承载了来自拱顶的侧向负荷。

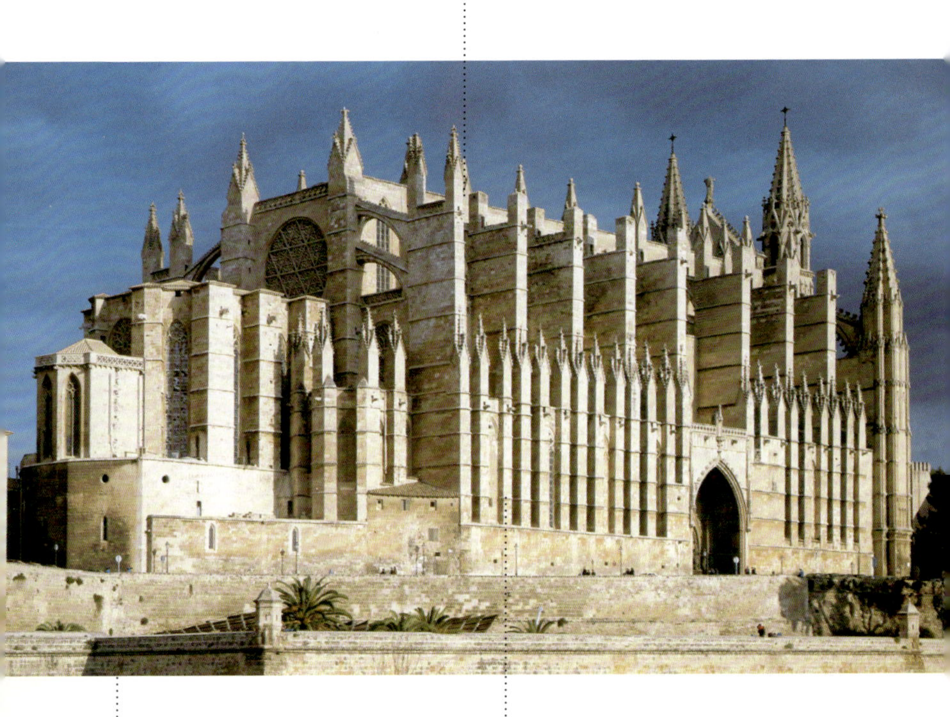

从整体上看，大教堂的南侧面就好像是临海观望的碉堡。

较低的第二排扶壁柱沿着附属小礼拜堂延展开来，高度与小礼拜堂平齐；加固的塔楼使其继续向上延伸。这种静态设计似乎遵循了著名的法国哥特式建筑方法，但由较矮而又密集的扶壁柱所组成的柱墙却被改造为一面刻有影界线的巨大石墙，产生了戏剧性的视觉效果。

拱券

拱券是用来跨越一块空地的建筑构件，它是由被叫作拱石的独立单元组成的。拱石沿曲面排布，由于负载了相同的压力而保持了稳定度。由石块或砖头制成的拱石或为楔形或为矩形，或被粘连在一起或被分开，它位于两根直柱之上，通过压缩实现其功能：它们指向曲面中心，行使其侧向推力。

拱券的两个末端正好位于一块缺口的两侧，并荷载着推力，它可以灵活地跨越大块空间，这是楣梁或额枋所望尘莫及的，拱券的使用将宏伟壮观的建筑效果发挥得淋漓尽致。拱券与横梁虽是对立存在的，但它们却都是重要的静态建筑构件，这是由于它们都可以被应用于各种不同的场合。拱券的稳定性直接取决于推力曲线，即拱券的横截面和直柱所受推力的分布情况。

只要能合理地安排好它的位置，就可以利用二维拱券来建造“镂空墙”；也可以在三维结构的拱顶和圆顶底部使用拱券，从几何学的角度来说，这是可以实现的。

拱券的应用范围极为广泛，比如跨越式门窗、重要城市设计和基础设施功能、桥梁和高架渠建筑等，无一不是拱券的广泛应用，更不用说中世纪拱券、拱廊及盲拱廊所起的典型的装饰性作用。

拱券建筑需要使用置于中心的临时框架，通常，这种临时框架是由相互连接在一起的木材和钢材制成的，以起到定型和支承的作用。

尽管拱券的功能并没有被充分开发，人们却自古以来就青睐于这种建筑结构，尤其是美索不达米亚人和印第安人。希腊建筑大多忠实于连梁柱系统，而罗马建筑却对拱券进行了系统而新颖的应用，建造了技术上创新而大胆的结构，这具有深远的意义。在中世纪时期，新式拱券通过阿拉伯文化得以广泛传播，在哥特式建筑中达到巅峰。直到19世纪，拱券这一建筑形式还在西方世界被广泛使用。由于新型建筑材料和新技术的使用，在当代建筑中，拱券失去了昔日结构上的优势。如今，使用拱券纯粹是为了实现美学效果。

深度解读
源自于拉丁语“arcus”，3000多年来，拱券是主体为支承结构的建筑的主旋律。然而，今天，随着钢铁之类新材料的出现和建筑技术的发展，拱券已经不再是必备要素；它被用以表现墙体造型，使其更具人性魅力。

相关词条
墙、拱顶、圆顶、建筑镀金。

罗马高架渠，
圆形拱券序列细部，
1世纪，
塞哥维亚。

对拱券的各组成要素的解释

拱券的两个平行面是拱门饰。

拱顶石在拱腹顶部，经常与中央拱石相一致，由于它能将重力传递到两侧，因此保持了拱券的稳定性。

拱石是排列在弯曲表面的构件；那些离拱端托最近的拱石叫作拱脚石。

弯曲的内表面叫作拱腹，外表面叫作拱背，二者之间的距离是拱门的宽度。弯曲内表面的正交投影叫作弧线。

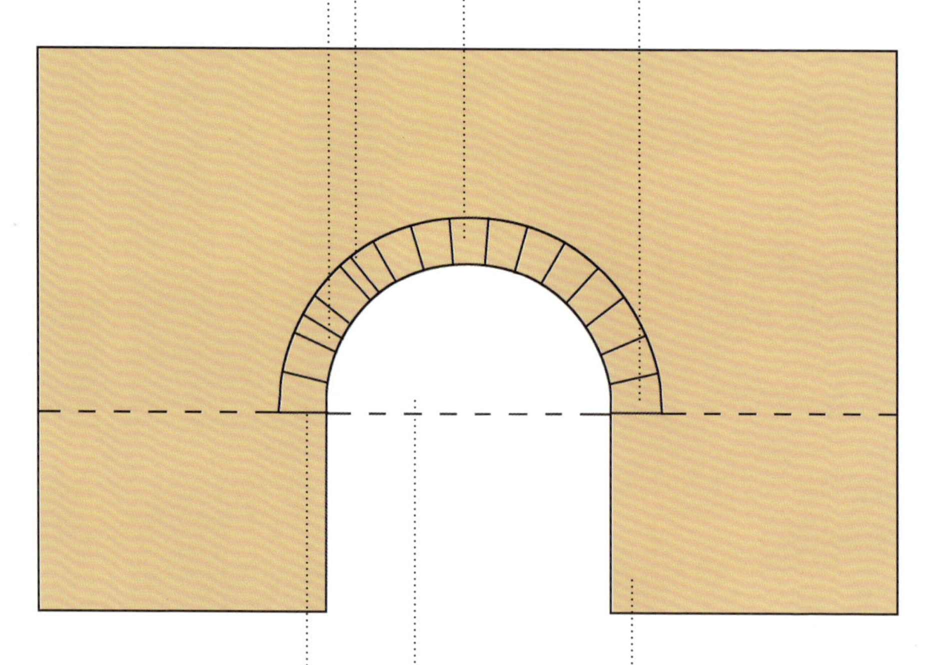

拱端托是拱门的理想支承线；拱端托与拱腹水平线之间的距离叫作拱高。

暴露的垂直表面叫作拱券的正面。

拱座支承着拱券的两个底端；拱座间的距离是拱跨度或拱弦。

拱券的类型

由于每种静态排列都需要不同的拱型，因此，除了美学和文体价值外，拱券还需具备精准的结构特征。拱券的主要类型取决于其顶部断面是圆形的还是其他曲线形状的，无论是哪一种，力的传导路径几乎都不符合推力的实际走向。

在尖形拱或等边形拱中，两条曲线相交，在拱顶石处形成一个交点，并且曲线中心点沿同一条拱端托线排列。

由于跨距相同、重量相同，这种拱门的优势在于能够减少拱端托的水平拱推力。

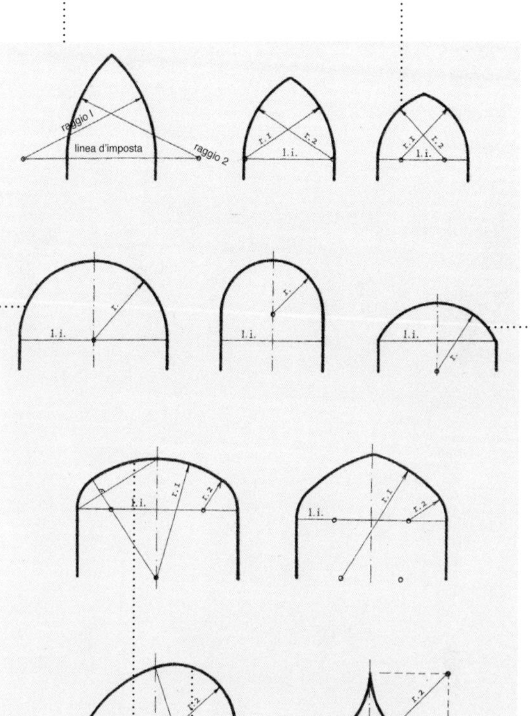

当拱腹曲面形成一个半圆周形状时，就形成了圆拱。圆拱的跨距与拱端托中心的直径一致。罗马建筑的典型特征是使用最简单的拱券形式；这种拱券形式在罗马式建筑风格盛行的时代被广泛采用，主要是出于其美学价值，在意大利文艺复兴时期和新古典主义时期又重新流行开来。

当拱腹曲面是部分半圆周形状时，就形成了平圆拱或平坦拱。从静态的角度来看更合理、更经济，也更简单。在10世纪以后，这种拱券形式主要在桥梁建设中被采用。如果直柱超过拱端托连线，就得到了被举高的拱券。

椭圆拱断面有很多曲率中心，是很多弓形接合点的组合，这种椭圆形轮廓与其同类的几何构造不同。都铎式拱是多中心的低拱，其断面由四个半径不同的弓形组成，其中两个曲面朝上，并在拱顶石处形成一个结点。都铎式拱是15—17世纪典型的英式建筑结构。

跛拱断面为非对称形状，用以抵抗推力，是哥特式建筑的典型特征。

葱形拱断面由四块长而细直的弓形组成；其中两个弓形的曲率中心位于拱内；另外两个弓形的曲率中心位于拱面之外，一个是凸形的，一个是凹形的。反葱形拱与葱形拱的凹凸方向相反。

菲利波·布鲁内列斯基，
圣灵教堂内部构造，
始建于1444年，佛罗伦萨。

圆拱的美学价值以及额枋理论在意大利文艺复兴时期重新流行开来，这主要归功于菲利波·布鲁内列斯基，因为他将拱的建筑功能进行了创新和发展。

从类型学的角度来说，圆拱是最为简单的拱型，最初人们只是从实用性的角度来评价圆拱的价值，后来罗马建筑率先肯定了圆拱的重大意义，赋予圆拱美学价值。为了突出建筑物结构上的节奏感，罗马建筑师们创造了圆拱的建筑主题，这种圆拱被嵌入到建筑物的壁柱——檐部系统中，后来，这种建筑形式成为文艺复兴时期建筑的代表。这种正式的发明也许是出于结构的需要，这是因为如果主要用砖来砌造圆拱会比采用三巨石结构更加经济实惠。

布鲁内列斯基在建造圣灵教堂时就使用了这种方法，创造了壮观的圆拱柱列，空间和表面的合理化分割很容易被人理解，使得建筑柱式得以重生，再次彰显了其独特的形状和规模。

韦尔斯大教堂，
跨越塔扶拱，
1338年，英国 。

这种建筑方法将民用建筑中普遍使用的建造技术（主要是在桥梁建造中）应用于教堂建筑中。弧线结构的引入使得该建筑方法取得了非凡的成就。弧线结构的引入几乎体现了英国各个时期的建筑物的特征，而绝不仅仅局限于哥特式晚期的建筑。

韦尔斯大教堂跨越塔基部是石制支承系统，由两个巨大的模塑扶拱组成，两个扶拱被镶嵌于中堂墙壁间，一个向上，一个向下。两个圆孔被置于由此产生的侧空间里。

沙特尔大教堂，
跛拱细部，
1194—1221年，法国。

跛拱是一种非对称性的建筑结构，它被用来承载或减少来自建筑物上部的侧向负荷；为了达到这一目的，扶壁上的拱端托连线必须低于墙壁的拱端托连线。

跛拱在正式定义哥特式建筑的“骨架结构”的美学特征方面起到了至关重要的作用，增加了哥特式建筑的高度。

跛拱常被建于侧房屋顶之上，以更好地承载推力。跛拱的使用标志着内置台结构的终结，统一了标高，将屋顶提高到40米的高度。

拱顶重量被分散到与短柱上的圆拱拱廊相连的双拱上，这种跛拱的设计反映了双向回廊的规模。第三个较细的拱券也许是后加入的，以更好地平衡墙的上面部分承重。

圣马可教堂，
复合拱正面细部，
1063—1094年，威尼斯。

圣马可教堂正面顶部包括一系列复杂的拱形结构，拱形结构中间是一个带有精雕细琢的拱门饰的圆拱，被嵌于葱形拱中。在葱形拱的拱背上，是一排雕像和小尖塔之类的装饰物。

这种造型是最初拜占庭建筑风格的教堂和罗马式建筑风格的教堂的混合体，别出心裁地展现了威尼斯建筑的哥特式风格，在圆拱正面区域与葱形拱之间饰有星空图案，拱背上矗立着圣马可的狮子像。

彼得·帕尔莱勒，
圣维特大教堂，
带有飞肋的前厅细部，
1367年，布拉格。

布拉格圣维特大教堂的南门廊被称作黄金门的正门。在前厅，帕尔莱勒使用了英式飞肋结构，正门也采用了构架，这使得整体结构更加复杂，这些肋状结构有三个向外延伸的交互轴，还有两个向内延伸的交互轴，沿袭了相邻的文西斯劳斯礼拜堂的建筑风格。

飞肋并不一定要按照拱形曲线的形状来设计，相反，它可以拥有独树一帜的造型；它甚至可以不受墙面设计的限制。被嵌入墙壁和拱顶的肋拱与支柱上的肋拱之间存在明显的造型差异。

国王学院礼拜堂，
海滩形扇形穹顶，
1508—1515年，剑桥。

通过对平坦四心拱的改造，形成了扇形穹顶以及向上运动的海湾造型。通过对结构的清晰演绎，该结构体现了伟大的技术表现和形式表现。

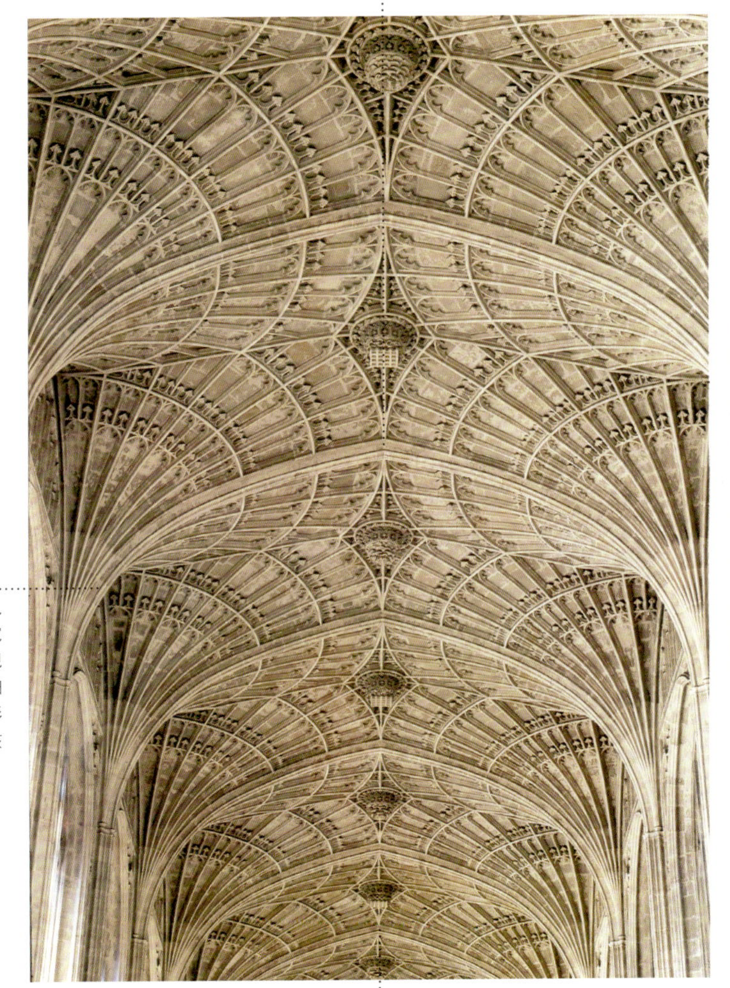

剑桥国王学院礼拜堂的高墙布满了宽大的玻璃面。引导视线上移至穹顶的纤细圆柱以及一系列扇形穹顶，从而增强了该结构的垂直性。

平坦四心拱是哥特式建筑风格晚期英式建筑的典型代表。

胡安·古阿斯，
圣胡安修道院回廊细部，
1479—1480年，托莱多。

复杂的拱型是西班牙伊莎贝拉建筑风格的典型代表，这种造型汲取了哥特式晚期建筑风格，将其与当地的穆德哈尔传统中的类型学、功能学及语言学元素融为一体，并且还采用了文艺复兴时期的建筑风格。

圣胡安修道院回廊的凉廊上层有一排雅致的拱券，由于其套线完美勾勒，给人以形式上的美感。直柱上是一个复杂的拱券，其顶部边缘呈凹凸状，拱腹被塑成叶状。

回廊以其柱子和扶壁上的丰富装饰而著称，券顶羽毛状的尖顶造型技术达到了顶峰。

安东尼奥·高迪，
米拉之家（也被称为拉佩德雷拉），带抛物线拱券的双重斜坡屋顶细部，
1905—1907年，
巴塞罗那。

高迪非常喜欢曲线，作为新颖建筑形式的创始者，他将抛物线形拱引入到现代建筑中。他的作品由不同材料制成，以详尽展示离奇、不可预知的建筑形式为特征，表现力极强。

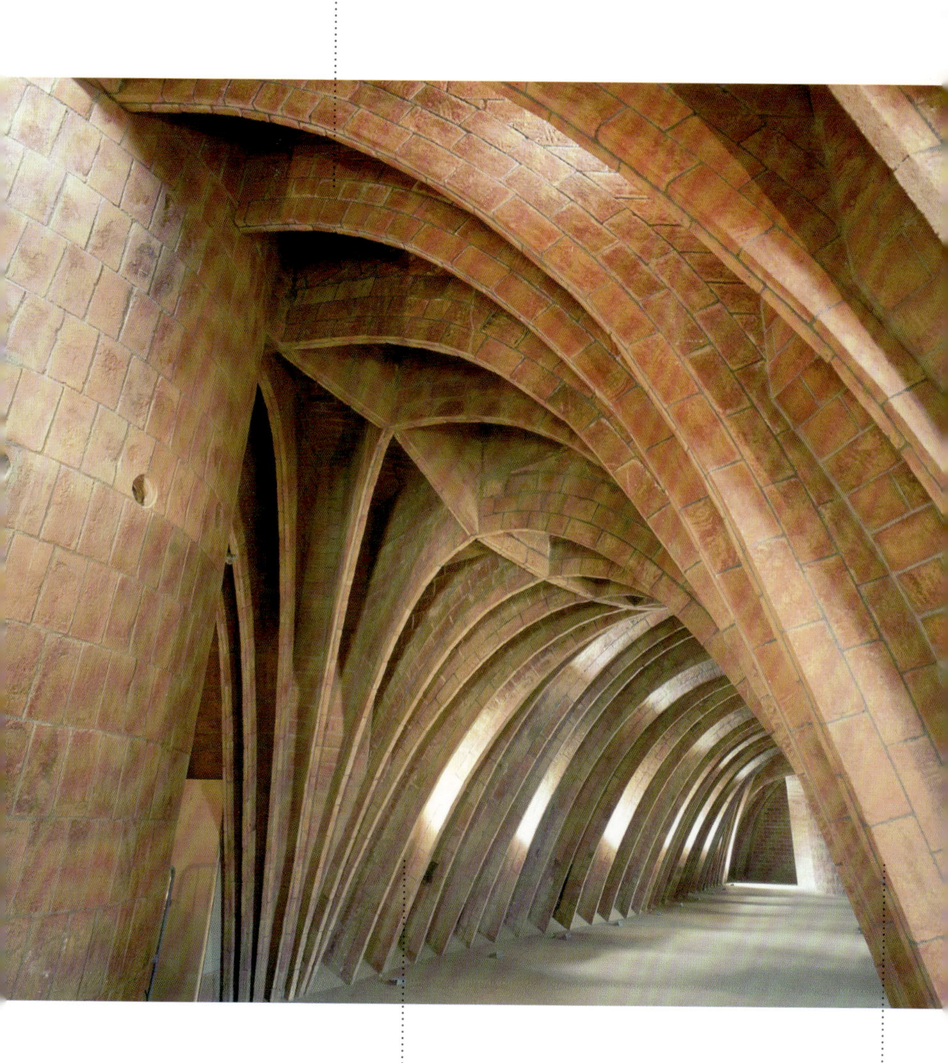

高迪将抛物线形拱作为一个真正的起造型作用的建筑构件来使用；在拱的凹凸面，光线产生了惊人的明暗对比效果。

从静态的角度来说，抛物线形拱非常合理，这源于对抛物线的精彩演绎。在当代建筑中，抛物线形拱被广泛使用，它代表了对最古老的建筑构件的最新创新。

科尔多瓦大清真寺祷告殿，
987—988年，西班牙。

清真寺里是一个拥有850多个大理石和花岗岩圆柱的大厅，以光滑而庞大的柱身和混合式柱头重写了地方罗马柱式的造型。

天花板高达13米，因此需要双排拱形结构支承。较矮的马蹄形拱起到系梁的作用，其上是圆拱，所有圆拱都由圆柱或者圆柱上面的柱墩来支承，这继承了罗马人在建造高架渠时所使用的体系。

当拱角是由一个或多个曲面组成，且曲面的中心高于拱自身的拱端托连线时，就形成了摩尔式或马蹄形拱；这种拱型越往下越窄，完美地遵循圆周曲率。红白相间的拱石的使用使得马蹄形拱的轮廓异常清晰。

马蹄形拱是伊斯兰建筑的典型代表，也被广泛地应用于哥特式建筑和新艺术风格的建筑中。

红堡公共议事大厅，
印度，1627年，
阿格拉。

当拱腹是由一系列同样大小且相互交错的叶形组成时，就形成了多叶形拱；在这种情况下，拱顶石呈反曲线形，形成反弯拱，较黑的线条突出了其动态外形。

Diwan-i-Am是公共议事大厅的意思。它包括宏大的多柱式凉廊，凉廊由三排带有雕饰柱头的多边形大理石圆柱构成。柱头之上是拱券，拱曲面装饰有九片叶状物，最顶端的一个有多个中心。

西侧的皇家凉廊被精心雕刻的石屏—哥哩砖墙围起来。

多叶状的拱券在莫卧儿帝国建筑中十分普遍，将地方建筑形式与伊斯兰艺术结合在一起。

屋顶覆盖层

屋顶是建筑物用来限制内部空间的界限，保护建筑物不受大气因素的侵害。在建筑学中，它被定义为顶部的水平边界。屋顶由支承结构组成。支承结构支承一个不透水的覆盖物，这个覆盖物可以由各种材料制成，比如瓦片、金属板、合成树脂、石头或玻璃等。屋顶覆盖物要提供各种保护——抗渗、隔热、隔音以及保持结构上的稳定性；它还要改变雨水流向，并且至少要有在审美上令人愉悦的外部构造。

最传统的屋顶形式是由一个或多个斜面组成的，其倾斜程度取决于当地的气候条件和传统。即使是所谓的平屋顶也会稍微倾斜，其倾斜度大约在1%～2%，以方便排水。构成倾斜屋顶的平面可以是连续的，也可以是不连续的。第一种倾斜面是阁楼，它随屋顶的角度而倾斜；第二种倾斜面由一个木结构或钢铁结构的三角形框架组成，以增强屋顶硬度以及提供构成真正屋顶的第二个框架结构。屋顶结构主要由以下构件组成：既可负载压应力也可负载弯曲应力的斜梁，也被称为椽；可负载牵引力的横梁；水平接头；一个与大梁相连，并被叫作支承屋顶的内柱或桁架支柱的中央垂直柱；以及与椽成对角且与大梁相连负载弯曲张力的两个支架。

深度解读
最古老的屋顶造型是斜屋顶，这种屋顶在功能上始终保持不变，无论是原始社会的小屋，还是现代社会的房屋。在新石器时代的村庄里，建筑物顶部都覆有屋顶或圆锥体结构，以迅速改变雨水流向，因此，屋顶倾斜的角度要根据当地气候的变化而变化。

圣十字教堂，
木桁架中堂天花板，
始建于1295年，
佛罗伦萨。

威斯敏斯特宫，
理查德二世大厅，
1377—1399年，
伦敦。

理查德二世大厅由复杂的木质结构覆盖，此种覆盖层的建造让人想起造船技术，尽管系梁被换成了悬臂托梁。之所以使用尖拱形的椽，更多的是因为考虑到整个覆盖层的装饰性而非功能性。

木工大师休·哈兰德充分利用了悬臂托梁，突出的支架与被称为椽尾柱的垂直构件相连，半圆壁和梁的两端均有雕塑装饰。

尽管木工工艺非常复杂并且是铰链连接的，但它似乎将自己呈现为一个独立自主的结构，与其下的区域没有任何联系，即额外附加的建筑构件，在建筑构造上与整体脱离。

尽管结构上的三维造型令人印象深刻，尽管体现了支承物间的有机连接（因为在复杂的梁系统中，支承物彼此相交），但并没有成功地解决建筑结构间的不连续性问题。

路德维希·密斯·凡·德·罗，
新国家艺术画廊，
1962—1967年，柏林。

新国家艺术画廊，一个玻璃钢铁盒子，拥有一个平顶结构，大约占地65平方米，采用了网格框架结构，这种结构是由1.8米高的双T形钢梁构成的。

由于使用了如此高的梁结构，屋顶网格框架增强了整个结构的硬度，屋顶只要由墙的侧面来支承就足够了，不再需要墙角来支承。

屋顶构架由八根带有典型的十字形横截面的尖端略细的钢柱支承，每个侧面有两根钢柱，拐角处则没有。

尽管屋顶有两米厚，但新国家艺术画廊却看上去令人难以置信地“轻”，这要归功于玻璃材料的使用，归功于在本质上将钢结构看成是骨架的倾向，归功于基本没有任何装饰。

这种敞开空间型博物馆的建造使密斯突破了建造博物馆的传统观念，他所确立的新方法正在被越来越多的人研究。同时，基于玻璃墙的透明性，他还创造了一个不受任何限制的动态空间。

弗兰克·劳埃德·赖特，
古根海姆博物馆屋顶天窗，
1946—1959年，纽约。

天窗是一个为屋顶空间设计的玻璃结构，可用来加速空气流通和增强光照。在本例中，天窗的使用具有非常重要的意义，因为它使博物馆光照充足，再也不需要在墙上建窗户了。

由于建造技术取得了进步——人们学会了如何使用钢材进行建造，而且人们发明了钢筋混凝土，因此，屋顶天窗能够覆盖越来越大的空间；将大型天窗作为屋顶是一个为宏大建筑物提供漫射光和均匀光的好方法。

古根海姆博物馆的大型天窗为带有螺旋梯的宏大的中央大厅提供了充足的光照。

屋顶天窗可以被建成各种形状和大小，也可以采用聚碳酸酯或甲基丙烯酸酯之类透明的塑胶材料来建造，然而其简洁性却带来了一定的副作用，比如很难消除眩光、需要定期维修、雨滴撞击玻璃所产生的噪声等。

伦佐·皮亚诺，
马雷拉阿涅利美术馆，
2002年，都灵。

这种平行六面体状的未来主义风格的美术馆悬置于林科特汽车厂屋顶之上，平顶且带有由纵梁支承的横向金属壁——这种网格结构在此类屋顶的建造中十分普遍。

跟所有的平屋顶一样微微倾斜，足以确保排水良好。

像在此类建筑中一样，当人们无法到达平顶时，就可以在屋顶结构的外部铺上隔热又耐风雨的材料，而且也没有必要选择那些抗机械应力性能特别好的材料，因为没有人在屋顶跺脚，因此也就不能产生重力。而当人们可以到达平顶时，如勒·科尔比西埃的作品，这种平顶就有了新的名称——屋顶阳台。

平安神宫塔顶，
1895年，
京都。

塔是佛教建筑中的典型结构，由很多层组成，每一层都有自己的屋顶，通常屋顶是四边形或八边形的，它们略微倾斜，边侧凸起，檐部和屋脊向上卷曲，檐口由复杂的支架支承。

由于其重量因素以及屋脊线上尖尖的羽毛状物体的存在——这些羽毛状的物体经常被装饰成宗教图案，起到避雷针的作用——事实上，塔的功能之一就是吸引闪电。将闪电吸引到塔尖是为了保护圣地的其他地方，因为这些地方大多是由木头制成的，容易引起火灾。

塔的斜顶以及其复杂的木质结构是远东地区建筑的典型特征。

彩绘的木质结构之上是向上卷曲的屋顶，屋顶布满了被精心雕刻成斜纹图案的梁木，更凸显了屋顶的坡度；雕刻图案遍布屋脊线和屋檐下方。

拱顶

拱顶是建筑物的覆盖层，其弯曲的表面向内弯曲成凹形。建造拱顶所使用的材料主要要能承受压力，拱顶将其推力传递至两侧支承它的支持物。拱顶可以分为很多类型，能够覆盖广阔的空间，建造拱顶时，经常会用到小型建筑构件，这样就不必依赖于起中介作用的支承物了。所用材料和覆盖层是一个连贯有机体，凸显了所覆盖空间的统一性。

就使用用途来说，最重要的拱顶形式由拱券演绎而成；拱顶的建造有各种解决方案，拱顶的名称清楚地表明了其类型。

拱顶这种建筑形式最早出现在木材资源匮乏但黏土资源却很丰富的地区，这绝非偶然。比如，在公元前3000年的美索不达米亚地区，砖块几乎是唯一的建筑材料。拱顶在埃及和波斯地区的出现也是出于同样的原因。然而，随着混凝土的发明，罗马建筑使各种类型的拱顶至臻至美，比如（主要用于纪念性建筑的）筒形拱顶及其各种变体，由热衷于罗马式建筑风格的建筑师复兴的以及在哥特式建筑中被广泛采用的交叉拱顶，尤其是肋筋交叉拱顶。这些精心建造的拱顶外形超凡脱俗、精美绝伦，人们往往将其看作是独立的表现体，薄顶技术的采用使得当代建筑再次采纳了拱顶这一建筑样式。通过使用钢筋混凝土制造的薄层，人们可以创造出各种形式的拱顶。

术语来源
最古老的拱顶形式包括（公元前3000年）乌尔王陵墓室里所使用的拱顶以及后来在埃及和波斯建筑中出现的拱顶。

相关词条
拱券。

威斯敏斯特教堂，
亨利七世礼拜堂，
带垂饰的筒形拱顶细部，
1502—1512年，
伦敦。

莱昂·巴蒂斯塔·阿尔伯蒂，
圣安德烈教堂，
带有筒形拱顶的柱廊细部，
始建于1470年，
曼图亚。

从几何学的角度来说，筒形拱顶源自于呈线性序列排列的拱券，呈半圆形。文艺复兴时期的建筑师们对作为罗马建筑典型代表的筒形拱顶进行了系统的演绎。

作为最简单的非平面遮盖形式之一，筒形拱顶通常被用来遮盖矩形空间。与交叉拱顶不同，筒形拱顶未被分割成若干个隔，因此对长度和宽度之间的比例没有过高的要求。从理论上来说，它可以无限地延伸。从产生它的拱券类型来看，它也可以被分为很多类型，如圆形、葱形和凹形等。拥有不同弧度和平面水平轴线的两个筒形拱顶相交产生了带半圆壁的筒形拱顶。两个筒形拱顶中较大的一个真正起到了遮盖的作用；而较小一个的作用则是为了在较大拱顶的表面制造空间。

阿尔伯蒂将三个半圆柱形的筒形拱顶巧妙地组合在一起，将重力统一或沿纵向或沿横向卸载至围墙处。筒形拱顶与精雕细琢的檐部相连并用镶板装饰。

马德琳教堂，
带有交叉拱顶的唱诗堂，
1104—1215年，
维泽莱。

交叉拱顶源自两个筒形拱顶的交集；被称为隔板的内表面被四个边界拱和两个相交叉的对角拱分割。

会聚的拱将人们的注意力都集中在支承拱顶的那一个点上，同时，这也表明，为了延长拱顶的遮盖空间，有必要区划支承物之间的距离，使其符合突出部分的模块化节奏。

凸出的肋架结构的使用使唱诗堂内呈对角线形排列的拱显得更为醒目。这些肋架不仅起到装饰的作用，而且还在结构上起到了加固的作用。这样，拱顶就实现了自我支承，将其重量转移到支承物上。

通过组合柱，拱顶向下的推力被转移到地面；肋架与细柱（与岩脉方向相反以增强其硬度）在大小方面的不同通过卷叶形柱头和模塑飞檐得到了调节。

圣十字教堂，
网状拱顶细部，
始建于1317年，
施瓦本格明德。

圣十字教堂的筒形拱顶微微上翘，两边是相交呈尖头形的小型半圆壁，因此这种拱顶也被称为带半圆壁的筒形拱。

各种各样在结构上不起任何作用的拱顶石沿拱顶中线排列。

由于该拱顶由以复杂形式相交的网格状肋架美化，因此很难区分其类型。令人着迷的几何形状（菱形和三角形）的重复以及彩色装饰的使用体现了这种蜘蛛网状的结构独一无二的装饰性效果；呈曲面造型的拱顶表面下的空间被封闭起来。

横向葱形拱的存在更凸显了受圆柱形塔架界定的凸出部分。

克吕尼宾馆，
教堂拱顶细部，
1485—1498年，
巴黎。

教堂拥有一个由多边蘑菇形柱支承的异常华丽的哥特式拱顶，密集的网状肋架结构带有锋利的拱背，形成了一个复杂的拱顶，这个拱顶是伞形拱顶和交叉拱顶的综合体。

很明显，有关各个构件的力的理论线的定义已被摒弃，而代之以参考自然主义装饰风格的新的形态感受力。

华丽建筑的主要特点是强化了工艺性和装饰性元素，而在结构上则没有任何有价值的发明；曲线的波浪形组合增强了隔板的装饰效果。

格洛斯特大教堂，
带扇形拱顶的回廊，
1337—1360年，
英国。

格洛斯特回廊呈现了一种新型的静态正式结构：扇形拱顶。肋架结构从柱墩处向上延展，形成了一个锥形结构，拱顶中间处，这个锥形结构成为源自对侧柱墩的另一个锥形结构的切线。

锥形表面以及拱顶的其他敞开区域都装饰有各种图案，比如穆谢特（Mouchettes）、波斯拱图案、三叶草图案、四叶草图案以及圆花窗等，这些图案的外部轮廓与回廊竖框窗上的图案交相辉映。

扇形拱顶是晚期英国哥特式建筑在建筑类型上的重要发明之一。劈锥曲面在上部空间的中心处相交，取代了传统的纵横交错的葱形拱，其双向弯曲的表面是由曲线沿其轴线旋转而形成的。肋架结构不再是整体结构的一部分，而仅被雕刻在拱顶表面，呈射线状排列。

扇形拱顶由许多相互连接的劈锥曲面组成，这是技术上的重大进步，因为在建筑理念上，它强调即使只是一个建筑结构的机械要素也要体现出装饰性的效果。

安东尼奥·巴索利，
美术学院卢斯科尼宫餐厅装饰的设计，
1816年，博洛尼亚。

用拱脚线之上的水平面将展馆拱顶切开，便得到了圆凹线脚拱顶。由于水平面的缘故，这种拱顶通常不用作支承结构，因此也就不能支承屋顶。相反，它是一个“盲拱廊顶”，通常出现在用小凸嵌线装饰的结构或在边缘和拱腹处粘上瓦片的结构中。

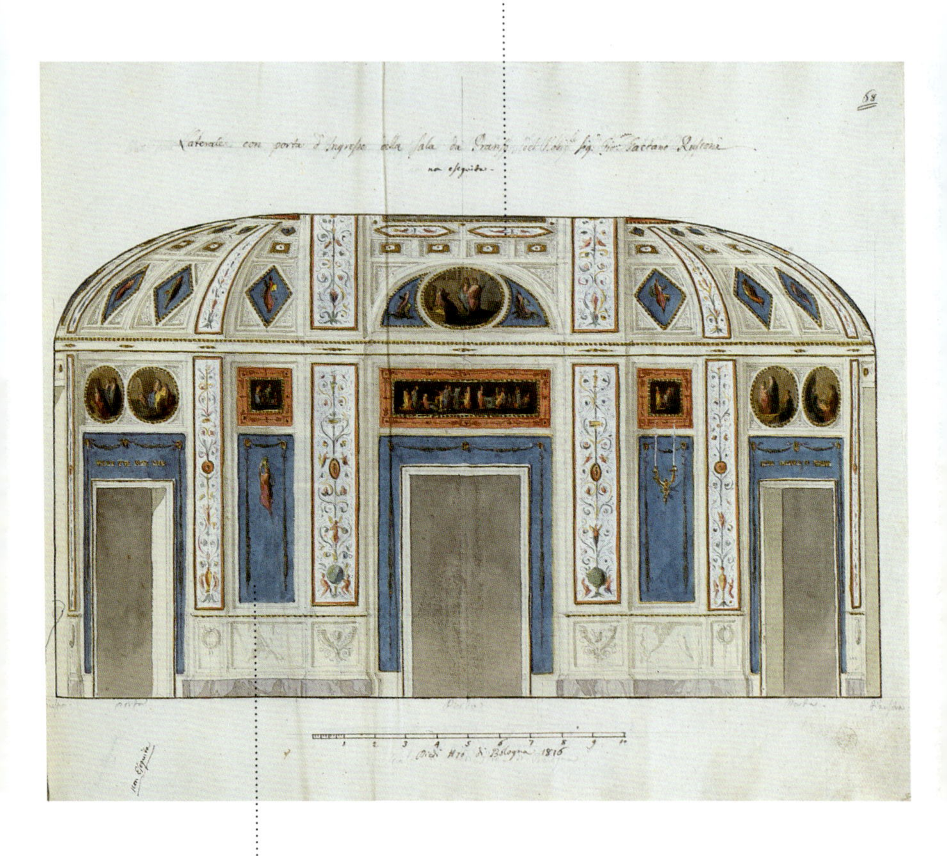

圆凹线脚拱顶经常被用作壁画和装饰物的支承结构，过去也经常出现在廉价建筑中，比如坎帕尼亚区的建筑。作为房间装饰的设计，巴索利将其用奇异的图案装饰：从枝状大烛台到檐壁，在鲜艳色彩的衬托下，一对对情人和舞者被雕刻得美轮美奂，形态各异。

让·普鲁韦，
新工业科技中心，
1958年，巴黎。

巴黎新工业科技中心是边长为230米的三角形建筑，很明显，其拱顶为以三个50米高的三角形弧形小室构成的结构矩阵。

1943年，该工程的结构顾问皮埃尔·路易吉·奈尔维用钢筋混凝土建造并发明该建筑物，使其成为该地的标志性建筑。钢筋混凝土使精巧的波浪形拱顶的建造成为可能，这产生了单一而广阔的由预制构件构成的空间，清晰地展示了结构创作与建筑创作之间的融合。

这种结构的屋顶轻盈、坚固，且灵活性强，它并不完全依赖于周围墙壁的支承，因此，可以用大面积的玻璃结构来代替墙壁，这样可以为室内提供充足的光照。

费雷克斯·堪迪拉，
海洋博物馆，
2001年，巴伦西亚。

钢筋混凝土的使用使薄壳结构的建造成为可能。巴伦西亚海洋博物馆拥有双曲面型的抛物线屋顶，堪迪拉特别擅长这种几何造型的建造，其娴熟的技艺增添了屋顶的波状起伏感。

使用这种形状而不是其他类型的拱顶，在浇铸混凝土时就可以用由普通木板制成的模板，因此，这种技术在经济上非常有竞争力。

这些拱顶非常之薄，轻盈雅致，可以在拱表面嵌入大面积的玻璃墙。

埃拉蒂奥·迪埃斯特，
波浪形拱顶的内部构造，
亚特兰蒂斯教区教堂，
1955—1960年，乌拉圭。

亚特兰蒂斯教堂呈现了一个由砖瓦砌成的薄顶，受工业上使用的瓦楞状材料的启发，该薄顶被置于带有纵向波荡的轻壳边缘。

由于它深入挖掘了可变波形的概念，亚特兰蒂斯教堂是迪埃斯特最优秀的作品之一。用以抵消水平推力，拉杆隐藏于拱顶的较小波槽中，看起来就像一个倒置的抛物线，“悬”于边拱之上。

为了解决正式的支承结构的问题以及排水之类功能性的问题，迪埃斯特使用了宽度大小不一的波状物，其中拱顶石是最宽的，这是因为拱顶石所承受的惯性力是最大的；而由于两侧所承受的惯性力几乎为零，因此其支承结构的厚度与拱顶的（最小）厚度是一样的。

因此，迪埃斯特用钢筋砖建造而成的杰作，在建筑史上具有纪念意义，这是对创新技术的应用，赋予卓越材料以新生。

兰克·盖里，
DG银行，
带曲线形天窗的中庭，
1994—1998年，柏林。

金属框架结构的建筑允许轻薄而透明的壳状拱顶的诞生。钢缆结构之上的曲线形天窗横跨61米长的空间。

拱顶安装的波浪形天窗使DG银行中庭沐浴在充足的光照之中。

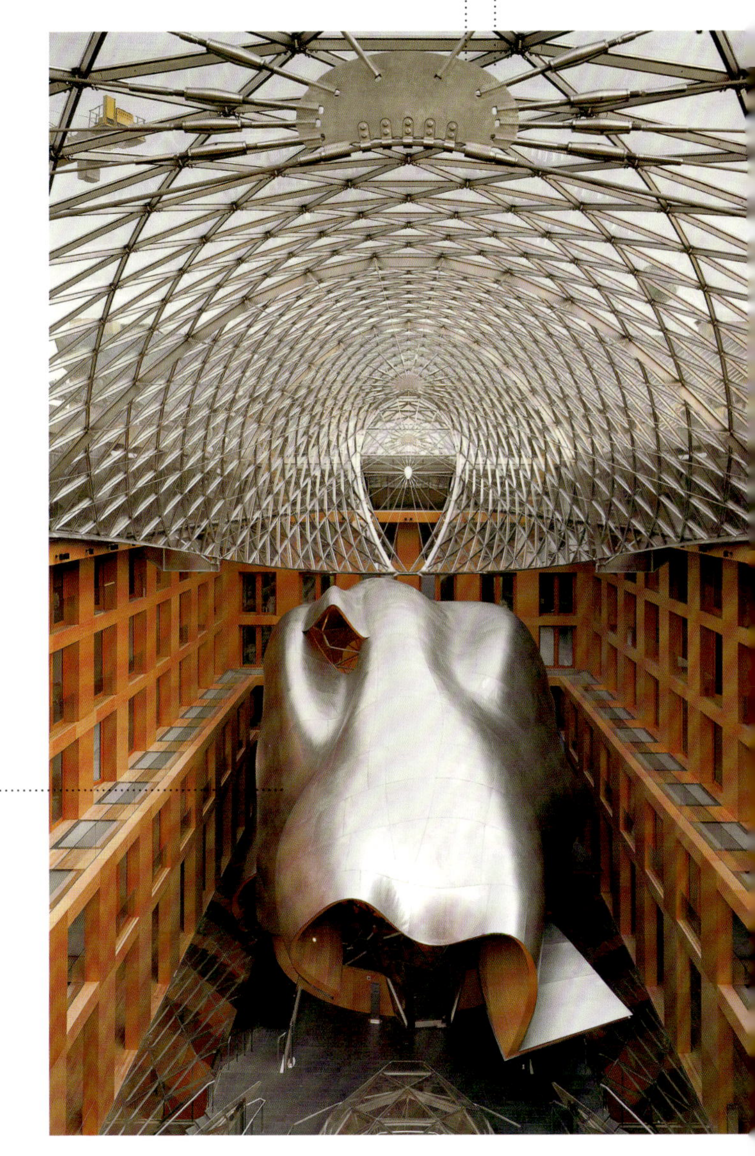

与拱顶交相辉映，坐落于像拱顶一样弯曲的玻璃地板上的是盖里设计的空心钢盔结构，它其实是一个会议室，使人联想起马的颅骨。

大清真寺，
米哈拉布·哈凯姆祈祷室的圆顶，
西班牙，
961—976年，
科尔多瓦。

伊斯兰建筑通常使用相互交织在一起的肋架结构，以形成星星的形状。它们被中央八边形的结构支承，里面刻有被分隔开的圆顶。这些肋架结构构成了两个正方形，彼此交错呈45°角排列。

因此，拱顶空间被分割成16个小部分，这样就很容易被制成圆拱形，每一块小拱顶都呈三角形，其隔板上饰有镶嵌图案：在黄金和玻璃状铅玻璃上雕刻着精致的花卉图案。

一系列突角拱将方形轮廓与其上方的八边形轮廓连接在一起。

哈拉齐宅邸，
带壁龛的拱顶，
20世纪，
伊斯法罕。

在12世纪初，使用“穆克纳斯”，或者说使用钟乳石状拱形装饰的做法在伊斯兰世界里广为流传。它们被用在各种类型的拱顶中，比如壁龛、正门中，也可以作为墙壁与檐口之间的连接构件。它们可以是石质、砖质、灰泥质、木质或陶质的。

起初，“穆克纳斯”拱形装饰最先被人们大规模地应用于建筑中以实现其结构上的功能，后来，被小规模地采用以实现其装饰功能——主要出现在天花板、拱券、拱顶和圆顶的蜂窝状结构中，经常被漆成鲜艳的色彩或金色。

通过使用“穆克纳斯”拱形装饰，阿拉伯建筑中的拱顶得以美化，一系列连续的空洞模建出钟乳石的形状，令人印象深刻。这种装饰性图案将拱顶表面分割成带棱角的壁龛，通过许多小型壁龛的使用，填充了圆顶拱脚线与方形或多边形拱底之间的过渡区域。

圆顶

圆顶是遮盖物的一种，通常带有一个圆底，它是一个拱券绕着它的垂直中心轴旋转一周得到的。根据其曲度，圆顶可以分为半球状、椭圆状、凹状、尖顶状、抛物线状和凸起状。圆顶的内表面被称为拱腹,外表面被称为拱背。如果拱背是可见的，我们就称其为带拱背的圆顶；反之，若拱背不可见，我们就说圆顶被外部棱柱遮盖，该外部棱柱又被带有屋顶气窗的屋顶覆盖。

圆顶可以置于围墙之上或拱券及圆柱之上。若其底部的形状与圆顶的形状不同，就必须使用三角拱或穹隅之类的连接构件。在圆拱与拱形底部的外缘之间可能还会出现一个被称为鼓座的通常带窗的圆柱体或棱柱体。通常，在圆顶顶部会有一个洞，阳光透过这个洞照亮整个圆顶的内部，这个洞可以是一个能开合的天窗（也被称为圆眼窗或屋顶气窗），类似于小庙的冠状物。通过圆顶表面敞开的天窗或拱脚线上的小窗，圆顶内部可以沐浴充足的光照。

在古代，各种原始形式的圆顶被广泛使用，以解决静力的问题。但正是罗马时期混凝土的发明、文艺复兴时期双壳穹顶的出现以及新建筑技术带来的结构上的机遇才最终将拱顶的地位确立下来。工程技术的发展使钢筋混凝土的使用成为可能, 可以用混凝土纵断面来替代穹顶旁的穹隅。在20世纪，圆顶被赋予了新的象征意义和结构上的功能，展示了各种形式的公共建筑在空间上的特色。近几年，技术上的进步及复杂建筑材料的使用使人们开始探究特别薄的膜状物，新的发明层出不穷，令人赞叹。

术语来源
早在公元前6000年前，就已经出现了圆顶形遮盖物。新石器时代，塞浦路斯的乔伊鲁科蒂亚宅邸代表了早期的圆顶形式，这种圆顶形式后来被传播到美索不达米亚和地中海地区。

相关词条
拱券、拱顶。

千柱之庙（耆那教寺庙），
圆顶的拱腹
始建于1439年，
印度。

阿特卢斯宝库内部构造，约建于公元前13世纪中期，迈锡尼。

阿尔贝罗贝洛民居圆顶细部，巴里。

迈锡尼的圆形建筑物是一个带有圆形平面并由圆拱形断面覆盖的半地下室。它由一排排逐渐向外凸出的石块组成，重力作用将这些石块固定住。圆顶高达13米，直径为14.5米。一方面，巨石的排列使拱顶具有稳定性，因此能承受住由其重量引起的压缩力的影响；另一方面，它也使内表面变得十分光滑，而这些内表面在过去常被金、银和青铜装饰。

在带有边框和巨大额枋的门的上方，是一个三角形排气口。

潘泰莱里亚墓穴和撒丁岛努拉吉建筑技术起源于古代原始的圆锥体建筑，这种建筑技术也构成了阿尔贝罗贝洛地区石顶屋建筑的典型特色。

石顶屋是古代圆锥体建筑物，由清水墙石建造而成，其顶部是一个由双层石灰石构成的原始圆顶——内层是岩石，而外层是石板——通常被具有鲜明开放性特征的装饰物覆盖，具有精神上的象征意义和泛神论色彩。石屋顶顶部是一块巨石，既起到屋顶拱顶石的作用，也起到装饰的作用。

万神殿内部构造，
117—130年，
罗马。

呈肋架状排布的屋顶镶板减轻了圆顶拱腹的重量，它一直延伸到圆眼窗顶部，是光照的唯一来源，也促进了空气的流通。圆顶的围墙由下而上逐渐变细，比如底部围墙的厚度大约有6米，而顶部围墙的厚度只有1.5米。

同时，由于使用了混凝料，墙体从下至上变得越来越轻，底部墙体由混凝料和凝灰石混合而成，往上面点的墙体由混凝料与泉华混合而成，再往上的墙体由混凝料与砖块混合而成；而最上面的覆盖墙则只由砖块制成。

承壁由两部分组成。实体墙底部区域交错排列着八个朝向圆柱的壁龛；上面是一圈百叶窗。不仅壁龛减去了墙的厚度，而且八个不引人注目的内部空间也减去了墙的厚度，拱形结构减轻了拱顶向外的推力。

万神殿剖面图与平面图

沿圆柱外部可以清晰地看到被建造在墙内的受限穹顶；在与圆顶拱端托相同的高度处，是典型的阶梯式加固环。

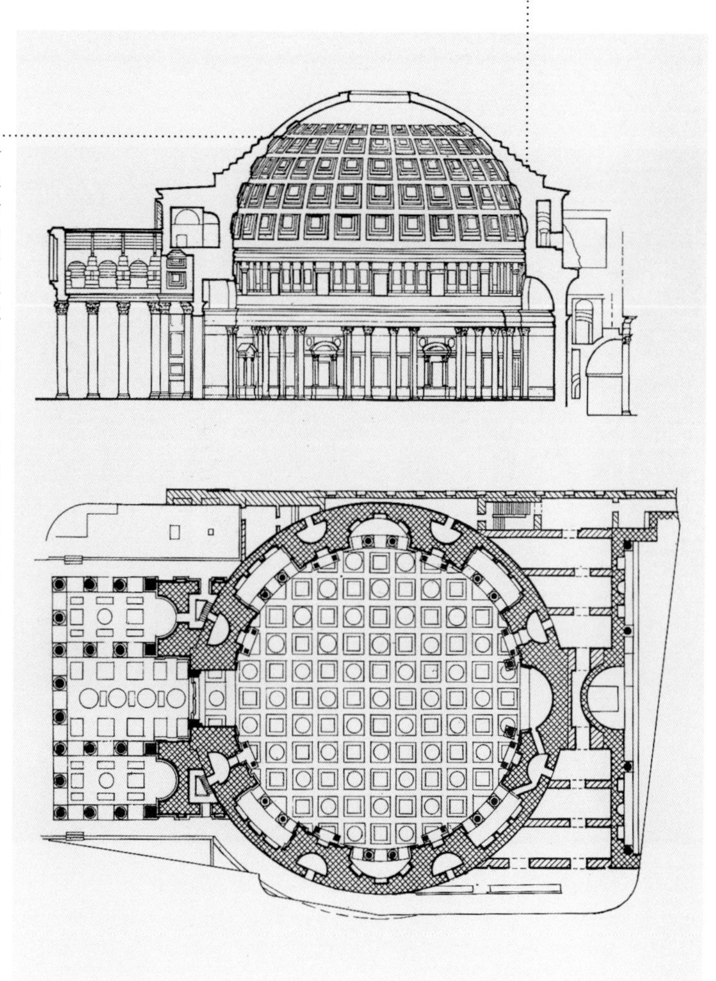

万神殿的设计体现了正式、静态之美，从中人们可以看出半球形罗马圆顶的建造技术已达到登峰造极的程度，使用轻巧型建筑材料的建筑理念得到了进一步的完善。事实上，万神殿剖面图显示了架构于侧壁之上的五个不同的环形平面，这些侧壁由泉华罗马混凝土及石灰华碎石构成。圆顶直径长达43.3米，被圆柱体建筑构件支承，这些圆柱体建筑构件的高度与圆顶半径相同，这样一个完美的球体就被内接于建筑物中。

帕纳吉尔·帕里戈里提撒教堂，
圆顶的拱腹，
1282—1289年，
阿尔塔。

拜占庭建筑综合了各种不同的表现手法，并在技术上做出了新的贡献，创造了被理查德·克劳塞默尔称为“华盖”风格的体系：圆拱遮盖住一个多边形空间，并通过角拱或穹隅与承拱相连。

圆顶位于八根由“spolia”柱的柱身组成的支承物上，这些支承物从墙面开始向上凸，成对儿地嵌入坚固的锚架中。

穹隅是一个连接构件，通常是半球形的，位于形状规则的支承结构与上方圆顶之间；当建筑构件具有不同的几何矩阵时，穹隅便是不可或缺的。

早在公元前2000年，穹隅就被应用于埃及和美索不达米亚建筑中。伊特鲁里亚人使用了“假穹隅”，由一排排逐渐凸出的琢石构成；罗马人完善了该建造技术，他们在该结构的基础上增添了壁龛，后来穹隅被称为角拱。在接下来的几个世纪里，穹隅成为丰富装饰的理想选择，不论是图片、镶嵌画还是雕塑。

阿兰布拉宫，
阿本莎拉赫厅圆顶，
14世纪下半叶，
格拉纳达。

阿本莎拉赫厅圆顶底部呈八角形；通过对“穆克纳斯”拱形装饰进行建筑上的灵活变通，解决了如何将圆顶与方形支承物相连的难题，正是钟乳石壁龛实现了两个不同几何形状之间的完美过渡。

房间的圆顶过分使用装饰性构件，使得整个房间显得支离破碎。

数以百计的“穆克纳斯” 拱形装饰使圆顶显得焕然一新。圆顶位于高高的鼓座之上，拂晓和落日时分的一缕缕阳光透过门楣的16扇天窗照射进来；锥形光束焦聚在一起，金光闪闪，产生了瞬息万变的效果。

菲利波·布鲁内列斯基，
圣母百花大教堂，
圆顶的轴测投影及外视图，
始建于1418年，
佛罗伦萨。

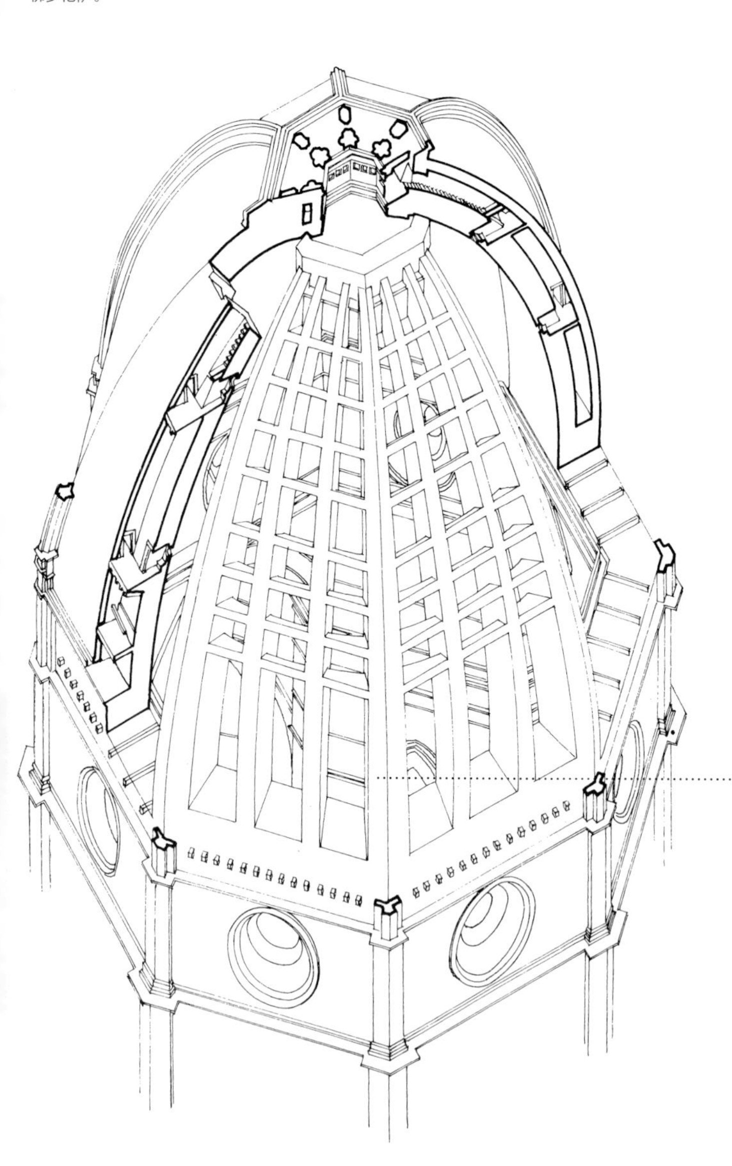

该圆顶是从里面修建的，没有轴心，是使用特殊手法建造而成的，这包括自我支承的同心环的发明；为了更好承重而采用双壳结构；为了使圆顶厚度从5.8米减到3.6米而在圆顶上部采用了“¼尖拱”曲面；将砖按人字形排列，以增强幕墙的坚固度；较低的墙体使用了石块，随着墙体的升高，石块逐渐被砖块取替，通过这种方式减轻了墙体的重量。

自建造以来，圣母百花大教堂的圆顶就荣登世界最著名的穹顶之列。布鲁内列斯基之前的任何建筑师都没有勇气将有关圆顶建造方法的明确建筑理念付诸实践，因为这些建筑理念都被认为是不可行的：这既需要“第五个尖拱”的尖顶部分，又明确规定了拱端托的高度及各部分尺寸的大小（外部直径为45米，包括屋顶气窗在内的预期高度达100多米）。

该结构由高大厚重的大理石制天窗构成，天窗的重量增强了整个结构的稳定性，由于八大部分终结于其顶部环形物，顶部环形物的设计避免了视觉上的突然中断。八边形庙宇将阳光吸纳进整个建筑，同时也终结了向上弯曲的肋架结构。

米开朗琪罗，
圣彼得大教堂的圆顶，
始建于1546年，
梵蒂冈城。

圣彼得大教堂的圆顶是半球体的，直径约43米，周长为71米，位于四个强大拱券上，这些拱券又位于四根柱墩上。在建好圆顶之后，雅各柏·德拉·波尔塔才完成了圣彼得大教堂的建造，使其比米开朗琪罗的设计还要高出10米，因而改变了最初设计的教堂格局。

米开朗琪罗设计的圣彼得大教堂的灵感可以追溯到布拉曼特有关中心设计的最初构想。他将注意力集中于圆顶的建造，圆顶的建造被看作是整个建筑的点睛之笔，也是整个建筑的协调物，确立了其在建筑史上的地位。

显然，米开朗琪罗清楚地意识到布鲁内列斯基几何的作用，并在设计双壳圆顶结构时对其进行了改写：在解决可塑张力和动态张力问题时（可塑张力和动态张力的问题是全部建筑构件都要解决的问题），米开朗琪罗将布鲁内列斯基几何进行了改写。

圣彼得大教堂确立了文艺复兴时期圆顶的典型特征：一个纯粹的球状外形，肋材构架的使用，双壳结构，以及支承肋架结构所产生的集中推力的鼓座。

起装饰性作用的穹隅将柱墩与圆顶连接在一起。

瓜里诺·瓜里尼，
都灵大教堂的耶稣裹尸布小教堂，
圆顶的内部构造，
始建于1666年，
意大利。

嵌有6扇大窗的宏伟门楣是双壳建筑内部骨架结构的一部分，带有奇异的圆顶螺旋结构，由层叠拱和肋材构架部分组成。这种建筑造型被重复了6次，以构成36根曲肋的结构，这36根曲肋构成6个六边形，每两个相邻的六边形呈30°角排布。在肋架结构之间设有小窗，这使穹顶内部的透光性特别好。

圆顶内满是充满生气的阳光，被复杂的象征性结构分割，让人想起神的完美性。黑色大理石的使用增强了建筑物异常复杂的象征性。

该建筑的创意是如此大胆，整个建筑有60米高。为了增强其稳定性，瓜里尼使用了石刻技术以使内部装饰材料也能起到墙体在结构上所起的作用。构成门楣的大理石并不是实用性的饰品，而是由成千上万个精雕细琢的立方体构成的硕大的支承结构，这些正方体通过金属筋彼此相连。

从几何学的角度来说，该建筑的构思体现了数字三的反复使用，这象征着三位一体，也象征着圆形、三角形和星形这三种完美的神圣几何图形，整体空间形成一个巨大的十二角星形状。

弗朗西斯科·博罗米尼，
圣依华堂，
外部构造及圆顶的拱腹，
1642—1662年，
罗马。

尖塔由六个带有两根圆柱的凹面结构组成，在塔尖处就不再有圆柱结构。

圣依华堂的外部造型与其内部构造并不十分协调，其圆顶被高高的凸状和多叶状楣饰掩盖，这些楣饰被科林斯壁柱分割开来；在楣饰上方，也就是圆顶的顶部，被装饰成阶梯图案，被承载着来自螺旋形尖塔的垂直冲力的扶壁分割开来；圆顶顶部覆盖着一个精致的铁制结构。这使得圣依华堂所积聚的能量沿着螺旋形金属支架上升，最终弥散于天际。

尖拱形圆顶没有结构上的过渡，相反，它直接由小教堂复杂的外部轮廓支承，其几何图案是以两个叠置的等边三角形为基础的，构成了六角星形波状起伏的空间结构。

通过不寻常的形状变换逐渐实现了过渡：从一系列刻有凹槽纹的无帽壁柱，到十分纤细的檐口，到起柱上楣构作用的厚重檐口，再到聚集在尖塔里的纤细肋材构架，最后以一个完美的圆形收尾。

内部空间被包装材料封闭，这些包装材料的基本几何图案源自僵化造型与凹凸造型的混合体、象征性的蜜蜂造型，代表博罗米尼家族的纹章。

其结果是垂直地展现了动态扩展与收缩——一系列离心运动与向心运动相互交织在一起。

伊斯迈尔汗，
泰姬陵，
1632—1654年，
阿格拉。

作为莫卧儿帝国建筑中的杰作，泰姬陵拥有一个巨大的中央洋葱形圆顶。为了符合波斯传统，在泰姬陵的四角有四个较小的圆顶，将泰姬陵包围起来。其中，每一个小圆顶都置于由拱券托起的八角亭上。

高达60米的圆顶及整个泰姬陵都是由闪耀的白色大理石建造而成的，其颜色会随着每天每个时段的不同而产生变化，蓝色、白色、金色一一呈现，美轮美奂。

洋葱形圆顶的与众不同之处在于其凸起、饱满的造型以及尖尖的顶部。

约翰·纳什，
皇家穹顶宫，
1815—1823年，英国。

最顶端带有精致尖顶的圆顶被纤细的肋材构架分割，并被嵌入一系列呈水平方向排列的窗户，阳光可以透过这些窗户射进宫内；圆顶位于高高的被精心装饰的楣饰上方。

在19世纪，西方文化对莫卧儿王朝统治下的印度的痴迷达到了巅峰。由于英国的殖民扩张，伊斯兰风格被引入英国，因此，皇家穹顶宫外部的一系列洋葱形圆顶与其印度姊妹非常相像。

在结构上，皇家穹顶宫充分利用了生铁之类的现代建筑材料，并开拓了当时最新发展起来的技术方法，包括用原始形态的混凝土将外墙涂成白色。

巴克明斯特·福勒，
1967年世界博览会美国展馆，
1967年，蒙特利尔。

将预制三角形构件错综复杂地组合在一起就构成了“大地线圆顶”，即球形屋顶，采用这样的组合方式是为了能够自我支承，无须再使用内墙或支柱。建立在组合构件基础上的球形屋顶是唯一一个就比例而言越大就越匀称的结构。

福勒利用自然形态的水晶体建造了一个结构，在这种结构中，压力被分配给处在张力状态中的各个构件，在球形屋顶内是一个复杂的由轻钢制成的正四面体结构。

“大地线圆顶”可以很快就被建立起来，其流线形造型使其能抵御强风的侵袭。这种结构被成功地应用在工业用途的建筑中，然而，由于设计复杂性的提升，在住宅设计的应用方面却不是很成功。

之所以称其为“大地线”，是因为其形状酷似地球的形状。由于福勒设计的圆顶轻盈、易于组装并经济实用，因而能覆盖大片地域。圆顶形建筑物最主要的优势在于，在提供相同的内部空间的前提下，圆顶形建筑物的外表面要比矩形建筑物的外表面小38%。

蒙特利尔圆顶直径为76米，高为41.5米。

诺曼·福斯特，
德意志帝国国会圆顶，
1994—1999年，
柏林。

德意志帝国国会圆顶高达23.5米，直径为40米，重量为1200吨, 其中700吨的重量是由于其采用了钢结构。它由两个玻璃层构成，中间夹有一层PVB（聚乙烯醇缩丁醛）。

圆顶是建筑构图的一个基本构件，它向外传达了建筑物亮度、透明度、渗透性以及对外开放性等主要特征；同时，也是衡量建筑物能否战略性地利用能源和光能的关键要素。

在圆顶内部是一个螺旋形的扶梯，开幅1.6米宽，呈环形，增强了结构上的强度。

在圆顶的中心是所谓的光源雕刻家，是一个被截去顶端的圆锥体——底部宽2.5米，顶部宽1.6米——穿越会议室的天花板并一直向上延伸到圆顶顶部。重300吨的光源雕刻家周身饰满了起着强反射作用的倾斜玻璃镜，这些玻璃镜将自然光反射到会议室。还有一个随太阳移动的靠光伏电池充电的屏幕，这个屏幕控制着太阳朝向的热量及光照的穿透度。

立面

建筑物的立面或前面是一个建筑物的外部结构，包括其外缘的一个面或更多的面，起到象征、艺术造型和规划设计的功能。尤其需要指出的是，立面包括入口，是建筑立视图的重要组成部分。其特色主要是通过窗户、入口和地面的排列来体现的，还经常借助于与所用材料相关的造型和装饰物。

哥特式大教堂之类的建筑物拥有侧立面，其他类型的建筑物有的用两个同等重要的立面，比如巴洛克风格的宫殿。与其正门一样，俯视整个花园的巴洛克式宫殿立视图被看作是颇具代表性的。立面能反映出建筑物内部构造的特点，或掩饰其内部构造的特点；在后一种情况中，被称为盲立面。在长方形基督教堂中，如果建筑物的立面与教堂中堂及侧堂的内部布局相符，就被称为是凸出的；相反，如果它根据中堂形状发生倾斜，就被称为是有山墙的。

在文艺复兴时期，立面呈现出自主构造，展示了伟大艺术风格的创造性。在巴洛克时期，它成为重要的建筑构件，完美地展现了建筑的外部构造和透视效果。直到现代主义运动时期，立面作为一种区别于其他建筑构件及其内部组织结构的概念几乎保持不变。在现代主义运动时期，立面体现了建筑物的功能。由于当代建筑师设计了重要程度不等的外部构造，因此“主要”立面的概念正在消失。对建筑物起限制作用的所有外部表面成为单一可塑体的不同部分。

深度解读

立面一直是建筑业讨论的核心话题，这是因为它是外部空间与内部空间、静态视觉与动态视觉、形式与功能关系问题的焦点。

相关词条

柱廊和凉廊；门道、门、正门；窗；楼梯、楼梯间、扶梯。

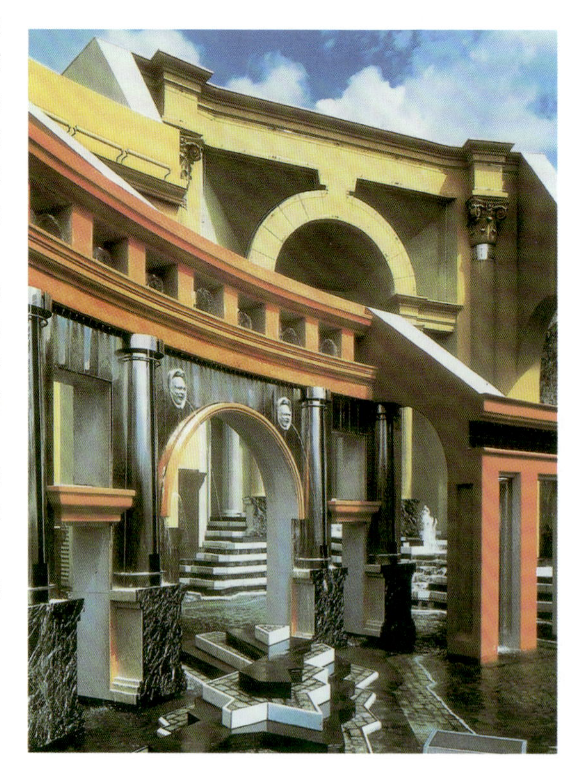

查尔斯·W.穆尔
意大利广场，
1977—1978年，
新奥尔良。

玛丽亚·拉赫本笃会修道院，
始建于1093年，
科布伦茨附近。

玛丽亚·拉赫本笃会修道院是依据带有双顶式的德国平面图模型建造而成的，该平面图上设计有反向排列的唱诗堂和侧门。这就形成了今天我们见到的带有端庄西立面的修道院立面——一个坐落于教堂西侧前方的宏伟塔楼状结构——周围是小侧塔和十字路口处的灯塔，它们以令人愉悦的方式组合在一起，在几何结构上达到了平衡的效果。

扁平壁柱和盲拱装饰呈现出两种色调，显现出书法般精致的线条，在建筑体与其装饰物之间产生了双重视觉效果。

各种不同类型的窗户的插入增强了整个立视图的对称性：可单侧打开的拱心角形窗，耳堂的扇形窗，以及塔楼里带有两盏灯的优雅的窗户。

西立面的前面是一个低矮的柱廊，柱廊由带有纤细柱子的拱廊和向外张开的正门构成。

罗伯·吕扎尔什，
亚眠大教堂立面，
约1220—1236年，
法国。

亚眠大教堂拥有一个“悦耳的”立面，即带有双塔结构，这是哥特式建筑的典型特征。该结构的“基础低音”是硕大的华丽圆花窗，圆花窗接近内部拱顶石，由于中堂形状非同寻常地高而窄，因此圆花窗位置较高。

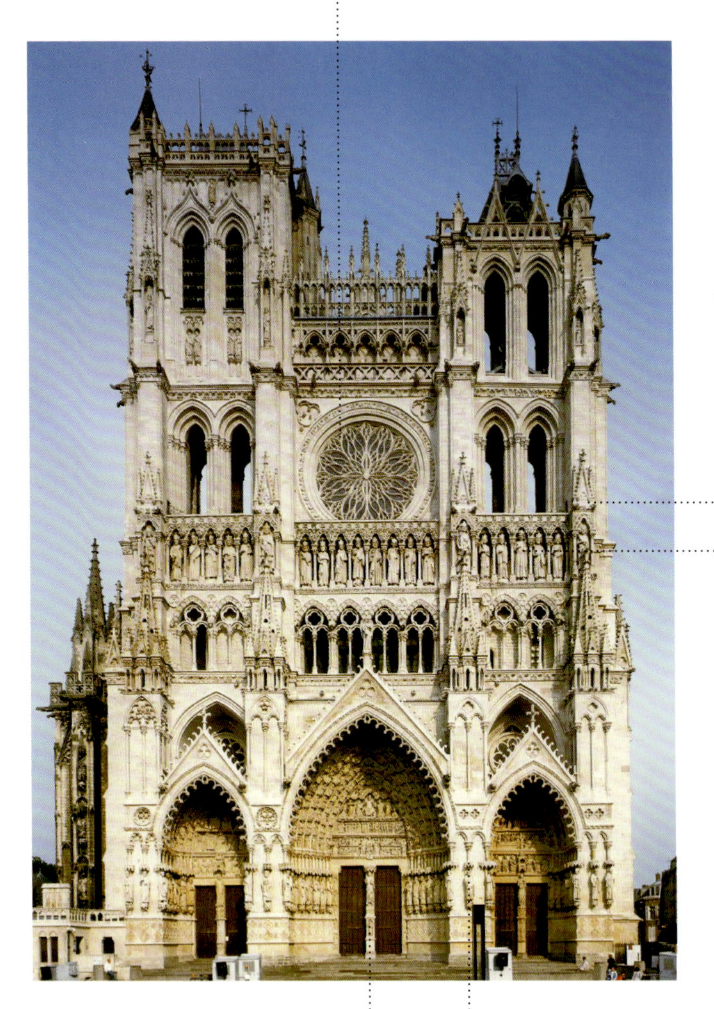

亚眠大教堂完全由常见的哥特式风格三叶拱、怪兽状滴水嘴（石雕的排水口）、小尖塔和三角楣饰（门顶、窗顶带尖的建筑构件）装饰。这就产生了较接式的立面，该立面被深影分割并承载着高度不同的建筑构件。

教堂立面的较低区域设有入门，两个相互重叠的画廊将其连接至教堂拱廊的高度——一个非固定的回廊带有两扇光窗和国王画室——这进一步增强了外部与内部间的紧密联系。

亚眠大教堂被四根壁柱分割，并带有三个呈八字形张开、精雕细琢而成的尖顶型柱廊。

通过在两个塔楼前加入巨大而凸出的扶壁以及侧门，吕扎尔什在很大程度上缩减了立面的宽度。

安德烈亚·帕拉第奥
圆厅别墅，
始建于1567年，
维琴察。

圆厅别墅独特的希腊十字架形平面图的中心是一个被清楚地区分出来的中央立方体，上面罩着一个扁平的圆顶，圆顶外部是一个鼓座和阶梯式屋顶；带有柱廊的四壁从中间向外扩展。

圆厅别墅的外部立视图清楚地展现了其本质——整个别墅的设计是为了能从各个角度加以观摩，因此并没有围绕哪一个所青睐的轴来设计。

就建筑的结构和类型来说，帕拉第奥的主要创作意图是重建古庙模型。别墅题材的作品对人文主义思潮来说十分珍贵，在帕拉第奥高产的职业生涯里，别墅题材的作品也占据重要地位，虽然帕拉第奥参考了维特鲁威模型，但其作品也充分体现了他非凡的创作才能。

在每一个面，六柱爱奥尼克式门廊都立于高高的楼梯之上。檐部是一个献呈诸神的铭文，楣饰设有两个圆孔。

瓜里诺·瓜里尼，
卡里尼亚诺宫，
1679—1685年，
都灵。

卡里尼亚诺宫真正体现了城市的恢宏壮观，通过在宏大的略微有些向后倾斜的椭圆形塔的纵轴方向上添加建筑构件，传统的宫殿布局变得更加富有生气。卡里尼亚诺宫没有圆顶结构，其最顶端是一个鼓座的造型，从各个角度看都清晰可见。

中央的凸出区域被切除以容纳一个小型建筑物；入口是两个质朴的带有檐部的圆柱，檐部支承主层阳台。

两根圆柱一直向上延伸，通过檐口的调节，指向支承凸出的山花的枕梁，在视觉上，其尖顶似乎阻断了宫殿上部曲面檐壁的流动性。

卡里尼亚诺宫的立面是壮观的模制砖装饰，歌颂了卡里尼亚诺家族的丰功伟绩，每个装饰细部都展现了杰出的手工造诣。

窗户的形状也颇具创新性，展现了复合线性门楣和檐口的多样性。卡里尼亚诺宫立面顶部是带有齿状装饰的强大檐口，檐口上方冠以一面带有凹凸状外部轮廓的山花。

卡里尼亚诺宫是以两个叠置的巨大柱式为基础的：底下一层是成对的超现实主义多立克式壁柱，而上面一层是同样自由的成对科林斯式壁柱。卡里尼亚诺宫立面与其内部构成互补关系，同时，也构成了一个连续的呈波浪状排布的遮盖层，这源自凹凸体的流线形变化。

利奥·冯·克伦泽，
慕尼黑入口，
1846—1850年。

古典主义风格的计划性复兴赋予建筑物立面以静态形象，很像是一名制图员，被过多地刻在夸张的纪念碑式建筑之上。慕尼黑入口被设计成通向一座新文化城市的入口，为最初的雅典入口增添了新的主题，体现了凯旋与创新。

两侧矗立着外形轮廓鲜明的长方形塔楼，每一个塔楼都带有一个通风的凉廊，由支柱上的额枋构成。缺口下方是浮雕檐壁；檐壁上方是带有模塑檐口的垂直带状装饰。

从古典主义到新古典主义的过渡将古代入口演变为对公众辉煌的一种暗喻。多立克式六柱门廊带有一个精雕细琢的按雅典帕特农神殿造型建造的山花。

白色大理石的光辉将“孤立”结构统一在一起，最大限度地增强了其纪念碑的声名。

约瑟夫·霍夫曼，
斯托克雷特宫，
1905—1914年，
布鲁塞尔。

两侧几乎呈完美的对称状排列，正面硕大的凸窗凸显了其中心，整个宅邸体现了按传统方式排列的各个建筑构件的互动性。它建立于基本正方形组件之上，之所以选择它，是因为其设计上的无目的性，无法产生哪怕是最微小的动态效果。

视觉效果非常好：斯托克雷特宫标志着新解构主义者对空间的理解。其表面是轮廓分明的空间，即使是被冠以框架结构，它们也各自独立地存在，并未强调体量的可塑性或轮廓清晰的窗户的嵌入。

该垂直的立面与水平排列的凸出体形成鲜明对比，凸出体包含了入口，并且减少了多边形凸窗体量上的重要性。

其立面向两侧延展开来，给人们留下了深刻的印象，然而这也是为什么人们无法立即看见街上长长的立面全貌的原因；就好像立视图的重心在西侧“阶梯式”正面，其顶部是高高的望远镜形的塔楼。

由于镀金青铜中凹凸形状的使用强调了建筑物立面的外部轮廓，因而增强了建筑形式感的连续性。

在斯托克雷特宫的外部立视图中，霍夫曼的设计在简洁性和几何抽象主义元素运用方面达到了新高，不过，素净的装饰性构件使基本几何形状显得更加生动，充满活力。

弗兰克·劳埃德·赖特，
流水别墅（考夫曼住宅），
1934—1937年，
宾夕法尼亚州。

流水别墅外立面的悬垂楼板标志着现代主义建筑语言的胜利——在当时，这种语言与色彩的使用相抵触；与风景的协同作用相抵触，而风景影响了建筑效果；与对人和自然关系的比喻性解释相抵触。事实上，当赖特发觉自己不得不处理景致的外部轮廓时，他便在他的设计中添加了风景画元素。

建筑的外部结构表明该设计遵循组合制，体现了赖特对几何形状的喜爱。这些按照不同方式组合在一起的几何形状体现了非同寻常的空间处理方式。

建筑物的显著特征是突出的楼板，它们是对瀑布周围石板分层的抽象重复。一条小径穿过树林和小桥，在其尽头是主要入口，这使得参观者可以直接接触到所有主要的自然元素。

最初，赖特想用金叶装饰硕大的由钢筋混凝土制成并被漆成黄赭色的突出楼板，好让它能在林间闪耀。这阐明了将自然与技术相融合的“有机”概念，同时，从抽象的意义上来解释，这一概念也体现在悬挑于空中的突出楼板间的动态对比及其材料的性质之中。

彼得·库克和克林·佛尼尔，
新艺术中心，
2003年，
格拉茨。

新艺术中心展示了一种非同寻常的构造：它由铸铁和玻璃制的较老建筑以及生物形态闪闪发光的暖蓝色体量构成。通过这样的设计，建筑师活灵活现地体现了历史存在与新型建筑形式的统一，一朵与地面分离的浮云悬于底层上空，并受一个连续玻璃立面的限制。

泡泡结构被1066个包裹在金属内部周围的丙烯酸树脂嵌板层覆盖，其网孔结构被向北的用以吸收光照的圆柱形突起物阻断。

由于实现了将建筑形式向空间结构的转变，因此增强了有机体建筑物的创新性。建筑体是一个自治的构件，其表面被设计成半透明的外壳，与光传播系统融合在一起。

因此，像素上所使用的数字技术与在第一个预制铸铁结构中所使用的工业技术相结合，这是一个大胆的尝试，其结构上的划分起到了很好的交际功能。

二进制信息交换的立面结构包括930个被内嵌于建筑外壳的40瓦荧光环，它改变了外壳的颜色并将其转变为一个低分辨率的超大屏幕，这个超大屏幕能够放映脉动电影片段并连续播放文本。每一个光圈都能起到像素的功能，整个系统由中央电脑控制。

诺曼·福斯特，
瑞士再保险塔，
2004年，英国。

180米高的摩天大楼因其大胆的建筑设计及明显的松果形结构而闻名于世，这样的造型设计是为了降低空气湍流的影响，消除了在视觉上享有优先权的轴线感。由于采用了节能方法，该建筑较同样的建筑节能一半以上。在所谓的通风立面系统中，每层楼墙间的空间起到了自然通风系统的作用，能够长期抵御由环境因素，尤其是由湿度原因造成的损害。

双层窗玻璃技术被大规模地使用，空气被分导至两个玻璃层内，双层玻璃结构虽将内部办公区域隔离开来，却允许阳光透入到大楼内。在夏天，这个玻璃管道可以将热空气排出大楼，从而使整个大楼更加凉爽；在冬天，通过使用被动式太阳能供暖系统，可以使大楼变暖。

在联合建筑师事务所结构工程师们的帮助下，为瑞士再保险塔设计了三角形外围结构，即使没有额外的加固物和平衡物，大楼也十分坚固。尽管整个大楼是曲线形的形状，却只有一块弯曲的玻璃结构，即其最顶端的透镜状覆盖层。

赫尔佐格·德·穆龙，
图书馆，
2004年，
科特布斯。

该建筑是对所有建筑传统的一个挑战，它传达了一种新的建筑理念，即将图书馆建为多媒体中心，并赋予这些多媒体中心以重要作用，就如同科研中心会对科学界起重要作用一样。

在宽阔的外墙上有成千上万的像素元，体现了拉丁字母和其他书写体的特征，无论它们是古代体还是现代体，从而强调了世界性文化的不断演进。

傍晚时分，光线从建筑内部透射出来，清晰地传递了其象征意义：书籍，就如同电子媒体一样，是反映历史和当代现实的工具，引发人们进行思考并不断进步。

耸立于工业城市（之前是东德的一部分）的外立面颇具挑衅性，它激发了人们的想象，使其他建筑黯然失色。它是超级玻璃结构的建筑，由于没有拐角和边缘设计，体现了曲线美和韵律美，刻意的超现实主义设计常常随视角、天气和天空的颜色而变化。

哈瓦玛哈勒宫（风之宫殿），1799年，斋浦尔。

哈瓦玛哈勒宫，又称为风之宫殿，是座五层式的建筑，其粉红色的砂石立面上装饰着成百上千个带有白色边框的小型建筑和窗户，每升一层，小型建筑和窗户的尺寸就会缩小。

风之宫殿濒临城市的主要街道，以雅致的窗户为其典型特征。最初，窗户的设计是为了让皇家贵妇们能俯瞰街上的游行活动和日常生活，而自己不被其他人看见。

从镶嵌有雕刻的窗户中，皇宫内众多王妃可以俯瞰街景和庆典，又可以不被丈夫之外的男子看见自己的面容。不过，窗户并非单为通风之用，而是为了方便古时宫中妇女观看外面的花花世界；窄小的窗户满足妇女们的好奇心，厚厚的墙壁则隔绝了她们抛头露面的机会。

窗户被关上以后是一个个有孔的网格——贾利——虽然无法从外部看到宫殿的内部，但却增加了宫殿的通风性，使宫殿内部房间免于阳光直射，从而防止室内温度过高。

将凸体结构紧凑地排列在一起，便形成了优雅的复合线形轮廓，小型建筑和窗户呈对称性变换。

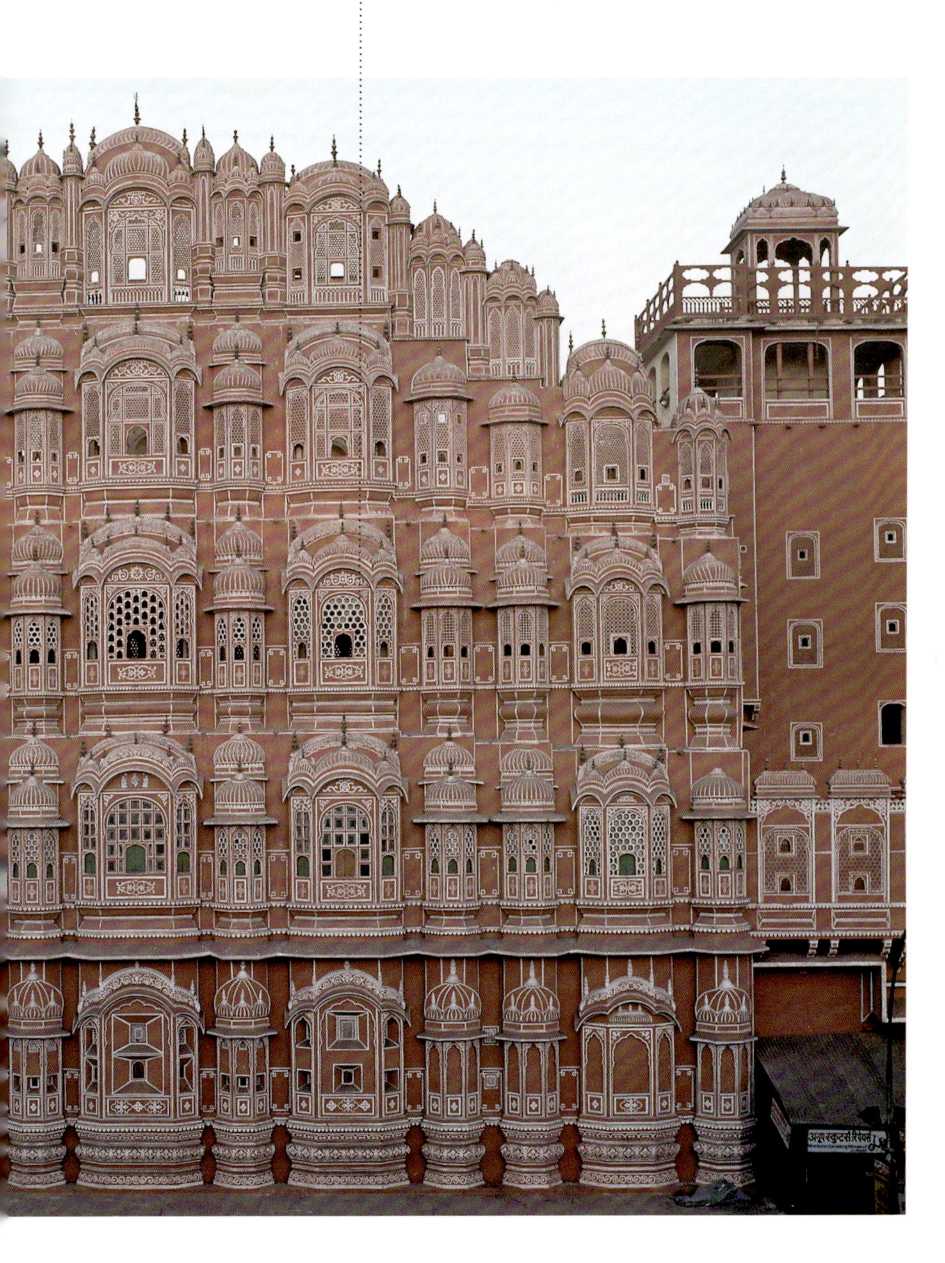

柱廊和凉廊

柱廊是一个带有柱子和柱墩的敞开长廊，能够为人们提供庇护并起到装饰的作用。柱廊的檐部或拱券依托于支承结构之上；因此屋顶可以是平的或拱状的。作为一个入口或装饰，它可以自宫殿或教堂正面向外凸出，也可以退回到建筑物里面，甚至可以面向一个院子或广场。还有四方的柱廊。

在希腊和罗马文明中，柱廊常常作为一个宗教场所或延续文明的场所而被广泛地应用，比如希腊的拱廊和罗马的广场等。早期基督教的前廊—— 一条长而窄的被覆盖的通道沿立面延伸，这是为忏悔者和新信徒所保留的——就被视为柱廊的一种。如果柱廊位于立面外部，就被称为外门厅；相反，如果柱廊是中堂的一部分，则被称作内部前廊，在屏障（一个类似于屏幕的建筑物）的衬托下显得十分漂亮。在拉文纳地区，它被称为“ardica”。

自14世纪起，凉廊这一术语就被用来指一个由走廊构成的建筑构件，这个走廊由圆柱或支柱支承，起着不同的作用——为解决事情提供场地，比如中世纪时期的城镇集会和教堂里面祈求上帝赐福的仪式等。在文艺复兴时期，凉廊经常被用于装饰得富丽堂皇的娱乐场所。如果凉廊是一个被覆盖的未从建筑体中突兀出来的柱廊，相反，只是屋顶以上的部分被举高，那么它就可以被称为柱承式阳台。

隐廊在罗马建筑中十分普遍，是一个隐藏的或被遮盖住的柱廊，它包括一个带有拱状覆盖物的半地下长廊，这个长廊通过侧孔汲取阳光。它被用作冬暖夏凉的通道。在现代建筑中，使用网状结构和那些被玻璃覆盖的结构解决了通风和发光的问题，这表明其他类型的柱廊在功能上远远超越了传统的柱廊模式。

深度解读

柱廊的名称源自拉丁文画廊，在基督教建筑中，柱廊被广泛地应用，其形状各异，功能也不尽相同。

相关词条

柱子、支柱、拱券、拱顶、立面。

阿尔勒罗马剧院柱廊废墟，开创于公元前12世纪，法国。

圣安布罗斯大殿四方柱廊，
始建于1080年，
米兰。

构成凉廊的一系列宏伟、不朽的圆形拱券被嵌入到带有斜顶的立面，阳光透过这些圆拱照射到大殿内。

拱券图案持续出现在底层，构成了细长的带有拱状走廊的四方柱廊的东翼。

整个结构是由红色砖建成的，在灰白色调的圆柱及由嵌入石块组成的建筑构件的衬托下显得分外引人注目。

一面连续墙将四方柱廊与外界隔离开，四方柱廊呈现了一个雅致的圆拱拱廊，圆拱内部由带有半圆柱的柱墩支承。

在文化上，四方柱廊这种建造形式借鉴了早期的基督教传统——它不再是进行宗教教育的集合地点，而是用于文明集会和宗教集会的巨大中庭。

后来建造的教堂不再拥有中庭或前廊，随着这一习俗的摒弃，人们也减少了对四方柱廊的使用，逐渐地，四方柱廊便为位于教堂侧面的回廊所取代。

圣皮埃尔修道院回廊细部，
约建于公元1100年，
穆瓦萨克。

精雕细琢的柱头以各种各样的形式呈现了《旧约·启示录》中的场景以及圣人们生活的情景。

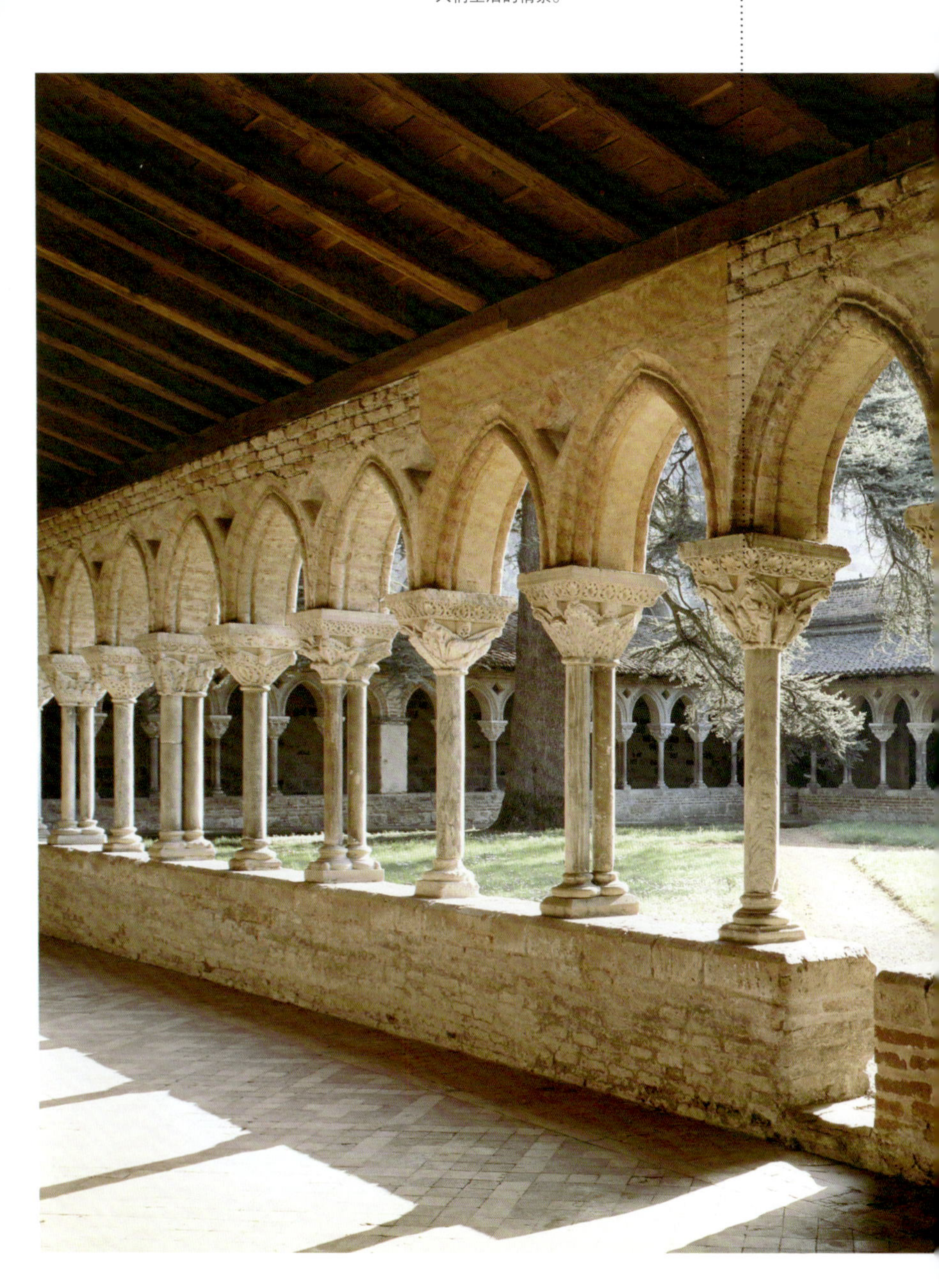

作为修道士生活的中心场所，回廊是祈祷和冥想的地方，也经常被用作各种建筑间的连接构件。通常，回廊沿着教堂的南面修建，通往修道士们活动的各个区域。它是一个带柱廊的中庭形状，这一造型源自罗马住宅的中庭和早期的长方形廊柱大厅式基督教堂。

墙角装饰包括四边形的砖制柱墩，上面的大理石浮雕刻有门徒像，这些门徒被镶嵌在拱形框架内。这种装饰使人想起了同时代的象牙板和造金工艺。

穆瓦萨克回廊是保存完好的最古老的用人的图像装饰的回廊。通过尖顶拱，人们就可以从四个被木梁覆盖的走廊进入花园。单个大理石圆柱与双大理石圆柱（每个圆柱都有各自的柱础，共享同一个柱头）交错排列，共同支承着尖顶拱。

阿尔罕布拉宫，
狮子庭院，
1354—1377年，
格拉纳达。

对称排列的各个拱券或相交或分离，作为交叉几何系统的一部分，使得圆柱按序列排布。

制作精巧的灰泥装饰花纹及钟乳石多叶状尖拱将异常复杂的结构统一起来，从而消解了建筑构件的形式。对这些装饰物的雕刻能有效地吸收光线，似乎延缓了光线停留的时间，扩大了物体的外形轮廓。

阿尔罕布拉宫的内部庭院是一个长方形平面，被由124根纤细的白色阿尔梅利亚大理石圆柱构成的柱廊环绕，细长的立方体柱头上镶嵌着库法体碑文。可以在圆柱之间挂上帷幔以过滤阳光或将阳光彻底阻隔。

朱里诺·罗马诺，
德德泰宫大卫敞廊，
1530—1534年，
曼图亚。

巨大的筒形拱顶被置于四根粗壮的柱墩及多组四柱式多立克圆柱之上，多立克式圆柱由位于方形枕梁之上的小型筒形拱顶相连。

在庭院与敞开式用以谈话的花园之间，坐落着一个凉廊，通过将塞拉芬图案进行类型上的演变，该凉廊成为建筑物和周围景致之间的滤器。凉廊是由圆柱组成的建筑结构。圆柱支承着圆拱，其侧面对称性地排布着两个带框缘的洞状物。由于塞巴斯蒂安诺·塞尔利奥是第一个阐明该图案象征性的人，因此就以此名命名。

根据维特鲁威的规定，宫殿的凉廊是在夏季人们活动的绝佳场所。

凉廊体现了权威的建筑柱式与各式各样的形象化的灰泥装饰之间的对比，包括表现《圣经》主题、丘比特的裸像、怪物雕像、藤架及其他属于文艺复兴晚期的题材。

佩德罗·马丘卡，
阿尔罕布拉查理五世宫，
带柱廊的中庭，
始建于1550年，
格拉纳达。

走廊的底层被凹陷的筒形拱覆盖；上面的楼层则被扁平遮盖物覆盖。

两层柱廊的底层采用正统的多立克柱式，而上层则采用了爱奥尼克柱式，拥有直线形的檐部和带有牛头骨装饰的檐壁（带植物花环的牛头骨装饰图案）。

巨大的阿尔罕布拉中庭是圆形的，其直径大约为30米，清晰地呈现出体现罗马古典主义规范的排列，与一个统一的几何装饰相连。

吉安·洛伦索·贝尔尼尼，
圣彼得广场柱廊，
1657年，梵蒂冈城。

宏伟的连续柱廊列具有多立克式的垂直支承物及爱奥尼克式的檐部。圆柱间间隔的增大弧线形排列需要圆柱的直径从第一排到最后一排逐渐增大，以满足圆柱间间隔增大的需求，通过多立克式檐壁装饰，可以清楚地看出圆柱的不同比例。

圣彼得广场是宗教游行的场地，三重柱廊结构的采用与广场的这一功能密切相关，也体现了《旧约》中的主题。在《旧约》中，伊齐基尔将神庙的庭院描述为“porticus incta portici triplici”。

巨大的圣彼得广场柱廊是由四重柱列组成的，每排有284根圆柱和88个柱墩，形成了两个半圆形，环绕在椭圆形广场周围。长排圣人雕像代表得胜的教会，每一个圣人雕像都对应一个圆柱，比如许多个性鲜明的凯旋柱。

安东尼·高迪，
古埃尔公园柱廊细部，
1900—1914年，
巴塞罗那。

在古埃尔公园的柱廊内，高迪展现了石块或岩石构造，这是由于地球运动（正是这些地球运动将地球撕裂开）而形成的结构——呈现出一个有乡村风格的、摇摇欲坠的柱廊系列。

柱廊在结构上由互相支承的抛物线结构负载，与朴素的斜柱形成鲜明对比。在建造廊柱时，高迪似乎直接取材于大自然。

高迪作为一名建筑师的才能使他能敏锐地意识到材料的重要性、自然与技巧之间的关系以及探究某些形态和构造原则。这包括抛物线形拱的使用，这种拱的使用增强了高迪非直线形构造的动态感，粗壮的曲线和运动的节奏感为整个建筑注入了活力。

静态的设计增强了结构的复杂性，高迪通过这种复杂的结构详细阐释了依赖于手工技艺的新型建筑方法，在构成山形结构的每一块石头中都包含着手工技艺。

马希米亚诺·福克萨斯，海之桥，
米兰贸易会展中心，
2005年。

从建筑学的角度来说，遮蔽物被应用于建筑工程标新立异的结构中，从而可以充分考虑到悬置生成体的排布以及光线的反射和透射作用。

中央被覆盖的走廊会随着季节的更迭而产生冷暖变换，其侧翼是传送带，它悬置于距地面六米高的高空中，被别出心裁的遮蔽物覆盖，即由树状的钢结构桥塔所支承的网状螺栓结构。

遮蔽物轮廓的显著特征是高度的不断变化，而这种变化则源自其周围自然景致的变化。

海之桥展示了一条长长的中轴，该中轴使人们能够横跨上层足足有1.5千米长的复合体。

门道、门、正门

门道可以是在墙里砸出的一个缺口，以方便人们进出一个建筑；也可以是从一个区域通向另一个区域的通道。如果门道起到丰碑或装饰美化的作用，那么门道便变成了正门。在现代建筑术语中，门道是一个由立柱或侧柱构成的结构——它的轴既可以是垂直的，也可以是倾斜的，其亘古不变的功能是支承自身重量及任何从门道上方的其他结构传导给它们的推力。在门道上方既可以是一个横向的封闭构件和额枋，以形成矩形三巨石结构，也可以是一个跨越门道的拱券。

除了门道之外，还有门。门是移动的可封锁或打开入口通道的构件。在室内设计领域，门是将一个空间封闭起来的基本构件，被列为真正的设计要素。在建筑史上，门在类型及形式上的诸多区别使得人们如今能够根据风格特征来识别出特定的环境背景。

门道可以实现阳光的闪烁变幻。同样，我们不能忽视其在确定建筑物规模方面所起的重要作用：门的形状、大小及位置帮人们判定空间的使用及功能，以及确定内部通道和外部通道的定义。在建筑学术语中，城门（porta urbica）具有特殊的意义，它表示通道形式的构造，通常被嵌入到城墙内，奠定了建筑的不朽性，体现了建筑的庄严性，具有神圣的价值。

深度解读
门的种类多种多样：比如宫殿和教堂正面带拱券或门楣的宏伟正门、由纯天然材料制成的内门（这些门有的造型精致，有的则平淡无奇），以及高科技的人造门等。门和正门为建筑师和设计师在风格和形式上提供了无限选择。

相关词条
墙、立面。

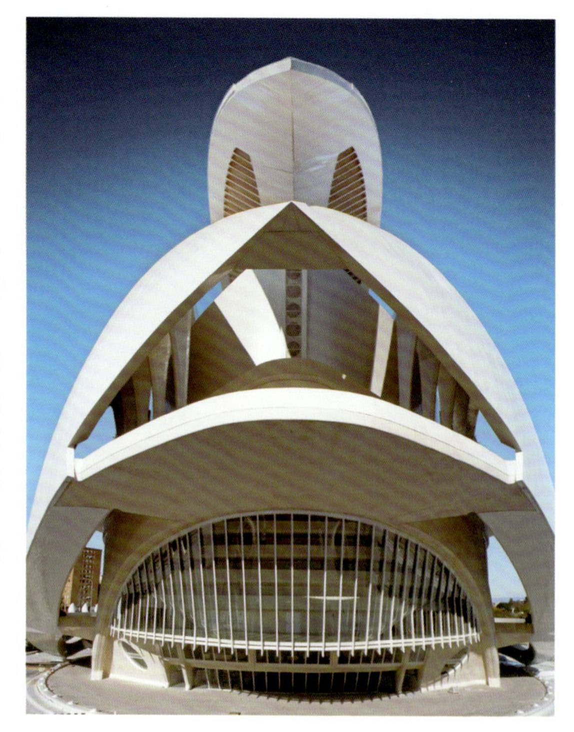

圣地亚哥·卡拉特拉瓦，
艺术和科学之城美术馆入口，
2005年，
巴伦西亚。

狮子门，
公元前14世纪，
迈锡尼。

多边形墙壁的厚度在6米到8米之间，由正方形或不规则形状的石块制成。达到某一高度后，这些石块从上至下一一罗列，因而，它们本身的重量决定了结构的稳定性。

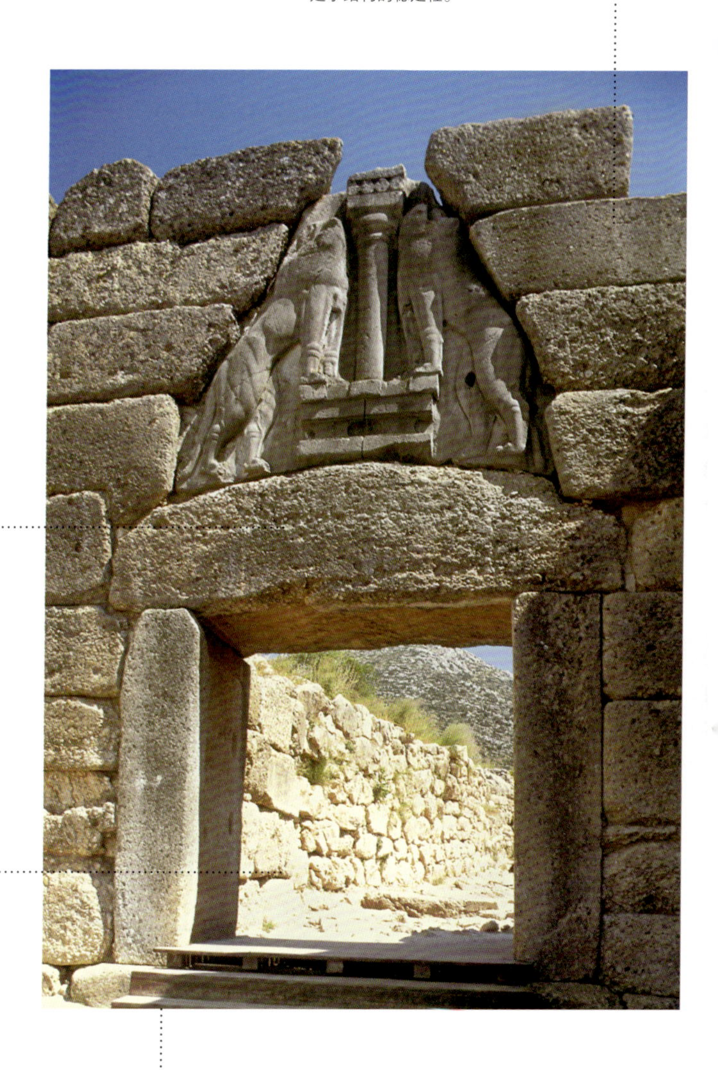

门是巨石堆积成的防御工事的一部分。它采用了三巨石结构，在这种三巨石结构中，四块巨大的整块石块支承着宏大的额枋，而额枋上方是一个巨大的三角形石块，两侧的圆柱上面刻有两只狮子。

狮子门通向迈锡尼的卫城，古代迈锡尼文明的中心。迈锡尼文明是青铜器时代的主要文化之一。

狮子门是现存的最完整地体现迈锡尼艺术的建筑。对两只狮子的自然主义处理手法并没有在任何程度上削弱建筑学意义上的严肃性和严谨性，反而在呈现纪念性方面起到了根本的作用。

巴比伦伊施塔尔城门，
公元前7世纪，
柏林，西亚细亚博物馆。

伊施塔尔城门中断了巴比伦的双层环形墙，一条通向城市的主干道从城门中间通过。

在深蓝背景的衬托下，釉砖装饰以自然主义手法呈现了雕刻在浮雕上的龙、欧洲野牛（已经灭绝的动物）和狮子的形象。狮子大概是喻指伊施塔尔女神形象；龙和欧洲野牛代表马杜克神和阿达德神。伊施塔尔城门曾经由120多个张牙舞爪的狮子雕像装饰而成。

街尽头的伊施塔尔城门拥有一个宽阔的圆拱，其侧翼是四个四边形的塔楼和一个矩形空间，拱状结构矗立于它的顶部，支承着一系列被垫高的梯形花园。

马德琳教堂正门，
1104—1215年，
韦兹莱。

拱门饰体现了中世纪时期盛行的肖像题材：黄道十二宫及他们各自耕耘的领域。

雕刻有基督形象的半圆壁和小人物形象的额枋体现了罗马式雕塑的最高造诣。基督派使徒到世界传福音，其他小人物则代表了异教徒的世界。几乎呈圆形的作品充满了活力，在当时颇具前瞻力。

美轮美奂且精雕细琢的间柱与侧柱一起支承着额枋和门楣。间柱将正门一分为二并起到承重的作用。

马德琳教堂拥有双层中央门道，被与前廊的拱廊相似的构件包围。

费德里科·祖卡里，
祖卡里府邸入口，
1590—1598年，
佛罗伦萨。

祖卡里府邸大门是由一个巨大的面具构成的，张开的血盆大口似乎要吞噬那些想要进入的人。其鼻子像拱顶石，脸颊像侧柱，眉毛构成了门楣。

将一个建筑构件转化为变幻莫测、荒诞不经的发明的做法表明了意大利风格主义流派对奇异造型的钟爱。

路易斯·勒沃和儒勒·阿尔杜安·芒萨尔，
凡尔赛宫大理石中庭，
1661—1698年，
法国。

俯瞰大理石中庭的宫殿正面包含三排造型各异的法式窗。底层简陋的矩形窗位于成对的圆柱之间；主层的拱状窗通向阳台；顶层的窗户也是矩形的，但比底层的矩形窗小，而且窗前是低矮的阳台栏杆。

法式窗为人们提供了通向阳台和公园的通道；通常，只能从建筑内部将带有玻璃框架的法式窗打开。其重要价值在于能够吸纳充足的光照。

凡尔赛宫是一座位于“中庭和花园之间”的宫殿，是体现建筑物和花园之间紧密联系的典范。正是由于这个原因，建筑正面和中庭正面是一排排小巧紧凑的法式窗。

赫克托·吉马德，
贝朗榭公寓熟铁门，
1894—1898年，
巴黎。

在一个类似于保暖窗的拱状结构（与保暖窗不同的是，柱础上方矗立着垂直支承物）内，吉马德创造了精美的金属门，体现了建筑与自然的蜕变，并将装饰性与功能性巧妙地结合在一起。

吉马德渴望成为一名艺术建筑师和精通所有艺术创作手法的专家；建筑物的本质和意义在于其“装饰”。

对吉马德而言，熟铁是最佳的材料；在体现自然线条的设计中，熟铁可以呈现出修长而摇曳生姿的形状——无论何时何地都可避免产生任何形式的对称性或平行性。

通过将熟铁和石块之类的建筑材料创造性地结合在一起，吉马德建造了动感十足的贝朗榭公寓前门。洁白而典雅的自然主义装饰凸显了不同的建筑构件，标志着最具活力的以植物为灵感来源的设计的胜利。

奥托·瓦格纳，
瓦格纳二世别墅前门，
1913年，
维也纳。

瓦格纳二世别墅呈现了一个孤立的对称性结构，其装饰朴实淡雅，这在结构的确定方面非常有实用性，整个建筑体现了古典主义的建筑风格。

别墅前门由一个简洁的矩形开口构成，两扇装饰门是这个开口存在的理由。

瓦格纳没有恪守维也纳分离派的风格，而是采用轮廓鲜明的造型，在蓝色几何装饰和金属锚杆的映衬下，立方体的结构分外引人注目——几乎预现了最初的理性主义建筑形式。白色的石膏墙增强了装饰性几何图案的效果。

窗

窗户是建筑物墙壁上的开口，通过这个开口，光线可以射入室内，空气得以流通，人们也可以欣赏到室外的风景。窗户的构造与建筑物立面的构造有着千丝万缕的联系。建筑著作中包含了许多有关窗的大小、分布、形状和装饰的规定。

窗户的大小依其功能和类型的不同而变化：从齐门高的法式窗到屋顶的天窗。窗与门具有相同的建筑构件，但它们的底部构件能以窗台的形式延展到建筑外部。

自古以来，窗户的形状都十分简单，而且在尺寸上也很小。中世纪时期出现了被纤细的垂直构件分割成若干单元的有竖框的窗户，这些窗户都带有两个、三个或更多的灯。除此之外，还有带有装饰性窗格的大圆花窗。到了16世纪，窗户的造型又恢复到严肃的古典主义形式，富有节奏感的建筑构件的使用极大地增强了立面的平衡性，值得一提的是在小型建筑物和塞林窗（Serlian）中按双正方形比例建造出来的带框缘的窗。在巴洛克时代，窗的类型更加丰富，出现了外框嵌有大量装饰物的椭圆形、半圆形或星形窗。在现代和当代建筑中，钢筋混凝土和钢铁的出现使大窗户的建造成为可能。令人瞩目的是，超薄金属框架结构及玻璃制造技术的突飞猛进使窗结构能被转变为玻璃墙的结构，从而最大限度地吸收自然光。

相关词条
墙、立面。

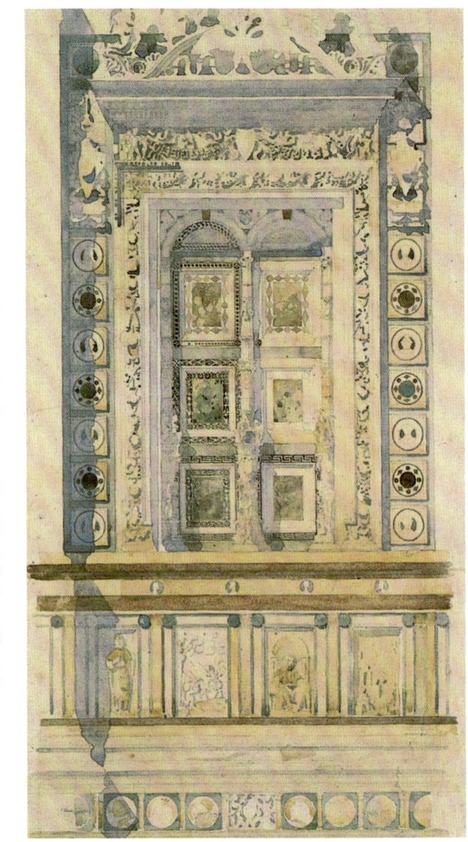

查尔斯·伦尼·马金托什，
帕维亚卡尔特修道院的盲窗细部，
1891年。

威斯敏斯特教堂南侧耳堂的圆花窗，
始建于1245年，
伦敦。

通常，在教堂立面或耳堂顶端的圆花窗都是按照自中心向外延展的细长叶形饰图案建造出来的，起到装饰的作用。

威斯敏斯特教堂的圆花窗与耳堂侧壁相切，由于尺寸原因，它自身就是一道墙。它由叶形饰图案构成，这些叶形饰由中心圈向外放射性延展。三叶形和四叶形装饰构件的增加使大理石窗格显得更加复杂。

有图案的窗户产生了惊人的效果，因为光在中世纪象征着神的显现（对人的神圣显身）。玻璃艺术家精湛的技艺使装饰图案千变万化：从几何图案到对神圣文本的图解，再到对圣人们生活场景的描述，可谓包罗万象。

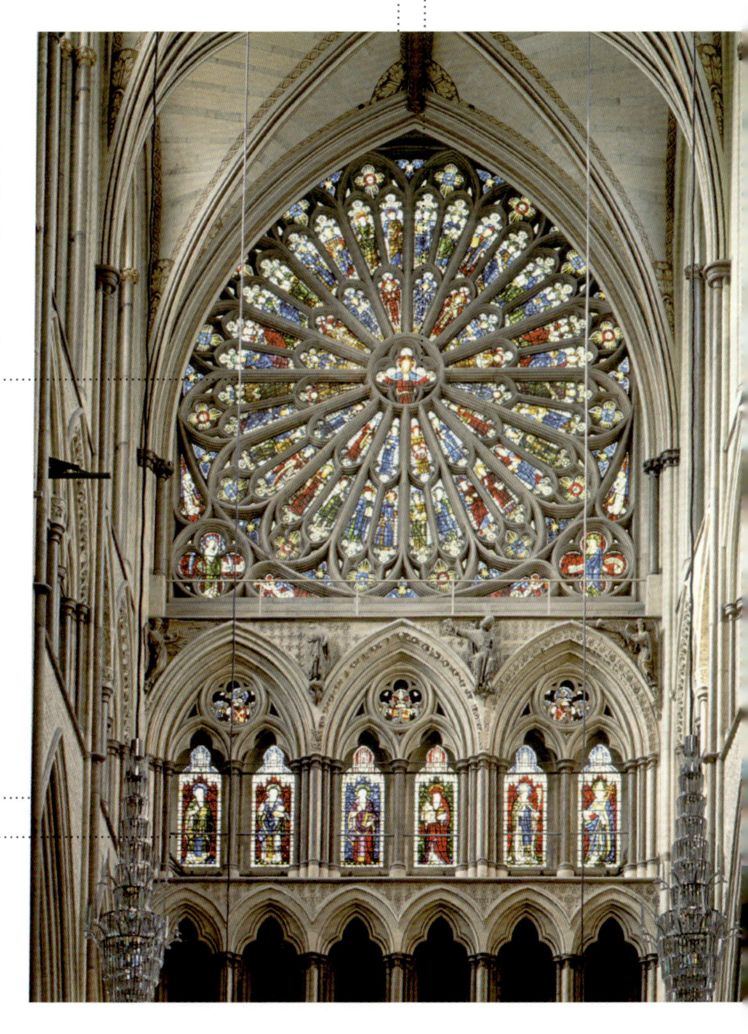

圆花窗是典型的哥特式建筑构件，随着大胆的建筑技术的发展，这种窗型在尺寸上也逐渐升级。在大胆的建筑手法中，墙在结构上所起的作用被降格为与建筑物主要框架的二次合作。

较低的一层是一排优雅的带有竖框的窗户，它们都带有圆柱和三叶拱，三叶拱里饰有彩色玻璃。

基督教修道院，
牧师会礼堂之窗，
约1510—1515年，
托马尔。

牧师会礼堂之窗将文艺复兴时期的建筑风格与曼努埃尔建筑风格的典型形式融合在一起。曼努埃尔建筑风格是葡萄牙建筑风格的起源，没有任何语言和结构上的借鉴。

绳结和扭曲的绳索形象地喻指葡萄牙航海业的繁荣，而自然主义的图案则体现了天马行空的想象力。

完美的矩形窗被悬置于复杂的削弱了窗户本身形状的装饰系统中，整体设计基于自然主义和航海意象。

弗兰西斯科·普里马蒂西奥，
枫丹白露宫白马庭院的老虎窗，
始建于1528年，
法国。

老虎窗（也叫屋顶窗）是在屋顶下方楼层里设置的窗型，高度同建筑物一个楼层的高度相仿。老虎窗在北欧建筑中十分普遍，其大小根据斜顶下面阁楼空间的大小而定。

该老虎窗源自塞巴斯蒂亚诺·塞里欧所著《四书》一书中的建筑绘图。

枫丹白露宫巨大的老虎窗遵循建筑体系中的分层原则，事实上，由于其比例匀称，它也可以构成一座小型寺庙。

多立克柱条将老虎窗分割成若干区域，每个间隔区都有十字架形的窗户。侧面是金字塔形的壁龛，其上方是另一组支承山花并被涡卷装饰的壁柱。

乔治奥·瓦萨里，
乌佛兹宫，
始建于1560年，
佛罗伦萨。

一排排的窗户为乌佛兹宫的立面增色不少，构成了意大利风格主义建筑的一个创作主题。

乌佛兹宫每一层的窗户都很别致且风格各异，在视觉上被带有厚重带状层的檐口分离。

第二层楼的窗户是一系列简洁的向外张开的正方形开口，被置于向外突出的檐口和成对托架序列之中；第三层楼的别致法式窗前方是低矮的栏杆，在其顶部，三角形和曲线形山花相间排列。

每三个建筑构件相间排列，它们被壁柱所分隔，形成了一个动感十足、均衡和谐的立面。

安德烈亚·帕拉第奥，
威尼托圣弗朗西斯科大教堂立面浴室式窗，
1568—1572年，
威尼斯。

浴室式窗源于古典主义建筑主题，也被称为帕拉第奥窗或戴克里先窗——之所以这样命名，是因为这种窗型被用在戴克里先浴室（温泉浴场）里，这也许是帕拉第奥首次见到它的地方。它是一个半圆形的开口，被两根垂直的竖框分割为三部分。

在文艺复兴时期，浴室式窗被精准地反复复制，后来，在新艺术运动时期，它演变为新的形式，颇具独创性和想象力。

通过增添带有齿状装饰的檐口，塑造拱券饰结构并在拱顶石上方建造涡卷，帕拉第奥使原本清晰的线条变得更加鲜明而富有活力。

查尔斯·伦尼·马金托什，
艺术学校，
约1899年，格拉斯哥。

凸窗是一个闭合体，通常是由玻璃制成的，凸出于建筑物的外墙面，实现了功能上的延伸，具有很高的建筑价值。

如果凸窗是半圆形的，就被称为弓形窗；如果它从底层楼以上的任何一个楼层向外延伸，就被称为凸肚窗。

凸窗是北欧建筑的典型特征，也被广泛地应用于现代和当代建筑中。由于纬度原因及北欧的气候状况，室内通常是阴暗的，而凸窗则能够为建筑的内部空间提供照明。

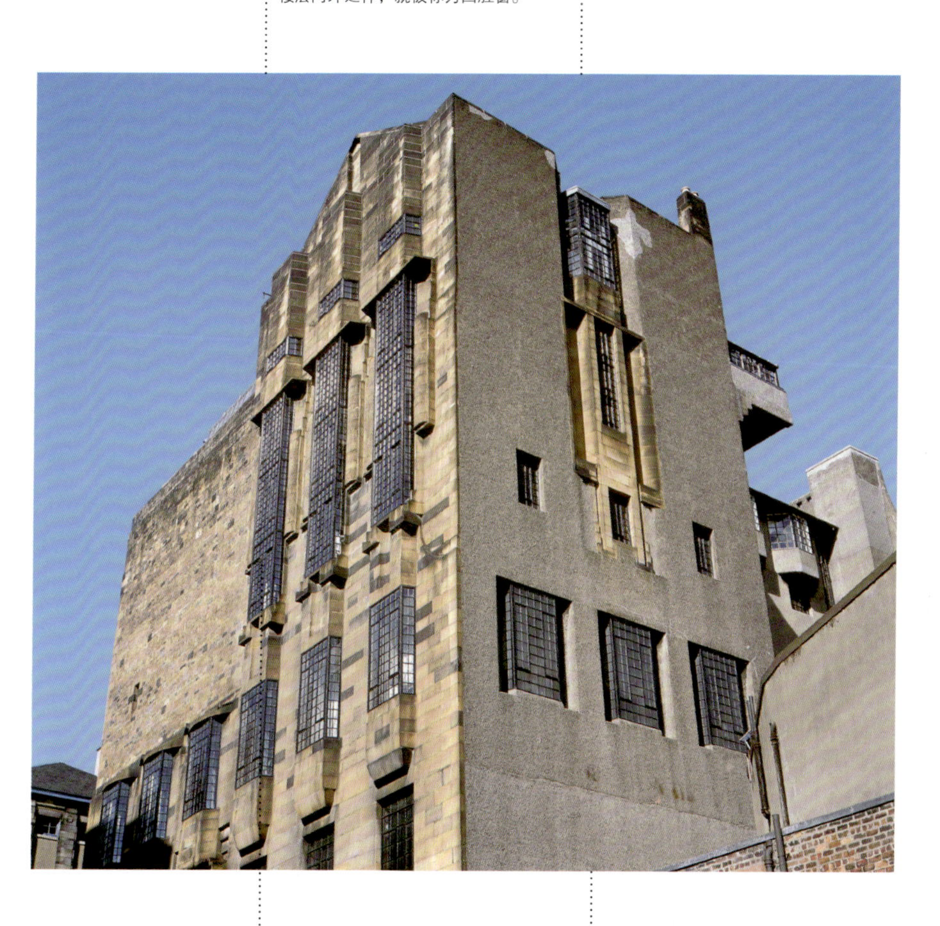

马金托什采用传统的英式凸窗来解决光照的问题，他将凸窗呈直线形排列并加以翻转、折叠，以形成棱柱状结构，铸就了明亮的空间结构。

对自然光的处理体现了该建筑的现代主义特征，通过展现内外结构间的对立张力，使整个空间看上去充满了活力，光线在其中起到了决定性的作用。

古利埃尔莫·圭里尼，
棚结构平面图，
出自《建造业I》，
米兰理工学院，
1910年。

该棚拥有一个北向采光的锯齿形屋顶以及成排的金属桁架梁，每个桁架梁的顶部都有一系列窗户，透明覆层填充了其垂直侧面。

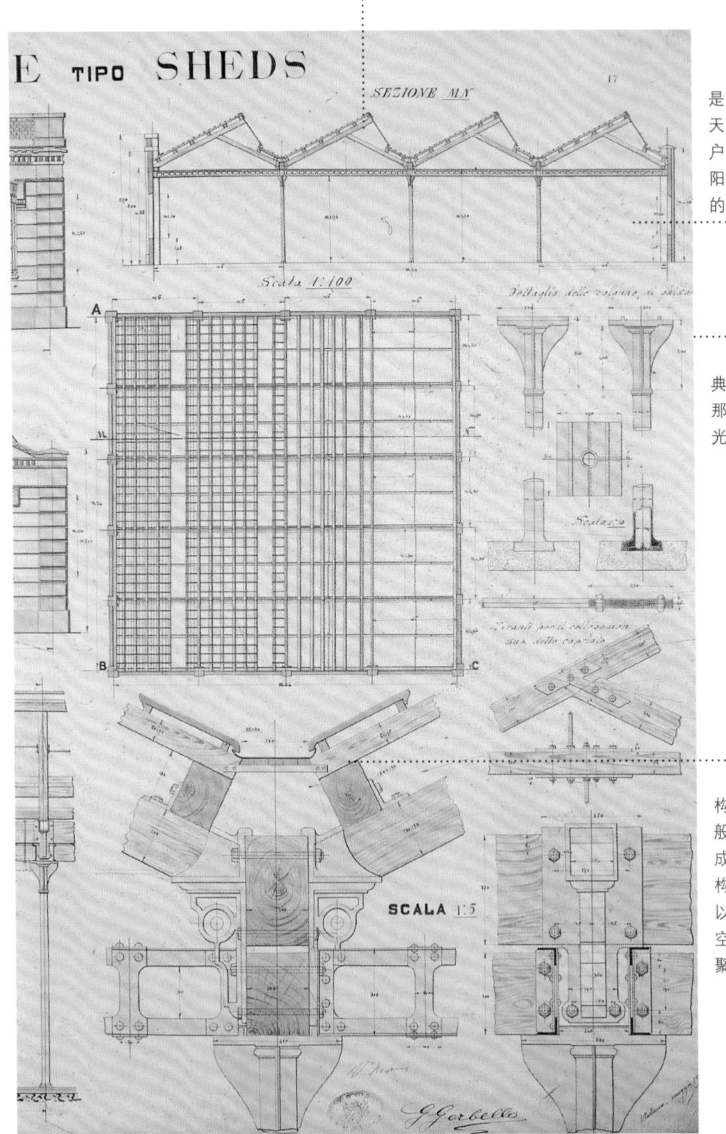

尤为引人注目的是，在雨天也能使用天窗。规则排列的窗户朝向北面，以避免阳光直射并提供均匀的自然光。

作为工业建筑的典型代表，棚可适用于那些侧壁不能提供充足光照的环境。

棚由特殊的凸出构件构成，这些构件一般由木材或金属合金制成，共同形成了窗框结构，既便于修补，也可以被随时打开。敞开的空间里布满了玻璃板和聚碳酸酯。

皮耶特罗·费诺利奥，
斯科特别墅带窗的凉廊，
意大利，
1902年，
都灵。

斯科特别墅豪华的带窗凉廊将装饰性效果发挥到了极致，窗户的图案不再千篇一律，而是造型各异。

建筑物各部分的设计风格迥异，体现了较接式小别墅的设计理念。

厚厚的锥形柱将窗户分割成三个部分，每根柱子都带有鼓起的柱础，象征着对建筑柱式的戏仿。钢筋混凝土的植物状装饰、熟铁波状起伏的线条以及线形外部轮廓慵懒地呈现出巴洛克式风格，这在某种意义上来说是将新艺术运动的建筑理念应用于装饰图案的创造之中。

伊拉迪奥·迪亚斯迪，
圣佩德罗教堂圆花窗，
1967—1971年，
杜拉斯诺。

窗户可以被建造成任何形状，以满足设计者的需要。

由迪亚斯迪设计的颇具创新性的圆花窗呈不规则的六边形，它是由一系列同中心的墙所构成的，墙壁由钢筋砖砌成，每面墙有5厘米厚。

由于采用了创新型技术，砖结构焕发出新的活力，材料解决了结构的问题，而不仅仅是一个美学上的选择。

因此，一方面，砖结构被用作建筑材料；另一方面，作为反射光的“源泉”，砖结构充分体现了表现的自由。其温暖的色调体现了光线的绚丽多姿。

坂茂建筑事务所，
静冈之屋带形窗，
2001年，
日本。

建筑物的折算深度以及20米长的绝对透明的玻璃制水平窗，使整座房子看上去像是一个被覆盖的连接外部景观的过渡空间。静冈之屋的窗户是现代主义带形窗的极端形式——将房屋的北立面纵向切开。

房屋的设计及其完美的矩形平面包含了许多将美景引入住宅的材料和技术。从屋子内部向窗外眺望，窗外的景致简直美不胜收。

勒·柯布西耶曾这样评论："窗户是房屋的基本特征之一。发展带来了自由。钢筋混凝土结构的使用引起了窗户建造史上的革命。窗户可以从立面的一侧一直延续到另一侧。"

让·努维尔，
阿拉伯世界学院带光电池的覆层控制板细部，
1987年，
巴黎。

努维尔深谙光学几何，恢复了其精华，使其适应巴黎的气候及变幻的光线。

窗户的隔板就好似摄像机的光圈，会根据光线的强弱而自动张开、闭合。它们代表了现代版本的阿拉伯阳台，木制的倾斜或雕饰有拉杆的隔板将房屋阳台封闭起来，既增强了空间流动的亲切感，也加速了空气流通。

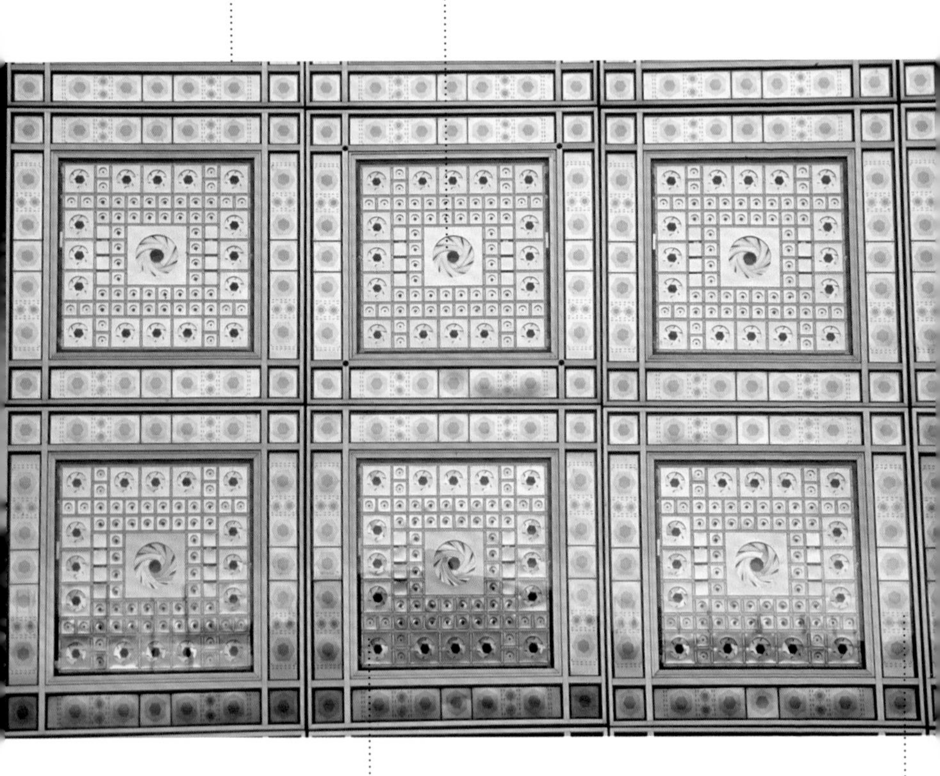

“精致的立面”是由带有特殊传感器的控制板构成的，这些带光电池的六边形控制板能够调节光线和温度。控制板被镶嵌在方形大薄板之上，方形大薄板位于双层玻璃板之间，其中最外面的一层是加厚的。

很明显，努维尔参照了伊斯兰传统的几何设计，并遵循高科技的建筑理念， 将古代艺术和现代高科技有机融合在一起。

斋沙默尔赫韦利的贾利，19世纪。

在伊斯兰世界，由于人们十分重视家庭隐私，因此防止陌生人窥视屋内是至关重要的；能看见窗外景色而不被别人看见也是必要的。

解决这些问题的方法是一个多孔的网格，这个网格既允许单向视野，又允许光线照射和空气流通：这就是印度的贾利。

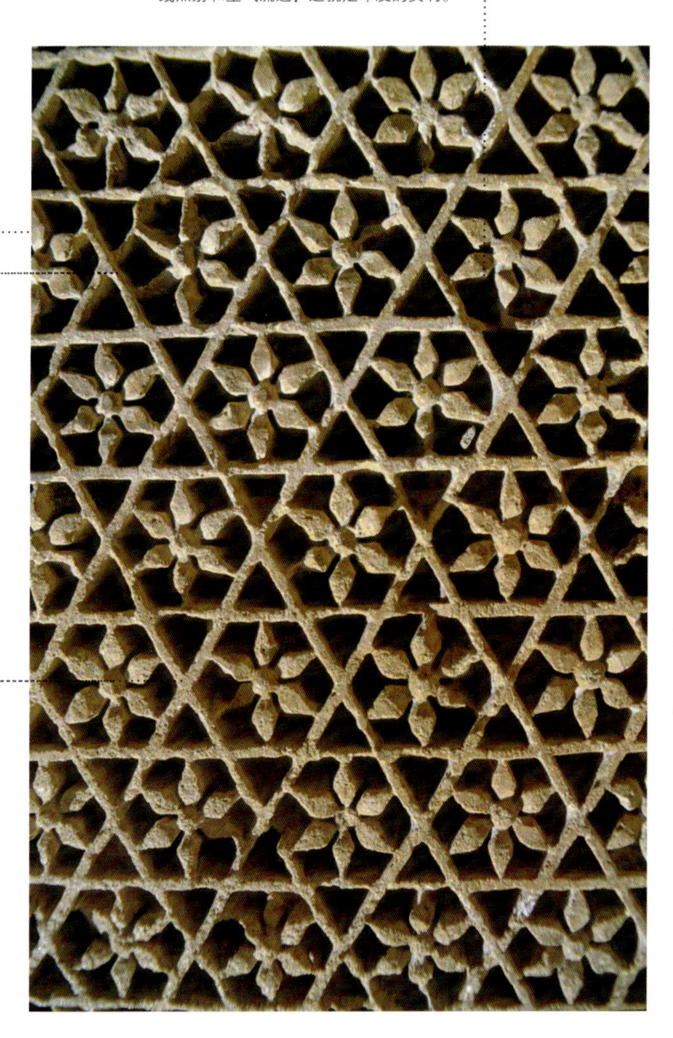

贾利是莫卧儿建筑的典型代表，它影响了新艺术运动。

贾利雕刻精美，为几何或花卉图案设计。在温暖的气候中，它的优势在于只吸收反射光，以避免阳光直射，保持室内凉爽。

网格结构或由石头雕刻而成，或由灰泥塑成，其典型特征是敞开的空间结构。在敞开的空间里，满是各种形状的有色玻璃片，这些玻璃片既能遮挡住空气和雨水，又起到了装饰性效果，明快和半透明的色彩相映成趣。

楼梯、阶梯、斜梯

在建筑中，楼梯是一个连接构件，通过渐进演变来解决建筑物各楼层在高度上的差异，建筑物内部各个部分间的差异，或建筑物与地面之间的差异（在这种情况下，楼梯也许是户外或露天楼梯）。除了具有显著的实际用途之外，楼梯还被看作是体现空间连续性的构件，因此很容易受到结构和空间设计等问题的影响。正是由于这个原因，所有文明都特别注意楼梯的功能性和楼梯的建造。

其他关于楼梯的解释认为，楼梯不仅满足了实际的需要，而且还起到了神圣和庆祝的目的，比如哥伦比亚文明中的楼梯或巴洛克、新古典主义时期的不朽楼梯杰作等。从砖块到金属，再到钢筋混凝土，所有类型的材料都可以用来建造楼梯。平面形状的不同决定了楼梯基本上可被分为以下几种不同的类型：直线形斜梯、楼梯井、螺旋楼梯及盘梯等。从结构的角度来说，楼梯与自我支承的台阶以及那些结构独立的台阶之间存在明显的差异。

自动扶梯是现代楼梯类型中的一种。当今，自动扶梯被广泛地应用于公共建筑中，它由一个传送带构成。自动扶梯最多倾斜35度，上面有很多台阶，只能实现对人的输送。相比之下，电梯比自动扶梯的功能要多，它还可以用来运送货物。近年来，主要是在高科技建筑中，电梯以及工程设备厂的其他构件均被移到了外面，自身就构成了一个建筑构件。

深度解读

由于楼梯具有纪念性，且在技术上和形式上都能为建筑师提供诸多可能，因此人们很早就开始使用楼梯。最古老的例子是在宗教建筑或公共建筑前建造的楼梯。楼梯的历史可以追溯到罗马露天竞技场的斜梯，素朴而庄严的中世纪楼梯，精雕细琢、构造大胆的巴洛克螺旋梯，如今，技术的进步和材料的多样性使得最具创新性的建筑设计成为可能。

相关词条

立面。

弗朗西斯科·德·桑克蒂斯，
西班牙台阶，
1723—1726年，
罗马。

楼梯塔双螺旋梯，
1499年，
格拉茨。

腓特烈三世故居最重要的遗迹是一座带有双层阶梯的楼梯塔，楼梯塔围绕着两个轴盘旋而上。

这个哥特式晚期楼梯是建筑上的杰作：台阶直接从墙壁向外延展，精致的石雕栏杆遵循并加强了线路的双螺旋性。

米开朗琪罗，
麦迪奇罗伦佐图书馆前厅楼梯，
始建于1524年，
佛罗伦萨。

功能性构件的减少及装饰性构件的增加在狭小空间内制造了一种动态的紧张感，而三重楼梯的使用则释放了这种紧张感。最初，这种设计被米开朗琪罗用在胡桃木作品中，后来，巴尔托罗梅奥·阿曼纳蒂模仿米开朗琪罗的设计模型，在其1559年的作品中也使用了同样的楼梯形式，只不过他设计的楼梯是用塞茵那石建成的。

在文艺复兴式直线形设计的映衬下，中央椭圆形大楼梯凸显了巴洛克建筑风格。

弧线形台阶好似瀑布般倾泻直下，两侧几乎没有侧栏，实际上，由于弧线形台阶在第二级便向外延展，因此两侧不再需要不带栏杆的斜梯。

弗兰西斯科·普里马蒂西奥，
枫丹白露宫白马庭院楼梯，
始建于1528年，
法国。

外部楼梯是立面的一个基本构件，为立视图提供一个独特的外观，将庭院与主楼层连接在一起。

楼梯由正方形琢石制成，倒置的托架与栏杆有规律地相间排列。它们体现了文艺复兴时期及意大利风格主义的建筑风格，打破了宫殿立面在格调上的规律性和对称性。

楼梯在平面结构上是不规则的带有断凹和凸状轮廓的马蹄形，在建筑风格上与栩栩如生的立面匹配得天衣无缝。中枢体在垂直方向上占据主导地位，更凸显了立面。

雅格布·巴罗齐·达·维格诺拉，
法尔内塞宫螺旋形楼梯，
1550—1559年，
卡普拉罗拉。

从结构上来看，楼梯井是最简单的类型。它由外墙支承，中央是一个敞开的空旷空间。

卡普拉罗拉楼梯是螺旋形的：向上的斜梯蜿蜒而上，从不同的角度来看，既不间断，也没有突然的变化。

创新性、技术能力及艺术天赋既证实了维格诺拉在建筑表现上的成熟，也体现了他创造的源泉，这些创造源具有非凡的同化作用。

由对柱支承的楼梯被华丽的墙饰美化，巧妙地填充了圆顶覆盖下的空间。

巴尔塔扎·诺伊曼，
奥古斯图斯堡室内楼梯，
1741—1744年，
布吕尔。

由于建造方法的多样性、所使用的材料及与周围空间的关系（周围空间经常会受到楼梯位置和形状的影响），巴洛克楼梯在建筑形式上达到了其辉煌的巅峰。

在18世纪，许多德国贵族的宅邸在设计上都围绕着一个中央楼梯，这个中央楼梯非常雅致，也非常引人注目，是建筑师、雕刻师和壁画画家集体智慧的结晶。楼梯动感十足、富丽堂皇，颇具剧场气息。

最初的单梯转变为由成对柱和令人印象深刻的人物墩所支承的双侧梯。

此类设计体现了建筑的丰富性和多样性，布吕尔楼梯是这类设计的最典型的代表：在敞开的空间里没有任何纵向承重间壁，开阔了人们的视野，从而为人们提供了持续而富于变换的视觉体验。斜梯向上延伸，采光和通风良好，动态线条被巧妙地融合在一起。

奥古斯特·贝瑞，
市政工程博物馆螺旋楼梯，
1936—1940年，
巴黎。

贝瑞设计的楼梯清晰地展示出它是由什么材料制成的。钢筋混凝土决定了楼梯的形态，体现了其可塑性及结构上的特点。

楼梯脱离了纯粹的结构上的功能，其自身就是美学上的盛宴，弯曲的斜梯产生了非凡的戏剧性效果。

双螺旋梯在空间延展，不仅起到连接构件的作用，而且也是一个独立的建筑小插件。

皮埃尔·路易吉·奈尔维，
乔瓦尼·伯塔体育场室外斜梯，
1930—1932年，
佛罗伦萨。

斜梯是一个用来连接两个高度不同的楼层的建筑构件。它可以分为两种基本类型：平面的或螺旋形的。

佛罗伦萨市体育馆的室外斜梯体现了结构主义的烙印：矫健轻盈的螺旋形楼梯悬置于空无间，支承构件遵循了这种空间的流畅性。

这种结构让人们看到了一种新的建筑表现形式。对于奈尔维来说，艺术不仅仅是美学上的构想，而且也是功能性和技巧性的体现。因此，这种结构主义对那个时期罗马的必胜信念做出了非神秘化解释。

尽管平面布局变化不大，但钢筋混凝土的使用使楼梯在外观上产生了根本性的变化，成为大胆、轻盈构造的典范。

赫尔曼·赫茨伯格，
扩建了的比希尔中心外部楼梯，
1995年，
阿珀尔多伦。

将结构主义应用于建筑学，便产生了实体空间楼梯：人们可以清晰地看到带有斜梯和楼梯平台的室外楼梯被笼状结构包围，这个笼状结构由两个呈曲线形的金属网屏构成。

结构主义建筑关注基本的建筑构件，楼梯在结构主义建筑中被看作是一个独特的、几乎是被雕塑而成的物体。

贝聿铭，
扩建了的德国历史博物馆螺旋形楼梯，
建于2003年，
柏林。

作为光的建筑师，贝聿铭设计了令人惊叹的高采光度螺旋梯，该螺旋梯由玻璃制成，并带有金属框架，构成了德国历史博物馆的新侧翼。

令人叹为观止的是，弯曲的窗玻璃使劈锥曲面和圆柱体有机地结合在一起，这就使整个结构体系和中央混凝土支柱一览无余。

楼梯是强调功能适应性的一个令人钦佩的例子，很明显，它是博物馆的一个新入口。

查尔斯·戴高乐机场，
巴黎。

在查尔斯·戴高乐机场的航空站，相互交织的自动扶梯构成的复杂系统被玻璃墙保护着，将航空站各层与中心体连接在一起，比其下方的大喷泉更为抢眼。这种构造不仅体现了功能性，而且也体现了建筑师对美学和形式感的关注。

自动扶梯也叫“传送带式自动扶梯”，由铰接的移动梯构成，能在保持水平性的同时自动移动。其发明者——美国人杰西·W.雷诺在1892年获得了这一概念的专利权

电梯被应用于公共场所，以快速输送大量人群。

Alemparte Barreday Asociados，
君悦酒店电梯，
1992年，
圣地亚哥。

带有电机的第一部电梯可以追溯到1880年，电梯的发明及广泛应用使垂直发展的摩天大楼之类的建筑物成为可能。

在现代，电梯是楼层间的连接构件之一。被置于高科技建筑物外部的电梯及工程机械的其他构件，成为自身便具备独特美学特征的建筑构件。

电梯是一个带有固定设施的输送装置，旨在向指定的楼层输送人和货物。电梯间沿刚性导轨移动，其水平倾斜度为15°。

YSIOS

材料与建筑技术

木质材料

石材

土坯

砖

混凝土

钢筋混凝土

铁及金属合金

玻璃

高科技聚合物

自然元素

圣地亚哥·卡拉特拉瓦，
伊休斯酒庄葡萄酒酿造厂入口，
2001年，
拉瓜迪亚。

木质材料

由于人们很容易获得木质材料，而且不用加工，所以人们便可以使用这些材料，因此，自古以来，木质材料就是广为流传的建筑材料。它一直被沿用，直到19世纪，当人们想建造更为经久耐用的建筑物时，才选择了石材或砖作为建筑材料。随着人们的重新发现，在近代，木质材料成为建造某些建筑构件的理想材料，比如屋顶、屋顶支承结构和地基等，因为木质材料具有很好的耐水性。

在木质材料资源丰富而石材资源匮乏的国家，木质材料是许多建筑体系的基础。这包括轻型木骨架——一种由连接在一起的标准化构件构成的框架结构（这种结构主要用于美国、东欧及阿尔卑斯山地区的住宅建设中，这是由于它轻巧、经济而又很容易收集）；blockbau（小木屋）体系，在这种结构的建筑物中，墙是由木梁构成的，木梁叠置形成了一个横排，其尾端覆盖住拐角；桁架结构（或称为木构架结构）。挪威木制教堂呈现了一个特殊的类型：木结构教堂里是木板制成的墙，该墙直立于通向天花板构架的角柱之间。

在20世纪，由于人们可以获得更适合的材料，新技术得以传播，因此，在建筑中对木质材料的需求有所减少。木质材料除了易燃外，还会随着时间的推移而呈现出混杂且不连续的表面。尽管在建筑结构中对木质材料的使用有所减少，但在临时结构和木工工艺中，对木质材料的使用却有所增加。木质材料的衍生物——例如具有特殊的物理和机械性能且耐火性大为提高的层压材料，能够抑制昆虫啃噬所带来的恶化与损害的新型木材产品——使人们重新发现了所谓的结构性木质材料，可用于主要建筑结构中，尤其是在屋顶和预制系统中。

深度解读

建筑设计和新型建筑技术的最新发展使建筑师有可能挖掘出木质材料在形式上的诸多可能性，从其非凡的美学特质到其生态可持续性。

木板教堂内部构造，
约1150年，
博尔贡。

阿尔哈发利亚宫殿，
金銮殿用艺术造型技术建造而成的天花板，
1492年，
萨拉戈萨。

金銮殿内金色木质的艺术造型天花板精美绝伦，它是为费迪南德国王和伊莎贝拉皇后建造的，为穆德哈尔式木工工艺的典范。天花板被厚厚的木质椽支承，以增加该结构的强度和刚度；天花板下方的这些椽将空间划分为规则的镶板。椽的三个面都被精心雕饰和绘制。

每个椽较低的一面都美轮美奂，这是金色和红黄蓝三原色以及纵横交错的几何图案（在椽与椽的交叉点形成了八角形的图案）大量存在的缘故。

杂乱地连接在一起的木质型材和复杂的几何形设计吸收并反射阳光；天花板是由无数木质多边形构成的雕刻杰作。

在每一个天花板镶板内是一个八边形的图案，在其中央是一个精雕细琢的镀金松果图案。

乔凡尼·巴蒂斯塔·阿里奥蒂，
法尔内塞剧院古罗马剧场的梯形观众席，
1618—1619年，
帕尔马。

由于其独特特征，法尔内塞剧院对后世其他剧院及演出场地的建造影响笃深：从可移动的布景台，到将演员送到舞台的可移动的机械装置，再到用以充斥观众席，以更好地呈现海战情境等。

鉴于剧院设备的复杂性和演出的高成本，人们很少使用该剧院。在1732年的最后一次演出结束后，剧院从此废弃不用，其木质部分及石灰雕像几乎完全毁于1944年的轰炸。

后来，人们在1956年按照其原来的设计对该剧院进行了全面重建。原来剧院的大部分木质构件都经过精心的雕饰，如今，重修的部分没有雕饰，这是为了凸显少数残存下来的原始结构。

法尔内塞剧院位于皮洛塔宫的第二层，它拥有一个87.2米长、32.15米宽、22.65米高的大厅。

U形观众席由14排座位构成，可以容纳3000多名观众。顶端是两排帕拉第奥风格的塞林凉廊，但只有一部分是可用的。

由于使用了典型的木质材料、灰泥和纸浆等临时建筑材料，该剧院很快就完工了。使用这些材料是为了在引证和典故的游戏里模仿珍贵的大理石和金属材料，而彩绘和造型装饰则记载了这些引证和典故。

基督变容教堂，
1714年，
基日。

圆顶和屋顶覆盖层是由劈叉的木质屋顶板组成的，屋顶板像瓦片一样重叠在一起。这种类型的屋顶是多雪地区特有的。

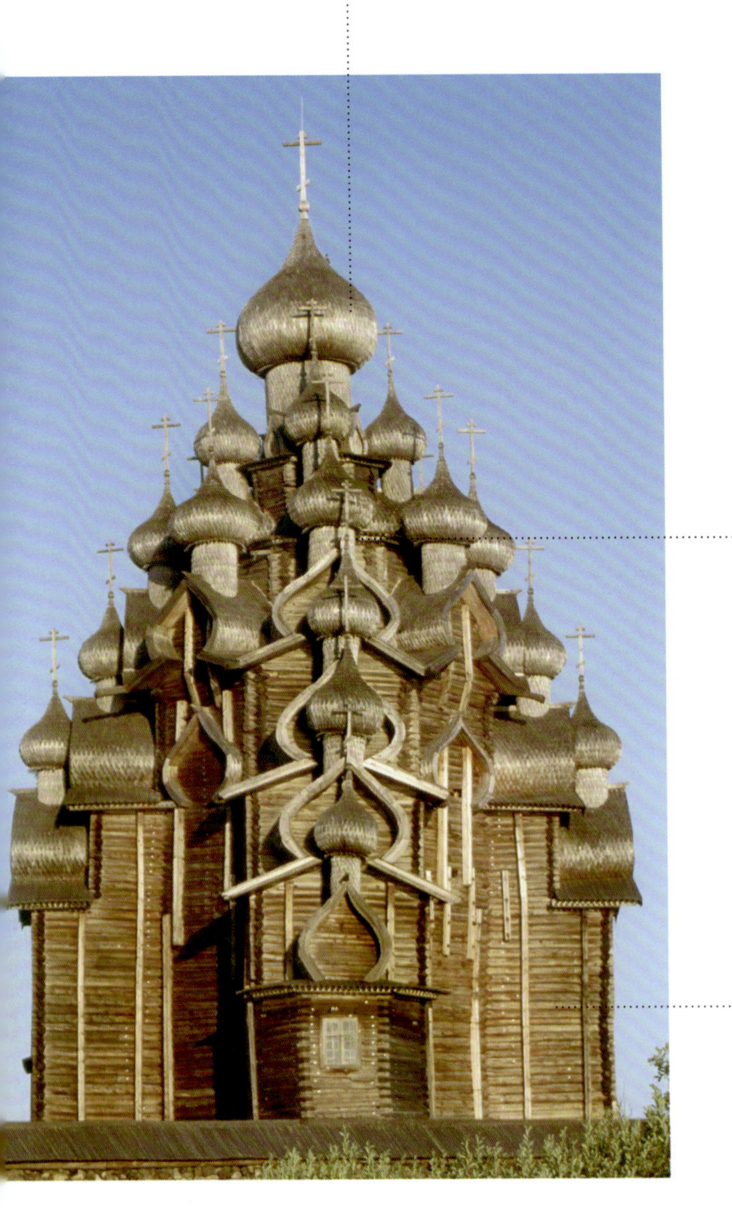

从视觉的角度看，在房屋边缘林立的洋葱形圆顶及其复合线性轮廓增强了教堂的金字塔形构造，教堂的很多部分是交叠在一起的。

基督变容教堂完全由木质材料建成，采用了小木屋技术。墙壁由原木构成，这些原木一个挨一个地水平排列，只在拐角处重叠。这种技术需要使用长而直的树干。

伊马尔·马克维兹，
天主教教堂，
1988年，
保克什。

马克维兹在他的作品中使用黏土、砖和木头等材料，以自然为参照，创造出离奇反讽的建筑样式。

天主教教堂的设计由一个圆锥体形状的建筑构成，其上方矗立着一座引人注目的塔楼，高塔的最顶端是三个大约有25米高的尖顶。教堂的支承结构完全是由没有棱角且延展性非常好的松木制成的。

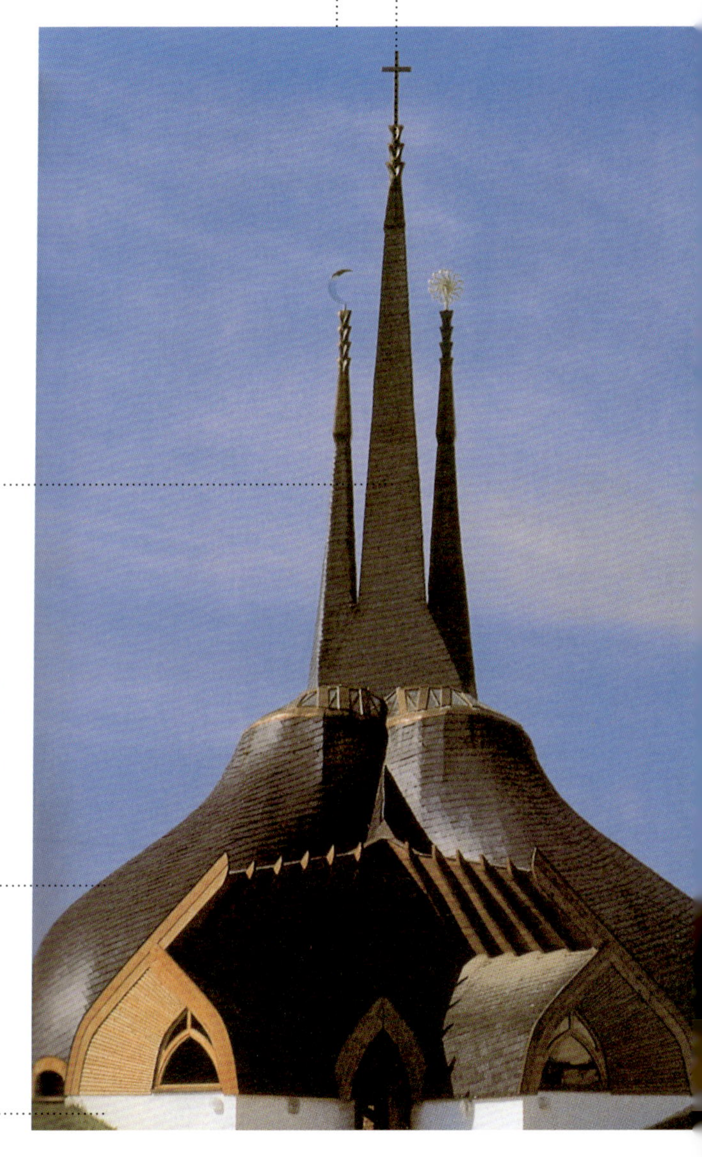

对于马克维兹来说，塔楼与历史及一个民族的起源有着千丝万缕的联系。他的作品一向具有象征性和爱国主义色彩，本作品也不例外。它喻指匈牙利平原上的木质钟塔，其灵感源自特兰西瓦尼亚建筑。

覆盖层的外壳由“树骨架”支承，“树骨架”结构几乎全部由肋拱组成，支承着起保护作用的外壳结构。覆盖层外壳遮盖住其下方空间，真正的树干结构的采用使整个建筑成为一个有机自然体：其内部构造在某种程度上来说就好比脊肋。

复合体的双翼及承重结构共同形成了一个有机体，马克维兹选用颇具象征意义的支柱作为承重结构。

诺曼·福斯特，
未来之屋，
2000—2004年，
圣莫里茨。

公寓大楼采用了当地的天然材料，特别注意环保。水泥和钢结构被落叶松制成的木瓦覆盖，随着时间的推移和大气的影响，其外观颜色发生了变化：由原来明快的金黄色变成了晦暗的灰色。

福斯特希望尽可能地将他的建筑作品与阿尔卑斯山风景和传统的恩加丁建筑相融合，因此他将其作品命名为“未来之屋”：在罗曼什语（当地的拉丁语）中，“chesa”指“屋舍”。

福斯特为其作品画上了一个圆满的句号，创造出一个既没有屋顶也没有立面的神秘物，计算机辅助设计帮助福斯特实现了其构思。预制的弧形镶板从外而内形成了木瓦与壁架的交织层，里面带有用以隔热的气室和石膏板制成的遮挡墙。

在这个项目上，诺曼·福斯特获得了联合建筑师事务所的帮助。

为了避免热气扩散，北立面几乎是无窗的；南立面有大阳台，可以最大限度地吸收日光，这样就可以把日光转化为热能，同时，也可以欣赏山谷的美景。

“未来之屋”与典型的阿尔卑斯山上的小木屋毫无关系。相反，从福斯特精心设计的立视图来看，它传递的是一个关于山的未来主义意象——（如果人们忽略了支柱和四周被玻璃包围的圆柱形入口的话）它是一个悬离地面的三层楼高的球体。

居住在山里的巴塔克人的房屋，
直名丁宜。

传统的巴塔克房屋体现了大胆而复杂的建筑理念，它完全由木质材料制造而成，呈现出形式上的特色。

被称为“巴嘎”的房屋拥有一个远离地面的矩形平面，是一个精致的木质结构，通常被精心雕饰或绘以几何、花卉图案。

人们可以通过楼梯进入高高的前门，继而进入中央通道。在中央通道的两侧是各家公寓。

房屋的墙壁是向外展开的，形似倒置的切去了顶端的金字塔。微微弯曲的由稻草覆盖的屋顶带有马鞍形和三角形山墙，在短边处被斜切，以保护建筑物的正面。

石材

石材是自然的岩石材料，自古以来一直被人们用作建筑材料。它能够抵抗岁月无情的腐蚀，它的这种特质使它成为不朽的象征。

在古代，由于人们很难获取和加工石材，因此，石材仅用在大型市政工程中。随着时间的流逝和新技术日新月异的发展，石材失去了其统治地位。直到当代，石材才重获其昔日的辉煌：新设计和新技术使作为一种建筑语言的石材获得了重生，它再一次被看作一种可以被建筑师随意使用的材料，石材终于可以重新彰显其精髓、颜色、变化及其本真。

有些墙体需要黏合剂将石材黏合在一起，而有些墙体则不需要，在创造建筑构件时，或作为一种覆盖和装饰材料，一般而言，石材可以是粗糙的，也可以是被抛了光的。

石材可被劈割成形状规则的石块，也可被排列在一起而起装饰作用；在厚板或粗削的结构体中，石材可以被留在立面表面（如乡间的琢石）。由于石材很沉而且难于管理，人们经常在采石场及邻近地区加工石材。由于难以运输，石材通常只被用于当地的建筑项目中。石材具有良好的抗压缩性，但在抗牵引力方面却很差，因此常被用于承重墙。

石材的种类随原产地的不同而有所差异，从昂贵的大理石到石灰石，再到砂石，可以说千变万化。石材的用途主要取决于它的一般特征，比如颜色、光泽、可塑性及硬度等。从强度、耐用度及整体特征的角度来看，石材一直是人们所能获得的最好的建筑材料，因此，它被用于声名显赫的建筑中。

深度解读

由于其化学、物理属性不同，石材的颜色和强度也各不相同，正由于这个原因，石材的特定种类让人们联想起特定的地理区域或特殊的建筑技术：比如，被广泛应用的石灰石让人联想起罗马和哥特式建筑，价格不菲的大理石让人联想起大教堂，强度大的花岗岩和易于加工的砂岩则被广泛地应用于托斯卡纳和文艺复兴时期的建筑中，其变体被称为塞茵那石。

相关词条

墙。

石宫，
1936年，
萨那附近的达哈谷。

法老的宝库，
1世纪，
佩特拉。

将悬崖正面的石头进行雕琢便形成了著名的拿巴提遗址——随着太阳照射角度的不同和一天中时刻的变化，石灰岩制成的粉红色墙壁会变幻出各种不同的颜色。

“Petra”在希腊语中意指“岩石”。

被精雕细琢的岩石正面约有40米高，由双层浮雕装饰构成。较低的一层是带有山墙的六柱柱廊；较高的一层中央是一个圆形神庙，两侧是两座带有残破山墙的小神殿。

石灰岩是经过沉积而成的岩石，色彩缤纷，经常被用作建筑石材，迄今为止，是应用最为广泛的石材，被应用于罗马建筑和哥特式大教堂等各种建筑中。

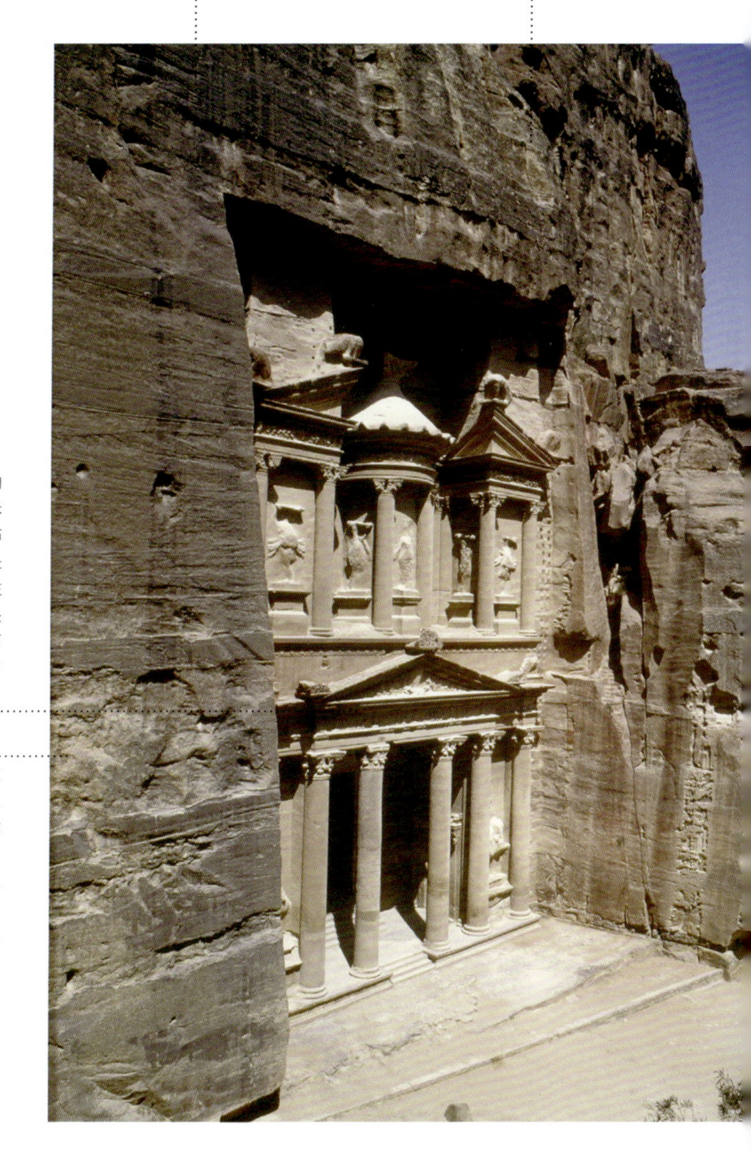

西奥多里克陵，
520—526年，
拉文纳。

陵墓的上部被冠以双层圆形条，圆形条的边缘饰有钳形图案。其顶部是一个由独块巨石构成的圆顶，在圆顶的边缘是12个柄状物，这些柄状物是用来固定钢丝绳的，正是这些钢丝绳将石制屋顶拉升到如今的位置，可见施工的过程有多么困难。

该陵墓是一个以中央设计为主的建筑，有两个由石灰岩构成的相互重叠的十边形平面，这两个平面完美牢固地结合在一起，根本没有使用砂浆。独块巨石圆顶由伊斯特拉石构成，直径达10米，重230吨。

在较低一层的每个侧面都有一个带有筒形拱的壁龛，筒形拱由楔形拱石构成；在西立面，壁龛成为进入陵墓的入口。

米兰大教堂尖塔细部，创建于1386年。

以东欧的哥特式建筑模型为基础的风格上的定位决定了在建造米兰大教堂时要选择大理石作为建筑材料——这是一个非同寻常的选择，通常在这个地区，人们会优先选择砖作为建筑材料。

白色和粉色相间的大理石源自位于奥索拉谷谷口的坎多吉亚采石场，该采石场是大教堂建筑材料的主要供应地。大理石极大地影响了大教堂的结构及施工建造方法。

大教堂本身就已经十分辉煌壮观，其规模宏大，设计大胆新颖，坎多吉亚大理石水晶般剔透的美以及其化学、物理属性更为整个作品增色不少，做出了无法估量的贡献。无论是从坚固性还是从抗压缩性的角度来说（它跟花岗岩具有相似的属性），大理石都是精美雕刻作品的绝佳选择。

从一开始，在大教堂周围就为大理石塑形师和雕刻家建造了工作场地。这样人们当场就可以将大理石石块加工成装饰品和雕塑，这些装饰品和雕塑是按照众多艺术家为在建建筑量身打造的尺寸和模型进行制作的。

罗伯特·史密森，
郎丽特行宫，
1568年，
威尔特郡。

由于使用了并置的石灰岩，行宫在质量、光泽度和优雅细节（如无人区和使用区之间的比例）等方面都显示出其不可小觑的庄严持重，这与典型的固若金汤的封建宅邸大相径庭。

郎丽特行宫是伊丽莎白时期建筑的最佳代表。

典型的英式拱形窗形成了一种垂直结构，对檐部的水平节奏起到了平衡的作用，从而导致了网状表面的诞生。

奥图·华格纳，
圣利奥波德，
1906年，
斯坦赫夫。

华格纳是简洁建筑风格的拥护者，从建筑原则和所使用的材料中寻求理性，他设计了斯坦赫夫疗养院的小教堂，用大理石板材进行装饰，这些大理石板材被清晰可见的螺栓紧紧固定住。

华格纳摒弃了维也纳分离派惯用的装饰形式，而采用更为素净、谨慎的方法，这在其作品的外部装饰中可见一斑，这种建筑手法使整个建筑显得更加雅致。

彼得·卒姆托，
温泉浴场，
1996年，
瓦尔斯。

瓦尔斯温泉浴场是由巨石构成的，这些巨石源自高山——它解释了原始能量与多山地质之间的关系。

高山、石头、流水：人们很早就有在山间用石头建造温泉浴场的设想，这种想法逐渐被实施，形成了今天我们所见到的瓦尔斯温泉浴场。

尽管温泉浴场与其周围环境界限分明，然而温泉浴场的内部与外部，温泉浴场与其周围的大自然却水乳交融。这归功于卒姆托精湛的建筑技术和建筑材料的选择——大部分是在当地采取的瓦尔斯石英岩，这些石英岩无所不在，卒姆托采取了很多方法对其进行加工：劈开、碾磨、凿平、抛光、切碎。游客畅游于石头和水的世界之中，偶尔被铜围栏、玻璃门窗隔断。

瓦尔斯石英岩是绿色片麻岩的一种变体，是一种变质岩，其独特之处在于它改变了浅色和深色矿物的条纹。

阿尔卑斯山中部和东部的大部分地区都是由这种岩石构成的。卒姆托从离城镇不到两公里的采石场就地取材，作为温泉浴场的建筑材料。

阿尔巴多·西萨，
圣玛丽亚教堂，
1999年，
马库迪卡纳韦济什。

西萨设计的建筑的典型特征是轮廓清晰，风格简朴。教堂的白色主体部分及其复合线性轮廓超越了深色围墙，十分引人注目。

不同材料的使用巧妙地渲染了建筑物高度的不同；围墙是用灰色花岗岩建成的。

花岗岩是一种灰白色的喷发岩——由于其美学价值及物理、机械特征（众所周知，花岗岩能有效抵御气候变迁），它经常被用作建筑材料，广泛应用于墙体装饰、地面装饰以及巨作创造。

在这里之所以使用花岗岩作为建筑材料，是因为它的光泽度好，与巨大的白色综合体在美学上和谐一致。正如西萨所说："在一天之中，随着时刻的变化，教堂或消隐或显现得分外突出；这是为什么有必要使用基底的另一个原因——基底可以用来将教堂固定在地面上，人们可以在哥伦布发现美洲大陆以前的建筑中看到类似的例子，我在秘鲁就见过。"

完美地聚集在一起的石块成为整个建筑底部的一部分，清晰地展示出教堂入口的三巨石结构。

汉斯·霍莱因，
沃坎尼博物馆，
2002年，
圣乌斯勒罗施。

使用当地的火山岩和侏罗纪的红色岩石增强了建筑“表皮”的变色龙效应。通过大规模地使用当地采石场的石材作为建筑材料，自然与建筑之间的对话得以增强，比如长坡道的巨石，用来制作“沃坎尼混凝土”的物质——可以当场制作出来的玄武岩聚成岩。

汉斯·霍莱因是欧洲最有趣的设计师之一，他在他的建筑中大量使用了天然石材。2003年，在意大利的维罗纳，他荣获彼得拉建筑奖。

石头在沃坎尼博物馆中有多种表现形式。通向中心空间的巨大蛮石墙是由未经装饰、未经加工的玄武岩岩块制成的。博物馆呈火山形，是一个高达22米的大圆锥，人们可以通过高架通道进入博物馆。博物馆被一个镀金的金属形式的建筑包围，用来吸收太阳光——同样的石材被切割并抛光，全部是手工制作，可谓精美绝伦、巧夺天工。

深入挖掘火山岩的岩脉是源自儒勒·凡尔纳的《地心游记》和但丁的《地狱》中的建筑主题。其基本理念是要在建筑现场和天然材料之间建立起一种和谐的关系，因此，为了实现这一目的，岩石成为最佳选材。

黑色玄武岩是一种喷出的火山岩，硬度高，强度大，因此很难加工。

在这种情况下，所使用的材料在视觉上诠释了整个建筑的意义——展现火山活动及地球内部力量的主题公园。

弗兰克·盖里，
美国中心石灰石装饰细部，
1988—1994年，
巴黎。

美国中心仅由一种材料制成，这是它的一个最为显著的特征。覆盖着美国中心的石灰岩岩板交错排列，每隔10厘米一错位，似乎要为整个建筑营造一种叠加的韵律感，而让观赏者迷失方向。参照点的缺失，或者说连一条完整的水平线或垂直线都没有，更衬托出旋转的视觉效果。

在美国中心的外部隐藏着一个钢构架。就其采用的建筑材料而言，美国中心保留了巴黎的建筑传统。

美国中心体现了单色块所带来的庄重感；紧凑的墙体表明建筑物本身就是一件雕塑杰作。

入口在石灰岩岩块中间突然出现，就像纯水晶的晶脉。

土坯

土坯是由未经烘焙的土制成的砖。将黏质土或带有沙子和稻草的泥土混合物晒干便得到了土坯。它被用于有石块的地方。作为一种古代广为流传的技术，土坯建造很早就被人们采用，建成了许多永久性建筑。

第一代城市群就是用这种未经烘焙的砖建成的，其中包括安纳托利亚的杰里科和恰塔霍裕克。后来，美索不达米亚建筑中的重要作品也是用土坯建造而成的。直到罗马统治之前，土坯仍在埃及地区广泛使用。到了罗马时期，流行的做法是将砖放在火炉里烘焙。直到18世纪，在英国、中东和前哥伦布时期的美国，人们才开始使用土坯；如今，它依然活跃于非洲、亚洲和拉丁美洲。土坯是西班牙卡斯提尔和莱昂等地建筑的典型特征，在墨西哥，“土坯房”是传统的家族世袭财产。由于是由干草和泥浆的混合物组成的，土坯能有效抵御恶劣天气的侵袭。

将黏质土、稻草和水放入一个简单的模子并放在阳光下晒干，便得到了土坯。为了防止砖过于干燥，有时需要在其外面包裹一层马鬃。用这种砖砌墙无须任何砂浆。所使用的未加工的泥土并不总是简单的泥浆；相反，它通常会包含其他致密的沉积土。作为一种易碎材料，土坯经不住岁月的侵蚀；雨水的冲刷就会让其销匿，因此，需要经常对其维修。土坯具有良好的保温性，在寒冷的冬季能够储备热量，在炎热的夏季又能释放能量，保持室内冬暖夏凉、空气清新。

包括著名的金字形神塔在内的乌尔建筑都是由未经烘焙的砖建造而成的，使用了含沥青的黏合剂，这样就可以抵御恶劣的天气并防止墙体状况迅速恶化。

深度解读

在美索不达米亚地区，多彩的楔形赤陶土被添加到墙体中，以使墙体更加坚固。这些赤陶土不仅增强了墙体的稳定性，而且还营造了令人愉悦的视觉效果。如今，从非洲到拉丁美洲，人们依旧使用土坯作为建筑材料，它通常要和混凝土一起使用，需严格控制其混合比例（通常20%是黏土，而剩余的80%是沙石）。

相关词条

墙。

乌尔金字形神塔，约公元前2100年，美索不达米亚。

巴姆古城，
11—12世纪，
伊朗。

在克尔曼省，在卢特沙漠边缘，矗立着一座建在岩石立面的巴姆古城，大约占地6平方千米。它由一个主要堡垒构成，这个堡垒共五层，并被三面各自独立的环形墙包围。

由于建筑材料的易碎性，诸多世纪以来，古城被重修了好几次。每次在重修时都采用相同的建筑材料和过去所使用的建造技术，以防破坏这一在建筑史和城市史上的非凡艺术珍品。在2003年12月26日伊朗爆发的大地震中，巴姆古城几乎被完全摧毁。如今，它被联合国教科文组织列入世界遗产名录。

巴姆是中世纪的一座要塞城市，几乎全部是由未经烘焙的在阳光下晒干的砖建造而成的。这些砖是由脱去稻草的黏土制成的，以防止裂缝和断裂，而且还定期添加额外的黏土层来保持必要的抗渗性。

卡尼—Kombole清真寺，
多贡村马里。

土坯建造是一种非常适合大型建筑的建筑技术。卡尼—Kombole清真寺是以破败的金字塔模块为基础建造起来的，它带有一种在整个撒哈拉沙漠地区常见的方锥形塔，这种塔最初大概起源于也门。

多贡建筑形成了自己独特的富于表现力的建筑语言，这要归功于在处理木材和黏土时所采用的柔韧和精制技术，这种技术在伊斯兰遗迹中体现了其文化价值。

未经烘焙的砖是一种易于加工的经济实用型建筑材料，在今天非洲的半沙漠化地区仍然被沿用着。

清真寺的檐部和外墙是连续增加的锥形柱的产物，这些锥形柱由被压实的泥土制成，并由内部的木质支架支承；外表面每年都被更新，颇具象征意义。泥柱增强了整个建筑的垂直性；被覆盖上泥浆的横梁在水平方向上起到连接的作用。

土坯建造技术与环境有着千丝万缕的联系，土坯是可利用的资源。

威廉·M.拉普，
圣达菲美术馆，
1917年，
美国新墨西哥州。

与当地普韦布洛人的古代建筑传统相联系，圣达菲美术馆呈现了一种新型的特别关注当地资源的现代建筑。

该建筑具有独特的美学特征，这是很多因素共同作用的结果：光滑的外墙上只有支撑梁的两端凸出墙外，柔软的边缘，在厚重的墙壁里被直接切割出来的窗户。

由于亚利桑那州和新墨西哥州半沙漠化地区很少下雨且异常炎热，土坯建筑是最为理想的建筑技术，这不仅仅是因为土坯很容易被加工而且制作土坯的材料很容易获取，还因为土坯具有很好的保温性——它可以将室内与外界隔绝，防止其受到外面高温的影响，从而保证室内持续凉爽。

砖

对未经加工的泥土进行加工便得到了砖，这体现了技术上的进步。砖是一种人造石。黏土和水的混合物通过模压而成型并变得有弹性，再将其放入窑炉烘焙，便得到了砖。高温下的烘焙增加了黏土的硬度，因而也就使砖具备了重要的属性：力学性能好、轻巧、有弹性、延展性好、抗压力强、抗老化力强、隔热性好，是抵御周围环境中湿气的“天然”屏障。

砖被广泛地应用于建筑中，比如在承重墙和幕墙中都能找到砖的身影，而在阁楼层和屋顶之类结构中，砖则常常与金属构架一起使用。砖的主要类型有固体砖、空心砖或多孔砖以及瓷砖。选择何种大小和重量的砖取决于泥瓦工的需求，这是因为泥瓦工必须能够轻松快速地将砖沿着同一条直线砌好。

很多世纪以来，由于各地的制作技术不同，无数种尺寸的砖被制造出来，但随着时间的推移，人们出于经济实用的角度考虑，将砖制成统一的标准尺寸。在罗马建筑中，砖是最经常使用的建筑材料，而在拜占庭式建筑中，则经常引起象征性而被采用。中世纪时期，在没有石材或很难对石材进行加工的地区，砖被广泛地使用。由砖制成的各种建筑体现了大胆的建筑理念：例如花之圣母大教堂的圆顶就是由自我支承的一排排砖砌成的，这些砖呈现出唯美的人字形图案。

在巴洛克时期，除了博罗米尼和瓜里尼的某些建筑作品外，在其他作品中砖都很少显露于外，这是因为砖被看作一种粗陋的建筑材料。早在20世纪，荷兰的建筑师（如伯利奇和德·克勒克等）重新发现了砖的价值：在当代建筑中，除非建筑师想赋予建筑物特殊的审美价值，否则，将砖用作装饰或建筑材料并不是很普遍。

深度解读
自古以来，作为一种建筑构件，砖一直是使用范围最广泛的人造材料。在传统技术中所使用的砖造价低，在结构上与石材具有相同的属性，在建筑中用途多且建造速度快。

相关词条
墙。

米歇尔·德·克勒克，
韦斯普附近砖砌房立视图，
1904—1905年，荷兰。

圣维达尔教堂，
始建于532年，
拉文纳。

5世纪和6世纪的拜占庭地区见证了独特的建筑法则的编纂：人们可以将酒罐作为建筑构件用在圆顶中，这种建造方法通过使用黏土管技术而得以完善，这需要在赤陶土中使用空的圆柱形构件，每个圆柱形构件都要插入到另一个构件之中。

圣维达尔教堂的圆顶因被八角天窗遮盖而若隐若现，它是由直径为14厘米、长60厘米的黏土管制成的，这些黏土管按同轴顺序排列，以减轻重量并减少对直柱的侧向负荷。

圣维达尔教堂的灵感源自按照当地传统重建的皇家拜占庭式模型。其外部构造呈现出一种与众不同的建造技术，这体现在由细砖和砂浆砌成的光滑砖墙上，体现在壁柱上，也体现在拐角的扶壁上。

为了保持教堂原来的结构，在1899—1902年，人们重新翻修了教堂的外部。

拜占庭制砖人改进了砖的色彩，通过改变黏土混合物及烘焙的时间，使砖的颜色深浅发生了变化。

玛利亚教堂，
始建于1325年，
普伦茨劳。

在东欧的一些地区，砖的使用导致了不同的建筑风格：用砖建成建筑给人以结实厚重的印象，这与哥特式建筑的目标——轻盈明快——形成了鲜明的对比。

这些教堂的结构清楚地表明宏大的哥特式大教堂渴望简朴之风。这一理念在某种程度上说是由它所采用的建筑材料传递出来的，这些材料增强了墙体表面的效果，并有摒除过于精美的装饰的倾向。普伦茨劳玛利亚教堂引人注目的立面充分表明：砖具有形式上的美感，能起到装饰的作用。

到了13世纪末，德国建筑师成功地通过砖结构表达了哥特式建筑的风韵，这导致了一种新型哥特式建筑风格的诞生，即艺术历史学家所熟知的“砖砌哥特式风格”。

弗朗西斯科·博罗米尼，
圣安德肋堂灯塔和钟楼细部，
1653—1665年，
罗马。

在巴洛克时期，由于砖被看作一种粗陋的建筑材料，因此很少暴露于建筑物的表面。然而，博罗米尼发挥了砖的艺术天赋，从而不仅在结构上，而且在审美上极大限度地提升了砖的潜能。

在他接受的教育中，博罗米尼注意到伦巴第族人的传统，他将顶塔引入到罗马的建筑背景之中，将圆顶隐藏于建筑物主体之内，这种复合线性轮廓是典型的博罗米尼风格。

圣安德肋堂未完成的鼓座体现了砖在结构上的功能：具有很好的抗压缩性和轻便性。

博罗米尼设计的新颖独特且颇具革命性的外部结构违背了传统罗马圆顶的风格；塔楼创造了城市的新焦点——塔楼的外观随观赏者观看角度的不同而发生变化。

弗里茨·赫格尔，
智利大厦，
1920—1923年，
汉堡。

绰号为“船首”的建筑被设计成用来储存从智利进口的货物的仓库。

在19世纪早期，砖被暴露于建筑物的立面，人们对这种建筑形式进行了重新评价。智利大厦的外部被深红色的熔块装饰，将砖在足够高的高温中进行烘焙，直至它们达到透明的程度，便得到了熔块这种十分适合做外部装饰材料的砖型。这种处理方法使砖的表面呈现出像玻璃一样透明的外观，也使这种材料能很好地抵御机械应力。

除了让人们联想起船的形状外，智利大厦的灵感源自东德教堂的砖制建筑。

汉斯·柯尔霍夫，
戴姆勒—克莱斯勒公司，
1994—1999年，
柏林。

由于使用了熔块，该建筑物的表面呈现出深红色，壁柱、檐口以及按一定规律排列的比例适中的窗户构成了其表面特色。柯尔霍夫挖掘出熔块作为一种特殊建筑材料所有既珍贵又持久的潜质。

该建筑不仅显示出古代建筑手法，而且也证实了建筑产物是现代方法和传统方法及材料杂交的结果。

该建筑通过一系列台阶向上延展，与其身后较矮的建筑就体量方面进行对话。全景露台坐落于88米高的高层。

所使用的材料、阶梯式的立方体小房间以及立面的细部让人回想起20世纪30年代至40年代间的北美建筑。柯尔霍夫促进了向大型建筑的回归，这些大型建筑的建筑风格与如今占统治地位的偏好透明玻璃的建筑风格形成了鲜明的对比。他发现了欧洲城市稳定的本质，作为回应，他精心选择材料，创造出栩栩如生的形式，将自己设计的建筑牢牢地固定在地面之上。

之前，熔块常被用作装饰材料，柯尔霍夫改变了这一传统，他用熔块制成了分层的墙壁，就像在历史上西方建筑曾使用砖墙一样典型。

马里奥·波塔，
现代艺术博物馆，
1991—1995年，
旧金山。

旧金山现代艺术博物馆的不朽体量由砖包裹。它威严耸立，傲视群芳，使得周围建筑都相形见绌。

波塔解释道："砖是我所使用的工具之一；它的低劣令我着迷——它实际上就是烘焙出来的土。它是一个预制的构件，就用途而言非常灵活，同时又是最经济实惠的；它是一种重要的材料，也许也正是由于这个原因，它非常具有表现力……在我的作品中，我将尽可能地发挥那些看似无趣的材料的优点，淋漓尽致地表现它们。另外，就持久性而言，砖是能经得住时间考验的材料之一；事实上，随着时间的推移，它将变得更加完美。"

现代艺术博物馆又一次回归到纪念碑性质的建筑风格——这种特征完全与现代建筑绝缘——通过建筑和功能上的应急措施而得以实现。它是一座具有简单密封体量的建筑，通过中央的巨大天窗及墙间的裂缝而获得光照。波塔的作品是这样一个建筑，它既可以被理解为一种艺术，将自然、文化和一个地域的历史和谐地融为一体，又可以被理解为是对历史经验和人类抱负的具体证明。砖是诠释个人艺术见地的材料，也是波塔所喜欢的建筑构件，因为它能赋予建筑诸多品质，如灵活性、坚固性和表现性等。

在波塔的建筑理论中反复出现的主题在这座博物馆中都一览无余，其中引人注目的是“墙”、“开口处”及“光线”。在这个博物馆有机体中，自然光被看作一种建筑材料，其地位与装饰整个建筑的砖和花岗岩一样重要。

为了满足旧金山严格的抗震防火标准，经典的砖表面被叠加在预制的混凝土镶板上——这样就保护了构成建筑物支承结构的钢构架。

太阳神庙，
1026年，
Modhera。

太阳神庙是古吉拉特建筑的杰作，位于Modhera，是献给太阳神的礼物，由两个独立的矗立于高高平台上的结构构成。

最为壮观的建筑是“罗摩康德”，神庙前壮丽的矩形水槽，它带有装饰性的台阶，四面供神用的小型建筑以及拐角处“锡克哈拉”的微小模型给台阶注入了生气。在春、秋分时节，升起的太阳将万丈光芒洒向水面，璀璨的光束拾阶而上，最后穿越“陀兰那”，即进入“萨博哈曼达帕”的凯旋拱，时至今日，其壮观的支柱依然清晰可见。阳光透过带有圆柱的房间照射到内殿，照亮了苏利耶的雕像；色彩缤纷的阳光将水域和神庙转变为超凡脱俗的景致。

这一令人叹服的建筑是由砖建造而成的，其外形轮廓充分体现出砖这种材料的表现力和外观属性，创造出精致的装饰性几何设计。

混凝土

混凝土是一种被广泛地应用于建筑和土木工程中的合成物。将石灰和混凝土之类的水凝黏合剂与沙子、砂砾、碎砖块、添加剂之类的惰性物质混合在一起，便得到了混凝土（如果需要，还可以添加其他的添加物和水）。人们可以将这种混合物浇灌在建筑模板上。由于水合作用，黏合剂会变硬，这样就使整个混合物像石头一样经久耐用。

尽管混凝土这一术语通常会让人们联想起现代建筑材料，但事实上，它却包含了在古代既已被人们广泛使用的混合材料。混凝土之间的差异源自所用黏合剂的种类及惰性物质粒子的大小范围——这一理念在古代的混凝土产品中几乎是缺失的。

所采用的材料的构成以及在罗马时期使用混凝土的方法被维特鲁威详细地记录在他的《建筑学》一书中。罗马城墙的建造技术（即所谓的“罗马的混凝土”）包括在砖和石头中制造平滑表面，起到一次性模具的作用；在这样的模具中装满大小为30—35毫米的石头和砖的碎块后，再注满砂浆。用一个铁槌将混合物捣碎并搅拌均匀。黏合剂仅由石灰或石灰和火山灰的混合物构成。硬化的过程与空气的渗透量密切相关。石头和砖这层屏障越是致密和可不穿越，渗入的空气也就越少。

人们大约是在1750年才发现水硬性石灰，这加速了硬化的过程，最后，在1924年，波特兰水泥专利诞生。由于混凝土为人们提供了创造任何形状的人造石的机会，因此它在很久以前就已经享有盛誉。

深度解读
罗马人广泛地将混凝土用于地基和墙的建造中。至少是在开始的时候，混凝土是可用于修建拱状结构的唯一材料。今天，制造混凝土的方法多种多样，其中包括将熔块磨碎的方法。

相关词条
墙。

马克森提乌斯会堂，
约308年，
罗马。

钢筋混凝土

在混凝土中嵌入钢网或钢条便得到了钢筋混凝土，它能够承受拉应力，而纯粹的混凝土对拉应力的抵御力则要小得多。钢筋混凝土最主要的特征是对由大气、化学制剂及自然磨损所引起的崩解产生强烈的力阻。

与钢筋混凝土相关的材料是预应力混凝土，它的属性取决于钢索产生的初始压力的状况。钢索被固定在构件的一端，在铸造混凝土的前后需要拉伸或张紧钢索。

钢筋混凝土的使用将建筑物的承重结构转变为一个连续而灵活的空间体系，这种空间体系是由自由组合的支承构件构成的，其组合的自由程度在以前是闻所未闻的。现代主义运动中出现的新创作使得材料也日臻完善，在建筑上对钢筋混凝土的使用被正式地融入建筑设计的过程之中。钢筋混凝土和预应力混凝土促使人们设计出更多的遵循力线动态组合规律的塑料结构。

皮埃尔·路易吉·奈尔维的作品很好地证明了计算和空间意象的复杂性。奈尔维发明了被称为钢骨水泥的建筑材料，其中起加强作用的成分是各种各样重叠的金属网层。金属网被旋转或埋藏于混凝土中，这样就可以制造出轻巧、坚固、弹性好的建筑构件，将这种建筑构件应用于膜状和壳状结构的建筑中是最适合不过的了，因为基于其自身特点，膜状和壳状结构的建筑不需要模板。

深度解读
许多混凝土是技术发展的产物；那些为了特定的建筑需求而被制造出来的混凝土具有特殊重要的地位。这其中最为重要的是图案压印混凝土(PIC)，它主要被用于嵌板、面饰面板及其他类似的应用。

相关词条
墙。

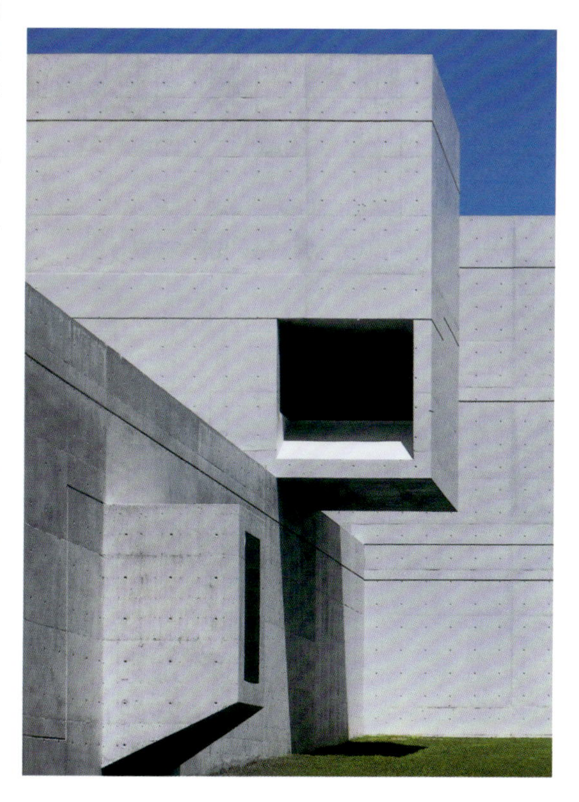

伊格纳希奥·维森斯和何塞·安东尼奥·拉莫斯，
纳瓦拉大学新闻系多孔混凝土覆层细部，
1996年，潘普洛纳。

马克斯·伯格，
百年厅内部构造，
1913年，
布雷斯劳。

百年厅是专为1913年布雷斯劳的百年纪念展建造的，伯格应对了创造一个大型遮盖空间的挑战。在广阔的大厅内，钢筋混凝土制成的圆顶支出于外部的同心环梁和一个由32根放射型肋架构成的复杂结构，四个巨大的平坦拱将其稳稳支承。具有同心环的窗户在外部将这种巨大的结构包围，叠置的新古典主义构件将这种动态感十足的结构隐藏起来。

百年厅被誉为在从历史主义和表现主义建筑风格向新理性主义和新功能主义建筑风格转变的过程中最为关键的作品之一。由于伯格深信新材料和新技术在建筑中的价值，因此，他故意选择用混凝土来建造百年厅，这是因为："尽管时不待人，历史终将成为过去，但混凝土将让后人见证我们时代的文化 。"

百年厅的体量有30万立方米，直径65米，高42米，能容纳2万人。该大型建筑是世界上第一个用钢筋混凝土建造而成的。

展露于外的钢筋混凝土预示了某种特定的美学趋势，这种美学趋势在第二次世界大战期间尤为普遍。

弗朗索瓦·埃纳比克，
复兴大桥（Ponte del Risorgimento），
1908—1911年，罗马。

大桥建于1911年，用以连接台伯河两岸地区，这些地区是国际艺术展览总部所在地，第五十届意大利统一纪念日就在这里举行庆祝仪式。

大桥由波特兰混凝土制成，之所以这样命名是因为其强度似乎与波特兰岛上开采出来的石灰岩类似。这是对现代水凝水泥的第一次也是最为广泛的一次应用，水凝水泥很快便被应用于大型建筑工程的建造之中。

在建造大桥时，使用了所谓的钢筋混凝土专利系统，该系统通过将某种混凝土厚板与均衡分布的钢条混合，增强了大桥的坚固度。

大桥长159米，宽20米，是设计大胆、理念先进、造型规范的杰作。该桥是罗马第一座用钢筋混凝土和在当时非常大胆的技术方法建成的大桥，它有一个单一的跨度为100米的平坦拱，拱部的厚度大大缩减，因此呈现出纤细、优美的轮廓。

弗兰克·劳埃德·赖特，
埃尼斯住宅，
1923—1924年，
洛杉矶。

赖特在设计这座住宅时使用了纺织块建设系统，即采用了由几何图案装饰的混凝土块，这些混凝土块与类似于织物经纱的钢节点连接。

尽管表面饰满了“约定俗成的”装饰图案，但纺织块建设系统却非常经济实用，因为它充分利用了现代科技资源。

那些年赖特在加利福尼亚设计的埃尼斯住宅以及其他纺织块建设系统使他有机会检验就地灌注装饰性混凝土构件的工序问题。这迅速有效地将制作过程直接转移到工地来完成，从而创造出五花八门的装饰图案，可谓一步一景。

这样，赖特提出了当地气候应与当地典型材料相协调的建筑理念：纺织块具有几何抽象性的装饰图案，表现了自然形态的本质，使建筑作品符合“材料的性质”。

奥古斯特·贝瑞，
圣约瑟夫教堂带圆顶尖塔
的内部构造，
1954年，
勒阿弗尔。

钢筋混凝土是通过向木质模板中灌注混凝土制成的。与某些木质结构相比，它促进了以研究支承构件与其所支承的结构之间的关系为重点的建筑系统的发展。

这种技术既加速了支承结构的创造，又将它分解为支柱、横梁和桁架等独立构件，使其不再受建筑物平面布局的限制。

贝瑞的作品表明了他的双重身份：他既是一名建筑师，又是一家建筑承包公司的股东之一。他的建筑作品虽遵循古典主义形式和谐的建筑理念，但他却添加了最新、最经济的建筑方法，最重要的就是钢筋混凝土的使用。

在圣约瑟夫教堂，引人注目的预制钢筋混凝土嵌板构架既起到了美化的作用，也起到了功能上的作用；光线从设计大胆的圆顶尖塔泻入教堂内部，圆顶尖塔取代了幕墙结构，是常见的开口方法。

勒·柯布西耶，
马赛公寓屋顶细部，
1947—1952年，
马赛。

在过去，钢筋混凝土结构或是被隐藏起来，或是被其他更贵重的材料遮盖起来，抑或是伪装于石膏下，可是自20世纪50年代以来，人们开始欣赏钢筋混凝土这种材料的美感，将它暴露于外——体现了当时的写实风格。

在建筑物的屋顶之上矗立着高高的大体量的烟囱和各种为社区生活服务的结构，这些都由钢筋混凝土制成的独立支柱支承着。

马赛公寓既体现了勒·柯布西耶城市建筑新方法的理论，同时又从根本上体现了城市设计中由现代主义运动掀起的建筑革命。

马赛公寓长140米，宽24米，高约60米，拥有23层设计独特的生活空间，可谓结构恢宏。

在所有的钢筋混凝土中，只有遮阳板异彩纷呈——被漆成红、蓝、绿、黄各种颜色。

丹下健三，
山梨新闻广播中心，
1961—1966年，
甲府。

丹下健三是勒·柯布西耶的学生，他设计了一个由各个部分统一在一起而形成的建筑，设有广播电视中心、新闻社和电信公司。他将山梨新闻广播中心设计成目前的结构体系是考虑到未来扩建的方便：技术部门和电梯都位于16座外部塔楼里，因此，只要在塔楼间加入新的楼层就可以扩大整个建筑的规模。

16座塔楼是主要的结构支座，其上方承载着各楼层。如整个结构的其他部分一样，它们也是由暴露在外的混凝土制成的，没有中间的结构支承，而且从绿化工程的角度来说完全是自给自足的。行政办公楼为钢结构，各层办公室全部凸出于两侧的中央支承架。

“暴露的混凝土”这一短语是指表面不涂石膏或镀层的建筑表面。被暴露于外的混凝土是许多现代和当代建筑师作品的主要特色：从勒·柯布西耶到丹下健三，再到所谓的粗犷派风格的建筑师，无一例外。光秃赤裸的混凝土提升了介质的表现潜力。

安藤忠雄，
4×4住宅，
2001年，
神户。

4×4住宅的名字源自其建筑面积及垂直延展部分：它的建筑面积是16平方米（4米×4米），为4层楼高。正方体结构顶层的位错，脱离中心，并移至下面的3层楼之外，这不仅在形式上解决了宽度的问题，而且还赋予整个建筑以动态美感。

4×4住宅全部是由钢筋混凝土在现场灌注而成的。1995年，可怕的大地震摧毁了沿岸地带，而4×4住宅就像是伫立于一片荒凉间的一名庇护者。

安藤的建筑的显著体征是复杂的三维轮廓，无论是在内部还是在外部，它们两两相交；巨大的几何形状及将它们分隔的空间形成了三维轮廓的结构。

4×4住宅俯瞰大海，硕大的玻璃表面与裸露着混凝土的区域形成鲜明对比。人们可以清晰地看到造型线被留在混凝土中，这是典型的日式做法：唤起对物质现实的注意。

在当代建筑中，尽管依然有造型线存在的痕迹，但混凝土这种材料仍然会在形式上和审美上产生意想不到的效果。混凝土看起来一点也不厚重、沉闷，恰恰相反，它代表了固体间的平衡：敞开的空间有使结构丧失其物质实体的效果。

铁及金属合金

创新性建筑材料和技术的完善（比如在18世纪晚期到19世纪初期英国铁合金和钢合金的工业化生产）使工程师、建筑师能够体验延展性强的新形式。

根据铁的主要类型，铁的发展史可以分为三个时期：生铁、熟铁和钢。在英国，生铁是作为功能性建筑构件而被研发出来的，起初，它被用于工业建筑，以减少支承构件所占用的空间。到了19世纪中期，它被延展性强的（或退火）生铁代替——起初主要对桁架结构起补充作用，后来作为一种独立的材料被用于整个建筑中。建筑构造依赖于新材料的使用，比如温室、展览馆、大型商业中心等，它们提升了金属结构的延展性并建造了广阔的玻璃表面来替代传统墙面。

钢的时代始于1850年之后；在此之前，由于成本高且受生产方法所限，钢仅被用于小物件的制作。在19世纪晚期和20世纪初期，新形式新风格的钢成为理想的实验材料。由于钢产量的增加及其技术的完善，钢被广泛使用，影响了整个建筑行业——它与钢筋混凝土一起，成为那个时代的基本材料。

金属合金具有很好的抗张力及抗压缩的性能，而且它们的可塑性非常好。由于有了金属合金，人们便可以在车间里制造并预先装配建筑构件。金属合金还具备其他优势，比如建造速度快、强度重量比高、计算简单、制作精密度高、易于连接等。另一方面，合金在设计上对精密度的要求极高，不耐火且易受腐蚀，易传播噪声和振动。

人们用气动锤、螺栓或电焊将加热的铆钉铆进合金中，以起到连接合金的各个组成部分的作用。如今，人们经常用钢筋混凝土之类的材料来点缀钢材，这种做法在建筑中广为流传。最常使用的钢材类型包括：高强度钢，由于在这种钢型中碳所占的比例高，因此更容易碎；除此之外，还有抗腐蚀特别强的不锈钢；以及预应力钢，这种钢型是用来制作预应力钢筋混凝土缆绳的。

深度解读
尽管像铜和铁这样的金属很早就被用在建筑物中，但在18世纪以前，它们通常只起到补充的作用。对它们的系统应用可以追溯到19世纪，那时，工程师和建筑师开始意识到它们对建筑的积极影响，尤其是有利于解决静力和惯性力的卸载等问题。

相关词条
墙。

德西默斯·伯顿，
邱园温带植物温室内部构造，
1859—1899年，伦敦。

亚伯拉罕·达比，
塞汶河上的柯尔布鲁德尔大桥，
1776—1779年，英国。

18世纪末金属合金的发现导致了建造大型基建工程的热潮。完全由生铁制成的柯尔布鲁德尔大桥是桥家族的鼻祖，它使整体景观及交通方式都产生了根本性的变化，并通过土木工程向人们展示了大桥可以实现的复杂程度。

许多抗牵引力强、抗压缩性好的建筑构件及实现了区域大跨越的连接构件共同构成了这种结构的基础。被称为空腹桁架的持续的网状抛物线形桁架结构是通过固定连接物组合在一起的，没有对角撑构。

充分利用中心的拱结构标新立异。它们是由铁片构成的，这些铁片像那些木质结构一样，被制成各种各样的形状。金属拱和铁路路基由水平方向上的铁制环相连。

亨利·拉布鲁斯特，
法国国家图书馆阅览室里
的生铁柱，
1858—1868年，
巴黎。

这一非凡的屋顶——9个小蛋壳形状的圆顶被16根10米高的细长圆柱支承——标志着工程与建筑之间的早期结合，这种结合表明了金属结构的美学价值。

在国家图书馆的阅览室，拉布鲁斯特创造了实用而非传统的形式，其晚期哥特式传统促进了创新性材料的使用：柱子、拱券以及有孔的楼板都是由生铁制成的。

在这一时期，作为建筑师、建筑修护者及中世纪学者的维欧勒·勒·杜克推测了哥特建筑的骨架结构与工程师们开始使用的金属框架和钢筋混凝土之间的联系。用创新性材料和技术建造哥特式建筑这一理念在由拉布鲁斯特设计的阅览室里得以恰当的体现。

古斯塔夫·埃菲尔，
埃菲尔铁塔金属构架细部，
1899年，巴黎。

法国工程师埃菲尔为1889年的巴黎世界博览会设计了象征现代特征的埃菲尔铁塔，该塔的铁构架让人一目了然，证实了新材料的表现潜力。

埃菲尔铁塔优美典雅、朴实无华的外形轮廓令人难以忘怀。钢铁构架摒弃了传统的修饰性设计，促进了建筑物高度的急剧增加。

包括广播天线在内的埃菲尔铁塔高304米，耗费了7300吨熟铁，铆接梁组成的网状结构内有热装铆钉，这些铆钉冷却时会收缩。选用铁这种材料的好处在于其重量轻、风阻小且强度大、伸缩性好。

由于埃菲尔铁塔的金属构架易受腐蚀，因此每隔7年就要为埃菲尔铁塔刷上50吨的深棕色漆。受周围温度的影响，埃菲尔铁塔的高度可在几厘米的范围内变化，这是金属膨胀的结果；在有风的天气里，由于金属具有伸缩性，塔高的最高浮动范围达12厘米。

汉德瑞克·彼图斯·伯拉吉，
商品交易所铁构架细部，
1898—1903年，
阿姆斯特丹。

阿姆斯特丹证券交易所的中央拱顶是由延展性好或柔韧性好的钢铁制成的，这种材料最初被用作建筑物（主要是桁架结构）的补充材料。

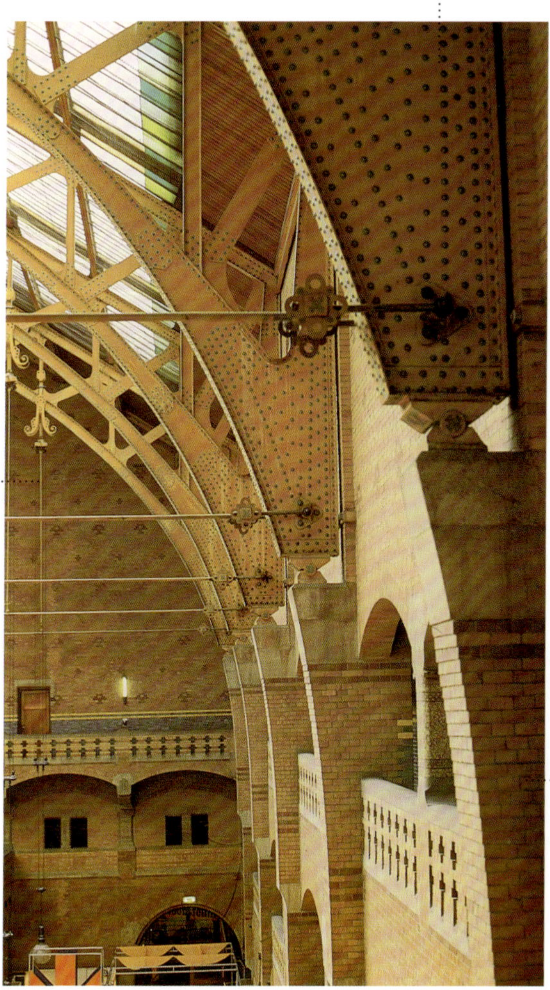

大厅采用新罗马式建筑风格，是现代商业主义的象征。

光秃秃的砖墙限定了房屋的边界。大厅在某种程度上来说是对罗马长方形柱廊大厅式教堂模型的批判式重新解读，它呈现了被铁制桁架结构覆盖的大型城市广场，这些桁架结构支承着玻璃和熟铁制成的屋顶。

威廉·凡·阿伦，
克莱斯勒大厦尖塔，
1930年，
纽约。

体现装饰派艺术风格的克莱斯勒大厦于1930年竣工，它是纽约市最著名的地标性建筑之一，高达319米，共77层。

克莱斯勒大厦的独特性在于该结构的顶部：著名的呈阶梯状排布的冠顶以及相互重叠的半圆形轮廓上饰有三角形窗户和螺旋结构，显而易见，这些螺旋结构向外凸出，与纽约的空中轮廓线形成鲜明对比。

56米高的冠顶被不锈钢覆盖，将铬镍合金与光泽度超凡的钢组合在一起，随着光照角度的变化，产生了壮观的反射效果，而且几乎不需维修。自大厦建成以来，冠顶只被维修过一次：在1995年，对立面进行大规模的清洗时也对冠顶进行了清洗。

克莱斯勒大厦是汽车时代的写照。凡·阿伦使用建筑细部来指代轮胎、保险杠、发动机罩装饰物及毂盖的形状。

克莱斯勒大厦装饰结构的灵感也源自墨丘利插有双翅的帽子，在接近顶部的地方是巨大的不锈钢制成的美国雄鹰形滴水嘴，体现了整个建筑的力量。

伦佐·皮亚诺和理查德·罗杰斯，
蓬皮杜艺术中心建筑物细部，
1971—1978年，
巴黎。

蓬皮杜艺术中心（也称波堡）的建筑师们创造了一个杰作，它既象征着被应用于建筑构件的技术实验，也象征着将建筑物建造成机器的诗意构想。

这一手工艺制品是一点点建造起来的。钢和生铁制成的承重结构的构件是按特定要求手工制成的，且每一个构件都是独一无二的。单铸格柏梁支承着主要结构，非常坚固，横贯50米而无须中间支点。

高科技建筑在外观上就像是一个实体工厂。每一个颜色代表一种功能：承重结构和进气管是白色的；平台和电梯井是红色的；空调系统是蓝色的；电力系统是黄色的；供水系统是绿色的。

与奥帕·艾拉普合作设计的蓬皮杜艺术中心是一个钢和玻璃制成的平行六面体，大约长140米，宽50米，高50米。这种结构体系在每一层都留有敞开的空间，没有内部承重墙或隔墙，需要时可随意改变空间构造。

蓬皮杜艺术中心的支承结构是由管线和网状钢梁构成的，被称为“盖贝尔”的特殊接头将这些管线和钢梁连接到正立面。

法兰克·盖瑞，
沃尔特·迪斯尼音乐厅，
1989—2003年，洛杉矶。

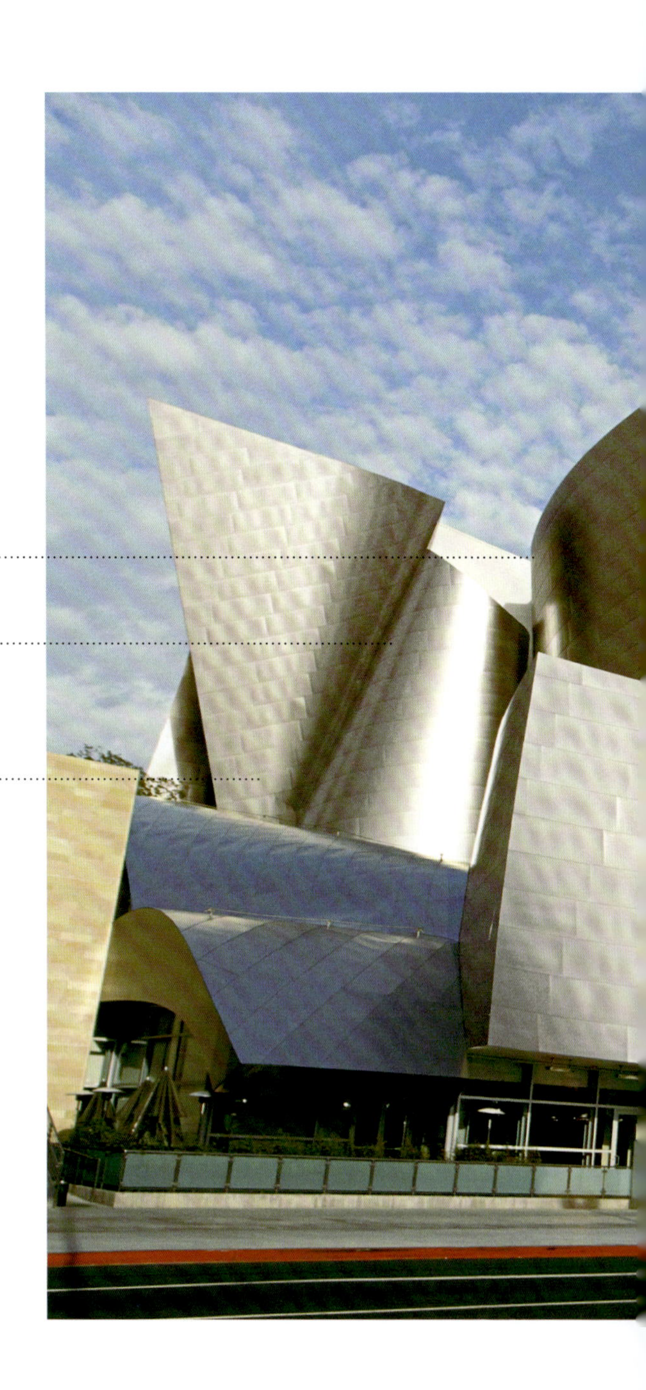

沃尔特·迪斯尼音乐厅是成熟的建筑表现，是对以可塑体和雕塑体为导向的建筑形式的深入研究，在此，它所采用的表现手法与拼贴作品中的表现手法有异曲同工之妙：它是一座由不锈钢和石灰石块制成的弧线形建筑。

不锈钢制成的装饰性外壳反射着变化的光线。

乍一看，盖瑞设计的被他比作“翼之翼”的优雅钢板就像是一艘巨大的帆船。

丹尼尔·李博斯金，
犹太博物馆覆层平面图及细部，
1989—1998年，柏林。

博物馆的布局掩饰了一个包括扭曲的大卫之星在内的复杂的象征体系，六角的大卫之星被解构成满是断裂和扭曲线条的不规则形状。它就像一道巨大的闪电，闪闪发光的银色覆层加强了无理性的锯齿形线条。

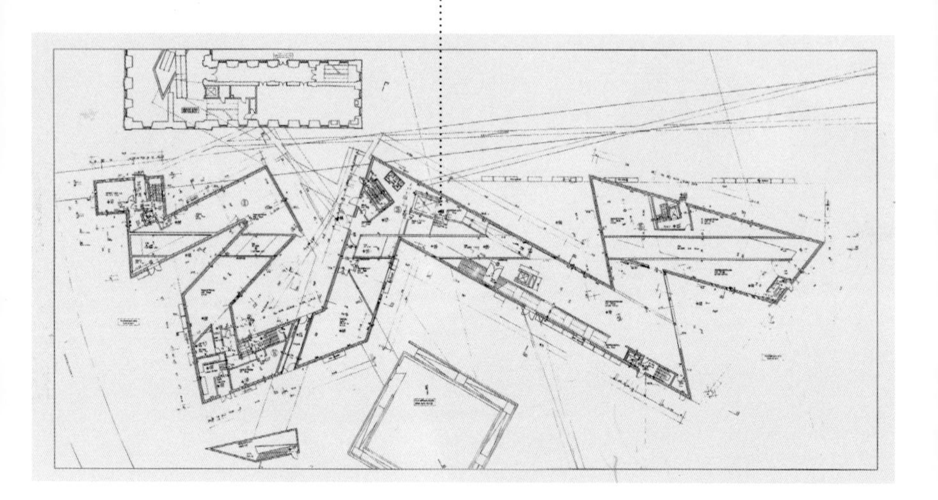

覆盖整个建筑的金属层是由一种伸缩性极好的锌铜钛合金制成的，这种合金是莱茵辛克公司生产的专利产品。这种材料能够很好地抵御大气因素的侵袭。事实上，它是在裸露的外表面形成了起保护作用的氧化膜，这样就不需要经常维修并保证经久耐用。“莱茵辛克”牌合金是灰色锌，它的美学价值在于随着时间的推移，它的颜色也会发生变化。

12500平方米的立面被垂直板装饰，垂直板上带有位于通风支承物上的倾斜切口。无数斜线构造需要采用特殊的处理方法，尤其是防水板的有效排水。

犹太博物馆的设计源自分形几何学的理论假设，该假设认为，宇宙自身的形状不能被简化为欧几里得几何的几种主要形状。犹太博物馆呈现了非直线动态，这是暴力和反抗相遇的结果，暴力与反抗既体现在材料内部，也体现在外部的气候作用力和生态力中。

扭曲的雕塑般的结构全部被模块化锌板装饰，除了覆盖层金属表面上的切口和裂缝外，看不见任何入口或与外界交流的渠道。无数大小各异的裂缝系列增强了变化和挑衅效果。

赫尔佐格和德梅隆，
国家体育场工地景观，
2004—2008年，
北京。

被誉为“鸟巢”的北京国家体育场是一片钢树的森林：其外部构架是由网状大梁、横梁及臂杆构成的，这些构件相互交织并彼此支承，构成了立面以及巨大屋顶的支承结构。

赫尔佐格和德梅隆所在的建筑公司关注建筑材料及创新性的建筑方法，将此项目看作一个在设计期间及工地现场进行实验和研究的机会。

为了迎接2008年北京奥运会而建造的国家体育场，其可伸缩的屋顶是整个建筑不可或缺的一部分，是一个允许光线向外反射的透明外壳。

尽管看似偶然，可事实上，“树枝”的排布和方向都经过了精准的结构计算。

宏伟而轻盈的建筑让人联想起鸟巢。在建成的建筑中，树枝交错，形成了空旷的空间，其外部覆盖有乙烯-四氟乙烯板，是一个半透明的防水含氟聚合物；其内部是吸音材料。

玻璃

玻璃是一种高度透明的产品，主要由硅酸盐制成。将硅酸盐与氧化物及其他物质混合，以增强玻璃的颜色或不透明性，然后将混合物置于高温中煅烧使其熔化。在这道工序中，玻璃具有黏稠度，可以被塑造成任何一种所需的形状，等冷却以后，便定型了。

由于玻璃的伸缩性很差，因此特别易碎。然而，它却具有优良的透明度和良好的抗性，能抵御化学物质及大气因素的侵袭，也能够耐高温。它具有很低的导热性和导电性。由于这些属性，再加上玻璃重量轻、抗渗性好、容易清洗、可塑性强，因此，自公元前3000年起，玻璃就一直备受欢迎。

自12世纪起，玻璃就被应用于建筑中，值得一提的是哥特式大教堂里的彩色玻璃窗。在接下来的两个世纪里，玻璃得以适当的发展。在建筑中第一次大规模使用玻璃的例子是19世纪带有金属结构的亭及芝加哥学派的摩天大楼。这标志着人们首次使用用以支承轻质幕构件的结构框架，创造了几乎全部是由玻璃构成的墙壁。人们发明的玻璃板的规格越来越大，且具备显著的物理、机械属性，这在某种程度上促进了现代建筑基本技术的演变，比如幕墙和结构性立面。

某些种类的玻璃具有特殊重要的作用。这些玻璃包括反射玻璃或拱肩玻璃，其属性归因于在其外表面氧化物的使用和其内部的金属网状物，这样就产生了一个视觉屏障，使人们看不见内部构造。所谓的选择玻璃起同样的作用，只不过它还带有特殊的颜色。

如今，玻璃经常起结构上的作用，例如，在混凝土框架的玻璃板和U形玻璃中（结构性有色玻璃，被生产成带有U形横截面的条状，强度高，不需要支撑构架）。应用范围最为广泛的是结构性硅玻璃，这种玻璃的抵抗性强，能起到固定和装饰的作用。另一种工艺是使用管线、外部钢缆或金属夹具，玻璃板几乎是悬在上面；在这种情况下，就构成了悬立面。

术语来源
尽管玻璃在罗马和中世纪时期就已经被用作窗户，但只有在19世纪早期，玻璃才开始被用作建筑材料。

相关词条
墙。

赫尔佐格和德梅隆，
图书馆固定玻璃立面的结构细部，
2004年，科特布斯。

约瑟夫·帕格斯通，
水晶宫平版画，
1851年（毁于20世纪30年代），
伦敦。

经过1850年的激烈角逐，水晶宫——1851年伟大的伦敦展览的核心之作——被建成，它开创了一种新的建筑类型学。它于1854年被拆卸并重建，在20世纪30年代被彻底焚毁。

水晶宫长600米，是最早也是最重要的采用了现代预制系统的建筑结构。在20世纪的建筑中，人们进一步研究了实现潜在的无限空间的可能性及将表面简化为透明隔板结构的可能性。

水晶宫的建造需要1309个边长为7.3米的正方形单元，总表面积达84000平方米；各个展览空间的区划遵循这种模块化的设计。钢铁支承物的使用彻底摒弃了支承墙体的使用，因此，几乎全部外围及令人惊叹的筒形拱都可以被制成玻璃结构。这种结构体系有利于水晶宫后来的重建，甚至是水晶宫的扩建。

水晶宫的特征非常适合展览空间，其使用了预制构件，这些构件是由带玻璃表面的熟铁和生铁制成的——容易收集且可重复使用。各种技术细节，比如在设计支持系统时就注意到了雨水的径流问题，这有助于成功地将这些新的建筑方法付诸实施。

布鲁诺·陶特，
玻璃房（玻璃馆），
1914年，已被毁，
科隆。

圆顶是一个巨大的由大玻璃窗构成的水晶体，钢筋混凝土制成的细肋将这些大玻璃窗连接在一起。内表面与小玻璃瓦板（斯费尔棱镜）交织在一起，被焊接于完好的网格框架中，从外面根本看不见里面的构造，无影的光线四处弥漫。

颜色绝不是玻璃馆空间定义的第二要素。玻璃馆色彩缤纷、五光十色，上演了一首色彩的交响乐：圆顶下半部分是夜蓝色，往上是苔绿色，再往上是金黄色，最顶端呈放射性的浅黄色。

保罗·希尔巴特在他的技术文章和设计图中倡导建筑玻璃（玻璃建筑），受其影响，陶特创作了许多由钢铁和玻璃制成的结构，该玻璃馆便是其中之一，它是为1914年科隆德国制造联盟博览会而设计的。

玻璃馆钢筋混凝土和玻璃建筑中的先锋之作。玻璃馆底部是一个圆形混凝土基部，下部呈钟形延展开来，被巨大的有色玻璃层装饰。它由多边形（十四边形）的鼓座构成，钢筋混凝土制成的细柱支承着哥特式风格的椭圆顶。

玻璃钢筋混凝土墙间的玻璃楼梯引领参观者到达万花筒般的圆顶，增强了空间感，赋予空间以一致性和方向性。从陶特开始，玻璃建筑成为前卫建筑的重要象征。

菲利普·约翰逊，
玻璃住宅，
1949年，
新迦南。

从前，作为建筑师私人宅邸的玻璃住宅仅是一个位于砖制基部之上的玻璃建筑，矗立于山顶之上，优美山景尽收眼底。地面是由深棕色的人字形砖块砌成的。

玻璃住宅的有限空间是剔除了结构体系的结果；约翰逊将屋顶平面终结于四个角柱，使住宅成为一个封闭的盒子，里面却满是精彩的细部。为了增强效果，他将玻璃墙边缘的支承结构染成了黑色。

在167平方米的玻璃盒子内，约翰逊布置了家居装饰物、配件及艺术品，将敞开的空间分割成井然有序的多功能区。

细细的钢架将玻璃板固定于房屋四边，这些玻璃板使整个房间绝对透明，这与浴室的圆柱形砖石结构形成鲜明对比。

完全用玻璃制成的墙壁使人担心材料、建筑和形式的问题，也引发了对此种结构的诸多质疑：如它的致命弱点、隐私权的完全丧失等。

在某种程度上说，玻璃住宅的创新性设计源自这样的事实：尽管是以现代运动的建筑为基础，玻璃住宅在本质上却是古典主义风格：一个对称性空间，明亮而整洁。

艾米利奥·安巴斯，
帕多瓦植物园，
1987年，
圣安东尼奥市。

温室是由各种圆形建筑构成的，与周围风景部分融合，其上矗立着壮观的圆柱形或金字塔形玻璃结构。内部空间充满了阳光，呈现出金字塔形和半球形的形状，可栽培各种植物。

安巴斯的建筑克服了环境与景观的对立。在这儿，人类赋予技术维系生命的作用，将其加入各构件的循环之中。因此，水晶金字塔的原型形象，即圆锥结构从岩石或地面一跃而起，跳入人们的眼帘；树木、水、泥土被用作结构和建筑上的生物材料。

屋顶玻璃板与网状细金属肋架相连，是铰链连接的，因此可以被打开。玻璃板的布局是根据对阳光入射角度的分析而精心设计的。

露西尔·霍塞尔温室是一组建在土地上带有不规则表面的花房。其位置独特，因为玻璃花房一般用于气候寒冷的地区以利用太阳光。

尼古拉斯·格雷姆，
滑铁卢站国际候机楼，
1993年，
伦敦。

滑铁卢站的诞生是以英吉利海峡海底隧道为开端的新铁路时代的一座丰碑。其屋顶设计是整个建筑的焦点，既在技术方面产生了深远影响，也造成了强烈的视觉冲击：细细的曲面结构上是一个巨大的440米长、35—50米宽的覆盖层。

桁架结构间的窗结构是完全可以调节的，人们用特殊的不锈钢密封垫将其固定住。根据风洞试验设计的屋顶形状是为了让建筑能承受很大程度的损害而不倒塌。

屋顶完全被玻璃结构覆盖，外部有支承结构，因此，在某种程度上来说就像是一扇观景窗，呈现出高速驶入、驶出威斯敏斯特和泰晤士河的高速火车。该结构是由36个非对称性成对桁架结构构成的，它们按照朝向西的3个圆心拱的几何形状建造而成，为轨道腾出空间；这些桁架结构按偏离中心的位置排列，而平台上方的桁架结构则构成了比较大的角。

由于屋顶跑道是弯曲的，因此它由被切割成不同形状的玻璃板构成，每张玻璃板都由框架结构支承。这样排布是为了彼此重叠。它们由六角手风琴形状的氯丁橡胶密封垫连接在一起，可以弯曲和延展，以适应呈对偶曲线状排列的屋顶拱和跑道。

作为高科技建筑的重要倡导者之一，格雷姆喜欢将建筑物的结构特征和实体设备清晰地呈现出来，以展现布局的灵活性及功能的透明性。

伦佐·皮亚诺，
关西国际机场，
1994年，大阪。

关西国际机场位于大阪湾的一座长达1.7千米的人工岛上。

机场屋顶由82000个相同的不锈钢钢板构成，建筑师通过对建筑周围的气流进行空气动力学研究，将机场屋顶设计成如今的形状。这样，该结构就能够经受住地震的考验。

尽管规模浩大，但由于具有绝对的透明度，这些建筑仍然让人感觉结构轻盈。

通过对自然现象的仔细分析，全部由玻璃制成的立面融合了高科技技术，比如采用了具有高抵抗性的金属网状物等。对照明的需求被演绎成对光明的寻求和对材料及金属拉膜结构技术及表现潜力的探索。该结构在设计上特别注意位置的相关细节；为了减少噪声污染，机场远离人口密集区。

拉斐尔·维诺利，
东京国际论坛大楼玻璃大堂，
1997年。

船壳形状的巨大玻璃大堂是维诺利与结构工程师渡边邦夫合作的产物。整个结构长达124米，仅由两根柱子支承，柱子位于大堂两端，最大直径为4.5米。

在地震活跃的地区使用玻璃材料，这就提出了一个技术上的挑战：通过将大楼会议室与柱子相连，提高了整个结构的抗震性和抗风性。

玻璃墙由夹层玻璃的模块式嵌板制成，厚16毫米、高57米，通过独立于屋顶的辅助结构得以稳固。

为了稳固住立面，使其更加坚硬，在西立面建造了一个巨大的活动梯；位于该结构上方的人行通道转移了横向推力。

东京国际论坛大楼的设计允许内部空间的不同划分。它被设计成包括音乐厅、展览厅、会议厅在内的四厅结构，每个厅的大小不一，但却拥有一个共同的立面。

让·努维尔，
阿格巴塔，
2005年，
巴塞罗那。

阿格巴塔是一座由钢铁和玻璃制成的摩天大楼，高达142米，地面有135层，可谓拔地而出，直入云霄。

阿格巴塔是为巴塞罗那水公司设计的，好似一股破土而出的间歇喷泉。连续、光滑而又充满生气的表面与制成它的有色玻璃一样透明，就像光影辉映的水面。

建筑由两个不同心的椭圆柱体组成，二者为套嵌关系。从第二十六层起，该建筑便向内弯曲，形成一个锥形；在两个内部椭圆柱之间，是一片没有任何柱子的宽敞空地，可以随意规划。在塔顶，是一个用钢铁制成的圆顶，在建筑构件之间安有玻璃。

立面起到结构性的作用，拥有双层装饰表面，这种表面是按照生物气候学准则设计出来的，在塔外形成了一个热屏蔽层，起到防寒隔热的作用。阿格巴塔有4400块透明窗玻璃，按分形构图排列，这种设计是基于对日光曝晒的仔细研究和结构计算，同时也考虑到不同的视图。

在仔细研究了建筑物接受光照的情况后，人们将玻璃板的方向调整为20°—76°。

该建筑将有关轻盈和固性的两种相互对立的概念有机地结合在一起；大量使用玻璃结构使整个建筑显得很轻盈，而构成建筑中心的钢筋混凝土的存在却使整个建筑坚不可摧。

在混凝土制成的建筑中心周围，是一层五色缤纷的波纹状铝板；铝板层外覆盖着一层彩色玻璃百叶窗，这模糊了铝板的色调。

根据其在建筑物中所处的位置不同，玻璃百叶窗倾斜成各种不同的角度，一些位于南面的百叶窗上还设有能发电的光伏板。

高科技聚合物

高科技聚合物这一术语指那些合成的或人工聚合物，人们将这些聚合物在塑性状态下定型，以创造固态产品。塑料材料可被分为热塑性塑料和热固性塑料，由于其具有绝缘性和不传导性，且硬度大、透明性好，在建筑中的应用范围很广泛。

当遇热时，高科技聚合物材料会保持可塑性，冷却时则会变硬。在建筑中主要使用的高科技聚合物材料有聚氯乙烯、聚乙烯、树脂玻璃（由于其机械强度高、透明性好，因此可用于适用玻璃材料的地方）、聚苯乙烯和聚碳酸酯等。热硬化树脂通过加热而变硬，具有持久的坚硬度。其中，使用频率最高的树脂为经常用于制作多层板装饰材料的酚醛树脂和脲醛树脂、具有很强绝缘性能的聚氨酯、添加了玻璃纤维之类加固纤维的聚酯树脂以及环氧酯树脂等。

高科技聚合物主要应用于拉膜结构或薄膜结构的建造中，这种结构在20世纪即已应运而生，其鼻祖声名显赫，不仅可以追溯到史前人们搭建的帐篷中，也可以追溯到罗马圆形露天剧场的遮日篷中。如今，它们经常被用来覆盖大型体育馆、户外表演场所及机场航站楼，其典型的设计风格为拥有一个处于张力状态中的膜结构，这种膜结构由钢缆和支承结构系统组成。高科技聚合物的使用使人们不再需要中间支承物来覆盖巨大的开放式空间。高科技聚合物材料重量轻，安装起来快捷简便，在结构性能上用途广且形式自由。

慕尼黑奥林匹克公园体育场的屋顶在某种意义上来说是一个由有机玻璃板构成的网状帐篷，由倾斜的钢制空心桅柱支承。

术语来源

发明于20世纪，高科技聚合物因其延展性好而被广泛地应用于建筑中。从形式上来看，高科技聚合物轻巧，且容易组装和拆卸，其用途极为广泛，是覆盖超大空间的理想材料。

甘特·贝尼奇和弗雷·奥托，
奥林匹克公园有机玻璃屋顶结构，
1968—1972年，
慕尼黑。

赫尔佐格·德·穆龙，
安联球场，
2006年，慕尼黑。

安联球场的造型标志着它是由贝尼奇和奥托设计的体育场的法定继承人，沿袭了他们的设计风格。在1972年的项目中（参见饰面），屋顶是由重量轻的塑料制成的，而在此项目中，则采用了充了气的箔板，空气湿度被控制得颇为理想。

覆盖层的箔板始终保持充气状态，气压变化范围在200—1000帕斯卡。其表面柔软，覆盖层被一个复杂的金属构架支承。其内壁面安装有氖气管（有红白蓝三色，对应各个主队队服的颜色）。球场可变换为一个反应主体，完美体现了容器、赛事和观众的共生关系。然而，这种复杂的暗指并没有排除最简单、最直接的参照：巨大的充气形状就像有浅凹的英式足球的表面，其灯光效果述说着比赛双方球迷的语言。

球场表面由2816块箔板构成，每一块箔板都由两层乙烯－四氟乙烯聚合物制成，乙烯－四氟乙烯聚合物是完全可回收的材料，不变形、持久耐用且形状各异。两层乙烯－四氟乙烯聚合物的不同组合是立面与覆盖层的唯一区别；白色或透明的乙烯－四氟乙烯聚合物层用于垂直表面，而透明的乙烯－四氟乙烯聚合物层则用于水平表面。因此，立面与屋顶之间的差异被忽略了，因为膜结构包裹住整个建筑而没有一丝间断：体育场成为一个没有墙面的建筑作品。

萨米恩伙伴建筑师事务所
M&G研究中心，
1992年，
凡纳弗罗。

为了进行工业试验，人们建造了该研究中心，它由一系列建筑物及设备构成，被封闭于椭圆体状的拉膜结构之下。研究中心周围是一个位于广阔村野的人工湖。

对新颖建筑的革命性使用呈现出明显的技术形象，完美地嵌入自然环境之中。与建筑物一样呈椭圆形的湖泊不仅是宜人景色的一部分，还起到了控制化学实验室内环境条件的作用。

拉膜结构除了起到覆盖整个建筑及构成外墙的作用之外，还起到结构构件的作用。透明的聚氯乙烯层位于拱状结构之上，屋顶隔层之下，从外部看去依然清晰可见。人们使用了同样的材料将膜结构的外缘与玻璃围墙之间的空间封闭起来。

拉膜结构由一层聚酯纤维膜构成，聚酯纤维膜表面涂有聚氯乙烯，并被一层聚氟乙烯（一种有商标的聚氟乙烯薄层，具有非常好的化学、电学及抗压性能）保护。研究中心被分为3个独立的部分，由6个横向网状钢拱支承，纵向维持张力的钢索将其与地面相连。

阳光透过拉膜结构渗入研究中心内部；阳光透过起窗户作用的拱直射进来。

维多·艾肯西，
穆尔岛玻璃和聚碳酸酯制成
的屋顶细部，
2003年，
格拉茨。

穆尔岛是为庆祝“格拉茨2003欧洲文化之都”而建立的，仿佛是漂浮于穆尔河上由玻璃和聚碳酸酯制成的贝壳，两座人行天桥将其与河岸相连。岛内有咖啡馆、露天剧院及游乐场。

人工岛屿的想法是为了满足格拉茨当局连接河两岸的要求；作为城市环境的一部分，从上面可以欣赏美丽的河景。由相交并相结合的云卷结构构成的铰接有机体将河两岸连接在一起。

绝对透明的材料建立了内部构造与外部结构之间的对话，不断地提供新的视域及看待现实的新方法。

圣地亚哥·卡拉特拉瓦，
奥林匹克体育场屋顶抛物体细部，
2004年，
雅典。

建造雅典奥林匹克体育场屋顶是为了覆盖之前就已经存在的结构，它完全独立于原来的建筑。

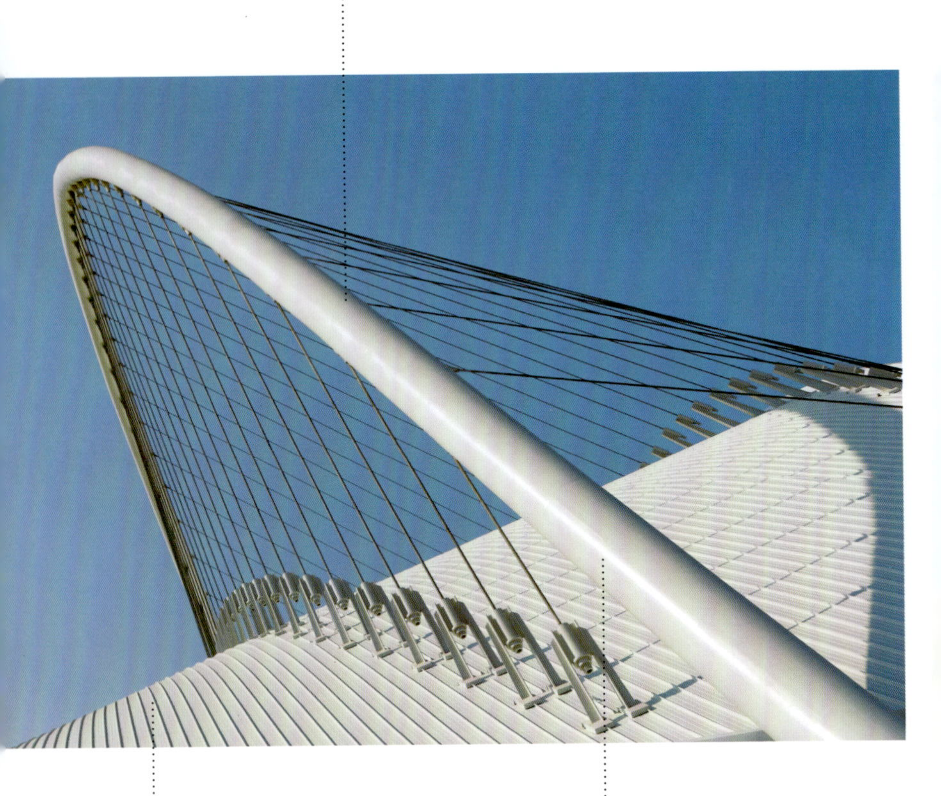

正如卡拉特拉瓦其他的作品一样，该建筑的每一个构件在结构上、象征意义上及表现力上都颇具特色，让人联想起有机形态。该建筑要求屋顶能承受最高风速达120千米/小时的大风。

一个倾斜的抛物线形钢拱和张应力拉索将由聚碳酸酯制成的屋顶紧紧锁定，聚碳酸酯是一种高科技聚合物，能够很好地抵御机械力和大气因素的损害。由于聚碳酸酯具有很好的可塑性，因此可以用它来代替玻璃以建造具有特殊曲度的表面。

PTW建筑事务所，
水立方工地视图，
2004—2008年，
北京。

设计水立方是为了容纳2008年夏季奥林匹克游泳池。水立方是由澳大利亚PTW建筑事务所与奥雅纳工程顾问有限公司联合设计而成的，其与众不同之处是外部的覆盖层，使人联想起大量不规则、轻盈而透明的水泡。

该建筑以水立方命名是因为其奇怪的几何形状——大量不规则排列的水泡晶莹剔透，形成了一个巨大的矩形形状，这是根据肥皂泡的天然结构设计而成的。

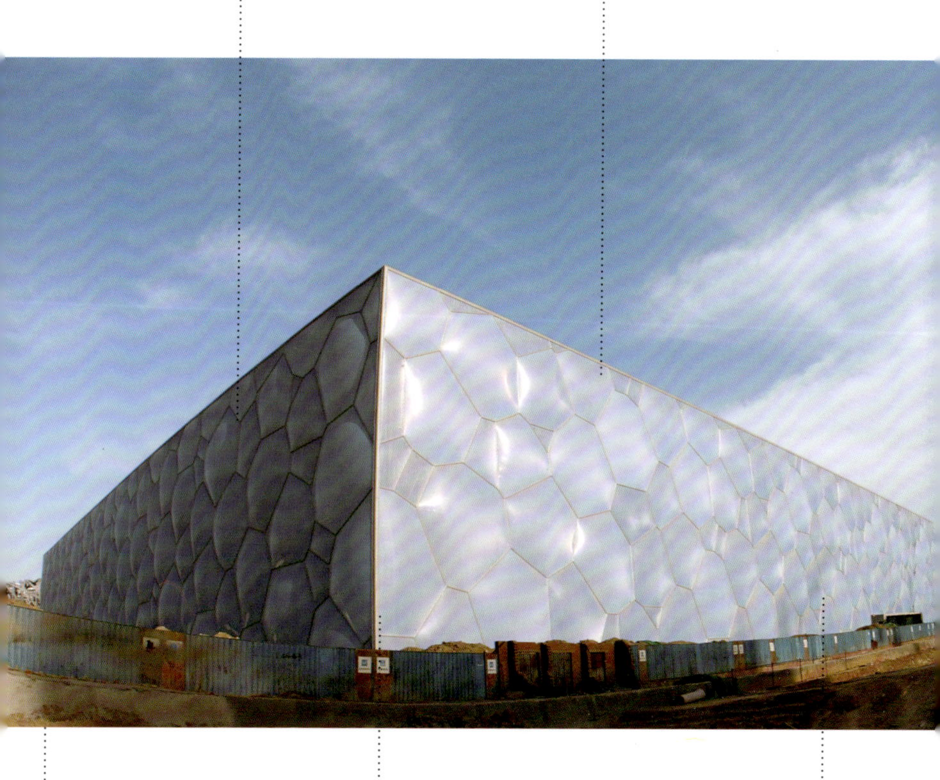

该建筑在设计上遵循生态和可持续发展的原则，使用生态环保的材料和技术作为可再生能源的源泉。奇特的几何形构架满足了其位置对抗震性的要求。

由双层ETFE膜结构制成的覆盖层设计新颖独特、体态轻盈且晶莹剔透，产生了特殊的效果，光影斑斑，闪烁变幻，给人非凡的视觉冲击，甚至对于电视观众来说也是丰富的感官体验。

ETFE膜（乙烯-四氟乙烯共聚物）是一种特殊的聚四氟乙烯，与天空的颜色融为一体，创造了梦幻般的视觉效果。同时，它还吸收了建筑物20%的太阳能，用来给游泳池及水立方内部的水加热。

自然元素

除了从一开始就在建筑中被广泛使用的传统建筑材料之外，其他材料对一个建筑物的定义也具有同等重要的作用，因此一直为设计师所关注。这些与建筑物相互作用的自然元素通常会增强其技术及外观品质。

比如，光和水就被认为是真实的材料，而不仅仅是气象因素。建筑模仿了自然的创造性进程及自然向人造域的转换过程。光不仅是电磁辐射，它还在设计中起到了非常重要的作用：从象征宇宙开设在圆顶顶端的天窗到对五色缤纷的中世纪彩色玻璃窗的神性描绘，从镜子和枝形吊灯的使用到窗户的布置，再到现代照明技术，这是对人工照明进行科学研究的结果。

作为一种珍贵的流动的物质，水在建筑中的作用也是如此。人们可能只想到了中世纪修道院里举行非凡仪式的池塘，净身、净化或伊斯兰园林的魔幻之地和对天堂的暗喻，到处都是壮美的喷泉或巴洛克喷泉，可事实上，水本身才是真正的主角，这在一个城市剧院建筑作品中可见一斑。

植物也是重要的自然元素，在其自然生长过程中或人工培育过程中有时会隐藏建筑构件，比如在让·努维尔设计的巴黎盖布朗利博物馆中，其立面成为一个垂直的花园；有时甚至构成了建筑自身，正如朱利亚诺·马利独树一帜的设计——树木教堂。日本建筑经常会呈现出传统与技术、自然元素与人造材料的完美结合。

深度解读

光、水、植物：自然和人类的双手共同创建了生态友好的建筑。这绝不是我们这个时代所独有的发明，因为一直以来，建筑就在自然与技巧方面进行推理。

让·努维尔，
盖布朗利博物馆立面细部，
2006年，
巴黎。

皮耶·德·蒙特厄依，
圣礼拜堂，
1241—1248年，
巴黎。

光成为哥特式喻指理论中的一个重要构件，在外观上和隐喻意义上，光都被用来展现教堂建造的逻辑和建设性步骤。

圣礼拜堂的墙壁被制成轻薄透明、光辉灿烂的表面，由于周围环境的影响，每一个小时就变换一次。能引起人们情感共鸣的有色光束射入教堂内部，使整个空间蓬荜生辉。

上部区域的通风令人称奇，这是坚固的外部扶壁和巧妙的技术手段共同作用的结果，比如嵌入墙壁的金属链、拱顶的系梁、铁夹。这些将哥特式建筑的骨架结构发挥到了极致：墙壁消失了，代之以几乎连续的大片彩色玻璃。

精美的建筑与檐口和柱头的富丽堂皇、光怪陆离的自然主义装饰风格，变换的颜色，以及透过巨大的彩色玻璃窗的花饰窗格射入室内的闪耀的彩色光交相辉映，多彩之光闪烁跳动，宛若奇妙的复调音乐。

弗朗索瓦·德·屈维利埃，
宁芬堡宫阿美连堡圆形大厅，
1734—1739年，
慕尼黑。

阿美连堡享乐别墅是一个简单的带有向外凸出的中央圆形大厅的长方形结构，其内部隐藏着一个华丽的洛可可风格的构造：在圆形的镜之厅里，屈维利埃运用珍珠母、镜子、细腻柔和的色调之类的装饰手法消解了建筑的结构。

夜间，枝形吊灯的烛光反射在镜中及银制装饰物上，通过反射，烛光的数量剧增，将大厅变成光芒四射的首饰盒。

在房屋的设计中，镜子占据了特别重要的地位。它们占据了整个一面墙的位置，通过反射及增添光线来产生壮观的效果。

安藤忠雄，
光之教堂内部构造，
1987—1989年，
大阪。

该建筑被一面隔墙一分为二，该隔墙从15°角的方向切入教堂的中央体量，将入口与用于宗教仪式的空间分离开来。

光需要黑暗的衬托才能显得更加闪耀并彰显自己的力量；教堂内部是茫茫黑暗，“光的十字架”孤零零地漂浮于黑暗之中。

安藤促进了技巧与自然和谐融合，他使用现代主义技术和构件，赋予建筑特有的身份：光之教堂被构想成一个简单的、被坚固的混凝土板包围的并与外界隔离的空间。

正如安藤忠雄所说：“光给物体带来了生命，将空间与形式统一……物体表面会随着光线的强弱以及时间和季节的更替而变化……我赋予自然变化这样的作用：在简化了的形式中创造出多种复杂的幻象。”

在建筑中，外部光被人为地操控着，从墙体开口渗入进来，很是抽象，在建筑物的内部空间营造了某种神圣的氛围。

伊东丰雄建筑设计事务所，
风之塔，
1986年，
横滨。

风之塔被包裹于由带孔铝箔制成的椭圆形柱子中，其周围是12个氖环，氖环被反射丙烯酸板装饰。风之塔不断地改容换貌。

风之塔之所以频频更改容颜是由于它身上安有1280个小灯泡，这些小灯泡会随着风力、光线、温度及其周围城市交通所产生的噪声的分贝数的变化而变化。

每当夜幕降临，风之塔的表面便消失于黑夜之中，只有其框架结构依然孤零零地捕捉和过滤着周围环境的变化情况：风向与风速，以及交通的声音被转换成电脉冲和空中光建筑。

伊东丰雄曾说过：“城市空间是由静态建筑结构构成的，然而，这些建筑结构却被各种各样的信息流侵袭，比如人、物体，或像水、风之类的自然元素，它们共同创造了一个混合的非物质空间。”

风之塔是一面反射其周围空间情况的无形的镜子，一个永远在转变之中的瞬息万变的建筑。

由伊东丰雄与TL山际工作室共同设计的风之塔有点像一个神奇的万花筒，由两台电脑控制。

隈研吾，
水/玻璃住宅餐厅细部，
1995年，
静冈。

该住宅位于礁石边缘，看上去似乎悬于海天之间。其设计的主题是建筑与风景的关系，因此，隈研吾使用了光和玻璃、钢铁、木材之类的天然材料。该住宅探究了视觉感知的不明确性，这是所用材料感官维度作用的结果。

水和玻璃不仅是建筑材料，而且还是生成原则的化身；它们增强了材料的透明度和空间上的连续性。

屋顶是由不锈钢天窗构成的，由网格状遮阳板遮盖。透过屋顶的天窗，光线倾泻而入，下面的流水反射着光影，使人产生变幻的空间感知，这种感知被近景与远景之间捉摸不定的关系放大。隈研吾充分利用有限的构件，营造了具有欺骗性的透视图，人为地在水域表面、洋面及天空的大背景之间建立起一种连续性。

一条走廊将主体建筑与亭台连在一起，其地面与人工水域的表面一样高，人工水域有15厘米深，水底是黑色花岗岩。亭台由15—25厘米厚的夹层玻璃板构成。屋子周围的水域被设计成整个建筑不可分割的一部分，看起来几乎消融于大海之中；由背光玻璃制成的亭台地面就像建筑外面的水一样给人以深度感。

安藤忠雄，
现代艺术博物馆，
2002年，
沃思堡。

这些建筑拥有双覆盖层，体现了材料品质的游戏：它们是透明玻璃容器内的混凝土盒子——轻盈明亮与坚固结实、清澈透明与模糊混浊形成了鲜明的对比。

水表面、玻璃及周围环境变幻莫测，映影连连，可以说，水与光构成了其建筑设计上的闪光点。其次是风的作用，拂过水面的清风荡起层层涟漪，使整个水面焕发出勃勃生机。

六个与湖岸相平齐的矩形体量倒映在水中，在不同时刻、不同天气状况下千变万化。

为了与毗邻的由路易·康设计的肯贝尔艺术博物馆建立一种和谐的关系，就需要设计一个巨大的人工湖。该设计以其简单而引人注目的空间造型为典型特征，内外之间的间隔被抵消。

赫伯特·德赖塞特尔，
美国丹拿温泉公园，
波特兰，俄勒冈州，
2005年。

波特兰项目在新美学和新功能性的基础上重建了城市模型，其目的是为了通过减少交通来提高公民的生活条件。该工程的核心是一个水上公园，推崇幸福的价值、环保、可持续发展和能源节约。

在这儿，赫伯特·德赖塞特尔利用了自然元素中流动性最强的水，对于他来说，水具有无穷的魅力，有利于创造一个令人惊叹的景致。水景是其建筑设计事务所的专长，他的事务所创造出很多将先进技术、环境敏感性和美学完美结合的项目。

其结果是对技术和美的关注，水成为理解一种新型城市生活方式的关键。作为柏林波茨坦广场著名水系统的创建者，赫伯特·德赖塞特尔强调水的象征意义。由于公园有固定的模式，因此它体现了城市设计师、工程师和山水画家之间的关系，并从他们身上汲取各种知识。

朱利亚诺·莫里，
树木教堂，
马尔加哥斯达（Malga Costa）
视图与建筑方案草图，
2001年，
意大利。

树木教堂看上去就像是一座真正的哥特式教堂，它由一个中堂和两个侧堂组成，8根由相互交织的树枝构成的圆柱高12米，直径为1米；在每根“圆柱”内都植有1株角树（属山毛榉科）。

这些树木每年要长50厘米左右，人们精心地对其修枝剪叶，只要假以时日，它们必会变成真正的“树木教堂”。整个结构是一个长82米、宽15米的矩形，设计高度在12米左右，占地面积足有1230平方米。

大自然将在大约20年的时间里胜出：促进树木生长的人工结构将腐烂，这样角树就会有更大的生存空间。因此，这是一个完完全全的生态建筑，不必要的东西将被瓦解，这就解决了清除废物的问题。

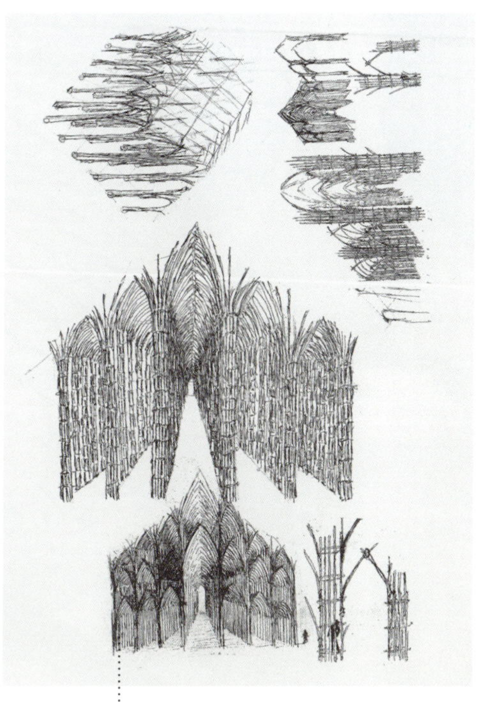

为了强调设计、建造和演变的过程，莫里的建筑作品处于不断的变化之中，体现了人类的典型愿望：向自然屈服而不破坏自然，试图促进自然的发展，增强自然的力量。

建筑与装饰

建筑镀金

彩色装饰

壁画

雕塑

镶嵌图案

陶瓷工艺

木材的艺术

金属的艺术

安东尼·高迪，
巴特洛之家立面细部，
1904—1906年，
巴塞罗那。

建筑镀金

“建筑镀金”是一种终结建筑体的装饰性语言，它是这样被表达出来的：给建筑物增添或叠加各种构件（无论是三维的、有颜色的还是依靠材料的）；从物理成分方面或通过研究基本材料的组合潜力来探索建筑自身的表面结构。

装饰物起到了保护和装饰建筑的双重功效，可以使用几种基本方法来达到装饰的目的：给建筑物装饰上相同的建筑材料，可以在上面进行雕刻加工；给建筑物配上建筑构件，使其更具观赏性；使用不同的颜色或将建筑石材排列成不同的图案。

建筑镀金在远东地区及拉丁美洲地区的建筑中十分普遍，这充分体现在装饰性的砖造结构中，这种装饰性的砖造结构在罗马和拜占庭建筑中达到了顶峰。砖可以被制成不同的颜色，也可以被塑成特殊的形状。砖造结构可以融合纵向图案、人字形图案或正面图案。人们也可以将砖应用于其他装饰图案中，比如阿尔塔Kato Panagia修道院教堂中基督的象征。

几十年来，建筑镀金呈现出不同的形式，体现出不同的意义：体现罗马建筑风格的教堂中大量的走廊和拱廊，哥特式大教堂带花饰窗格的立面，文艺复兴时期立面按比例排列的色彩鲜艳的檐口和粗面石，巴洛克式立面的不明确性，新艺术运动所倡导的将建筑与视觉艺术相结合。

尽管现代运动和大多数当代建筑已经摒弃了古典意义上的建筑装饰，建筑镀金的范畴仍然包括构成建筑外壳的材料间的关系，应用于建筑表面的装饰层及其可塑性和照明引发的各种联想。

相关词条
墙、立面。

Kato Panagia修道院装饰性砖造结构，
1231—1271年，
阿尔塔。

比萨大教堂，
比萨。

罗马风格的建筑通过大量增加建筑质量的建筑构件来探索和扩大建筑镀金——比如采用了走廊、支柱、盲拱廊和楔形窗等。

颜色效应的游戏、建筑物表面结构的连接在壮观的比萨大教堂立面达到了巅峰。大教堂由被精心染成不同颜色的砂岩构成，装饰有玻璃层、锡釉陶层、大理石尖顶饰层、鲜花层和动物层等。

外部体量的和谐性是通过一系列连续的环绕于外墙下部的盲拱廊而得以增强的，它们被带有精美色泽效果的大理石镶嵌图案以及嵌入每个拱曲下方（起源于美国的）菱形图案装饰。

立面上部是罗马风格建筑最漂亮的发明：平壁消失于四层功能性走廊的花饰窗格之后，这些走廊色彩斑斓，光线充足。

这种设计模式保持了立面平齐表面在几何图案上的统一性，同时也形成了一个透明的外部结构。

多纳托·布拉曼特，
圣母玛利亚感恩教堂后殿半圆壁龛细部，
1492—1497年，
米兰。

在文艺复兴时期，直接将各种艺术风格融合为一种简单的装饰效果展现出来这一理念似乎已经过时了。人们仅仅通过建筑形式和材料来展示装饰效果——比如无釉赤陶和石材制成的无帽壁柱和檐口——这些建筑形式和材料在经石膏处理过的表面的衬托下显得格外醒目，体现出比例关系和色彩关系。

装饰形式是建筑形式不可分割的一部分；在这儿，无釉赤陶大多用于增强无帽壁柱和檐口的装饰效果，由于无釉赤陶的红色与石膏的白色在颜色上形成了鲜明的对比，使得无帽壁柱和檐口显得特别突出。

在模中铸出的无釉赤陶块是15世纪伦巴第建筑装饰构件的典型特征之一。

米开罗佐，
美第奇宫，
1444—1459年，
佛罗伦萨。

美第奇宫的立面的独特之处在于其宽阔的粗糙表面，它们在类型上的差异表明了楼层的顺序。

该建筑包括三层：第一层从外表看来很简朴，带有向外凸出的未经打磨的琢石，第二层是比较光滑的粗面砌筑，顶层是光滑的表面，仅被涂成了石膏。

粗面砌筑是一种砌筑装饰，自古以来就广为人知，它充分利用从表面以一种统一而连续的方式向外凸出的石块和琢石。粗面砌筑包括各种形式：光滑式，即仅展示浅浮雕；巨石式（岩石），即带有粗糙表面的大块石头；钻石尖式，即突起物呈金字塔形。

人们在文艺复兴时期对粗面砌筑的各种形式进行了重新评价，后来，粗面砌筑在19世纪新古典主义和折中主义建筑中成为反复出现的建筑主题。粗面砌筑的使用为方形体量的固体建筑赋予了惊人的图像特质，这是文艺复兴时期佛罗伦萨城市贵族宅邸的典型特征。

尖石宫，
16世纪，
里斯本。

钻石尖式粗面砌筑是对外部表面进行的精心处理，它使用方形石材，方形石材的可见表面被加工成低金字塔形，就好似钻石的琢面。

粗面砌筑出现在意大利文艺复兴时期，其典型例子是费拉拉的钻石宫，后来，北欧许多国家也重复使用粗面砌筑，主要用于装饰建筑物的底层。这种装饰形式在西班牙和葡萄牙也普遍流传。

在尖石宫中，表面石材就像钻石状的尖状物，光照在石头棱角后，角度发生了变化，产生了不同的明暗对比效果，这给外立面增添了巨大的活力和图画般的生动性。

尖石宫结构紧凑，厚重的带状层将其分为四层。窗户呈不规则状排列、形态各异：有带圆拱的三联体采光竖框窗，有带有复杂檐口的双联体采光窗，还有简单的方形或单开的多裂窗，这些窗是对任何规则几何图形的公开挑战。

奥古斯特·贝瑞，
富兰克林路公寓正立面装饰细部，
1903—1904年，
巴黎。

由于延展性强的新型建筑材料具有很好的表现力，因此，新艺术运动回归到将建筑与视觉艺术相结合的装饰中。

贝瑞是使用钢筋混凝土的先驱，他在设计富兰克林路公寓时利用了钢筋混凝土的表达价值，在此之前，人们认为钢筋混凝土这种材料很粗糙，完全没有美学价值。

该住宅表面被装饰得活力四射，尽管如此，其结构体系却惊人的清晰，这是由于在装饰顺序上发生了风格的变化：横梁和支柱是由光滑的陶瓷制成的，幕墙是带有花卉图案的嵌入式陶瓷板。

第二墓塔，
1093年，
加兹温附近。

第二墓塔在2002年的大地震中遭到了严重的破坏，其地基是八角形的，每一个角上都有扶壁，还具有一个双层外壳的圆顶。砖结构和墙构造模仿了萨珊王王朝（第三伊朗王朝）的蓝本。

对所有立视图都普遍适用的装饰图案——反复着并变化着——六角形生成了一系列的边，这些边构成了其他几何形状，其不规则性赋予嵌板特别的动态感。

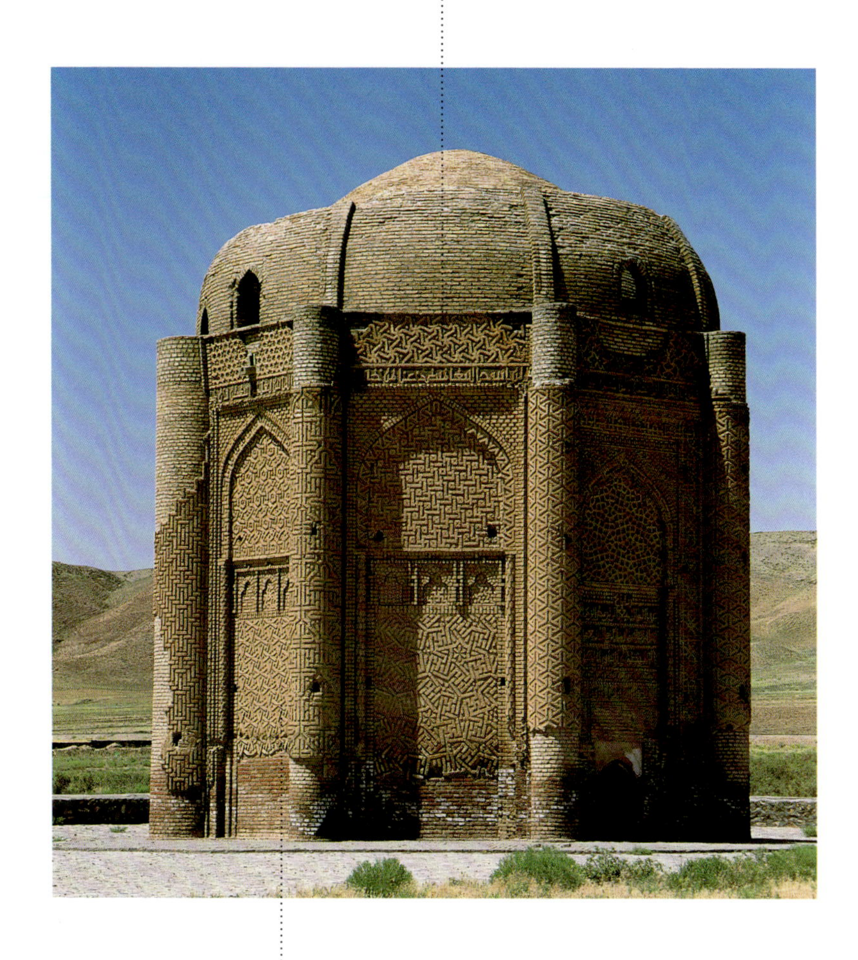

该墓塔因其装饰图案异常丰富、新颖而著称，这些装饰图案包括：材料的精致纹理，入口与突起物的微妙作用，装饰图案显而易见的象征意义，以及砖块的多种排列方式，有时是竖立着排列，有时则是横向排列。

檐口和葱形盲拱廊之类的建筑构件的存在也使墓塔表面在阳光的照射下充满了活力，这是因为它们具有强烈的明暗对比效果、生动形象，而扶壁和圆顶的外部肋拱则给整个结构提供了向上的推力。

代里庙，
9世纪，
瓜廖尔。

印度建筑的多墙表面实现了建筑材料装饰效果的最大化。瓜廖尔要塞的代里庙是供奉给毗湿奴神的，它全部由黄色的砂岩构成，表面装饰富丽堂皇。

建筑材料的装饰潜力被充分挖掘：它被切割、模塑、定位成各种非同寻常的造型。

装饰效果的异常丰富，无与伦比，几乎覆盖到所有表面。

代里庙被置于阶梯式的基座之上，其立面是直接在石头上切割出来的，非写实的装饰构件是对构成整座庙宇的建筑构件的小规模重复。

彩色装饰

在远东地区，人们自古以来就使用彩色装饰（即运用各种各样的颜色）来装饰建筑物的外立面或内墙。由于图像处理技术和各种各样的材料都比较容易获得，甚至只要使用不同颜色的石膏，彩色装饰就可以被用来突出建筑构件，无论是出于象征性的考虑（即使是在最早的时候，颜色就具有了确切的价值），还是为了使人产生错觉。

尽管人们对古代建筑中彩色装饰的使用知之甚少，然而，在希腊建筑中所使用的不同材料也必定为那一时期的建筑作品增添了丰富而强烈的彩色装饰效果。也许彩色装饰在罗马时代并不十分流行，可在远东艺术的影响下，彩色装饰在中世纪时期重新回归，人们可以看到五颜六色的材料立面，如石头和砖块立面等。在15世纪，巨型大理石的使用增加了墙体彩色装饰的范围，彩色装饰成为建筑物墙面装饰面的重要补充。

彩色装饰在伊斯兰艺术中十分普遍。伊斯兰艺术赋予颜色象征意义。同样，在印度艺术中，印度万神殿的雕像也被绚烂的颜色覆盖。现代主义运动拒绝色彩，而采用简单、素净的墙面，或被石膏装饰，或被可见质地的材料装饰。在当代建筑中，彩色装饰重新回归，与阳光相互作用的材料重新界定了颜色自发的创造力。

相关词条
墙、立面。

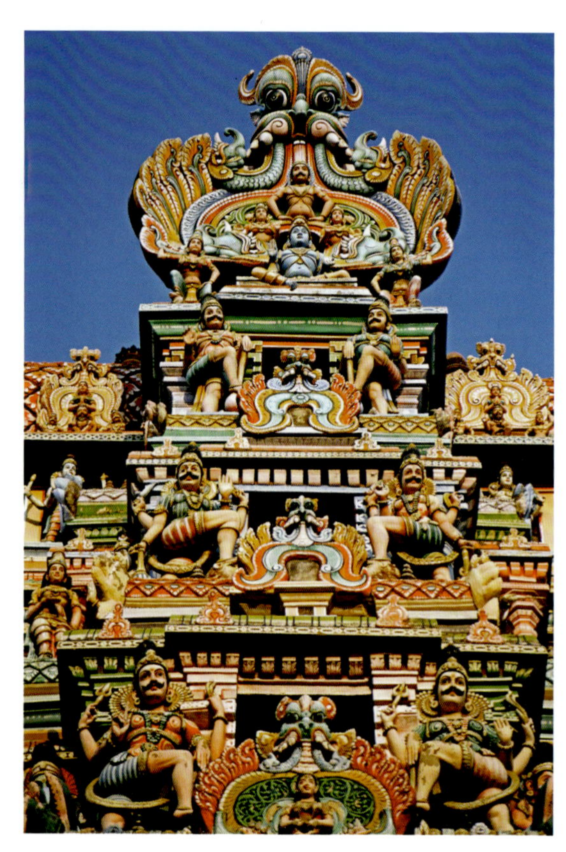

马杜赖神庙外部装饰细部，
17世纪，印度。

坐落在佛罗伦萨制高点的圣米尼亚托教堂内部构造，约建于1150年，佛罗伦萨。

罗马风格的建筑体现了一种奇特的装饰方法，墙的表面被彩色大理石覆盖，根据被明确定义的空间和几何关系的理性和谐来解析建筑构件、空间辩证法和可塑性价值。

精心设计的几何图案的装饰覆盖了墙体表面，使建筑构件显得更加醒目。灰白搭配，再加上水平线的浅沙色营造了一种神圣的氛围，颇有凯旋的意味，柔和的光线透过小小的半圆拱形窗射入室内，全部被透明石膏（石膏的变体）板折射，光斑点点，异彩纷呈。

在对其内部空间进行体量上的综合时，人们可以一览圣米尼亚托教堂的结构，它被设计成一个空间实体。镶嵌物色彩斑斓，赋予嵌板线性定义，将罗马风格建筑中厚重的墙体转变成纯粹的建筑线条。

波斯特尼克·雅科夫列夫，
圣巴西尔大教堂，
1555—1560年，
莫斯科。

大教堂垂直的结构及表面活力四射的彩色装饰使其在莫斯科城市背景的衬托下显得十分引人注目。

该建筑将北欧，尤其是卡累利阿（芬兰附近的俄罗斯地区）的建筑形式与源自南方国家的装饰风格融为一体，从而形成了折中主义的不朽丰碑，尽显各种建筑风格的神韵，如罗马式建筑的拱券、哥特式的尖塔、文艺复兴时期的图案和伊斯兰屋顶。

圣巴西尔大教堂完全是由红色砖块砌成的，是一个风格独特的建筑作品。它位于一整块白色石台之上，呈对称性排列，较大的中央空间覆盖有帐篷状的屋顶，其周围是呈辐射状排布的八座小教堂。每座小教堂都是为了纪念军事胜利而建造的，奇特的洋葱形圆顶色彩纷呈，非常引人注目。

每一个色彩鲜艳的洋葱形圆顶都具有明显的伊斯兰风情，其不同的装饰图案使装饰层覆盖之下的建筑面貌一新，如红绿相间的钻石状图案、绿黄相间的螺旋形图案及红白相间的回纹饰等。最初这些小教堂都被漆成了白色，在17世纪才被漆成这些活泼的颜色。

百水先生，
百水公寓，
1983—1985年，
维也纳。

与其说百水先生是一名建筑师，不如说他是一名画家，他决定采用以具有不规则形状的彩色表面为基础的风格来装饰自家住宅的外立面。

百水公寓是归工人们所有的公寓楼，它绝非平庸之作，向来以其造型奇特和色彩鲜艳而著称，与周围的古典建筑形成了鲜明的对比。百水先生摒弃了现代建筑的平庸风格。

该建筑的特别之处在于其活泼的彩色装饰，由不同材料制成的构件间的对比看起来偶然但却高度原创，这些材料包括玻璃、金属、砖和瓷砖，更不用说不规则形状的彩色石膏条和金色圆顶。

外墙缤纷的颜色不仅仅是该建筑独特品位的源泉；呈波浪状起伏的表面和高悬的空中花园也增添了其魅力。在竣工时，百水先生考虑让房客自己刷墙，但仅局限于他们从各自的窗户可以够得到的区域。

壁画

建筑物的彩绘装饰一直是人类生活的一部分，始于旧石器时代莱斯科和奥尔塔米拉岩窟的岩画，这些岩画通过描绘动物图案和狩猎场景来装饰洞穴的内部。

壁画经常被用于内部环境，因为这样它们就可以被保护起来，从而免受大气因素的破坏。壁画能起到教诲的目的，比如所谓的《贫穷人圣经》的手稿和印刷版体现了对《圣经》的视觉解释，它们经常出现在中世纪教堂的墙壁上。

有时，一幅壁画的目的是为了改变内壁的视觉感知或通过引入虚假的透视来使内部看上去像是变了形，如庞培艺术。在巴洛克时期及以后的几百年里，这种效果是通过错视画法及运用透视画法创作的形象来实现的。其目的通常是为了模仿可见的现实。还有很多符号变换和抽象变换的例子，它们或多或少地与人物形象联系在一起。

在壁画中可以采用很多技巧，应用最为广泛的是用以装饰大型表面的温壁画技法。这种技法在地中海沿岸国家的发展尤为突出，而由于气候潮湿，在北欧地区却罕有使用。今天，壁画很受年轻艺术家的欢迎，它不仅包括传统的温壁画技法和蜡画法，还包括更新的需要使用工业设备的技法，这些工业设备包括装满汽车漆的喷漆枪或快速风干的合成树脂，由于它们对大气因素具有很好的抵抗性，因此是外部装饰的理想选择。

相关词条
墙、立面。

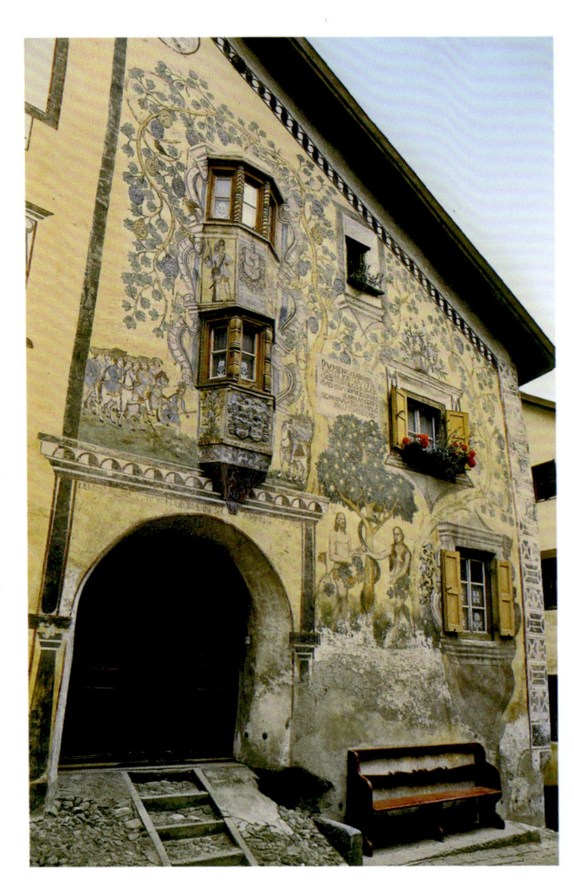

被装饰的房屋，
17世纪，阿尔德茨。

沃洛涅茨修道院教堂，
1488—1547年，
罗马尼亚。

联合国教科文组织将沃洛涅茨修道院列为世界文化遗产，为了纪念1475年对土耳其战争的胜利，人们修建了该修道院；它始建于1488年。教堂的规模缩小了，只有275平方米——原来庞大的建筑群只保留下来这么多，教堂内外充满了装饰。

1547年，教堂外部采用温壁画技法绘制了很多源自《圣经》的人物形象；西侧面是宏伟的“最后的审判”，在被称为沃洛涅茨蓝的淡蓝色背景的衬托下显得分外醒目。

这种布局似乎推翻了建筑与装饰的惯常关系，因为建筑成为了绘画的侍女，整个教堂，无论内外，都仅仅是一个展示无数圣像的框架。

传统将身兼祭司的僧侣艺术家加布里埃拉的名字流芳于世。由于该建筑是奉献给圣母玛利亚的，因此玛利亚的画像在墙上重复出现了好几次，主要是在重要的或有象征意义的结构的连接处。即便如此，外部装饰仍从《圣经》、虔诚和历史的角度呈现了整个教义问答的周期。除了传统的圣人画像和源自《圣经》的故事之外，与反抗土耳其有关的插曲片段也被呈现出来。

巴达萨尔·贝鲁齐，
法尔内西纳别墅大厅透视图，
1509—1511年，
罗马。

法尔内西纳别墅的大厅透视图是“被描绘的”建筑的完美例证，“象征性”建筑是指仅仅出于审美目的而将建筑物画在墙上，这种建筑通过错觉增加了实际空间。

错视画装饰象征着在这一时期人们对透视效果的广泛兴趣。对柱上假凉廊的四周同样是非凡的假景致：山顶的小镇、乡村的风光、背景中直冲云端的罗马城市。在这些假敞口之上是一个檐壁，呈现了源自奥维德《变形记》的故事；对神的各种描绘位于檐壁之下，并与其有直接的概念关系。

为宴会、观众、仪式和戏剧演出设计的房间是从古代罗马别墅中汲取的经验。

大厅呈现出一种充分展示艺术名家技巧的绘制方法，即利用透视图来模拟别墅一楼凉廊理想的延续性。艺术家的虚构包罗万象，无所不有，如描绘了多立克柱式柱身的大理石、角壁柱条以及檐口、壁龛和栏杆柱的凹凸形等。

透视技法在巴洛克和洛可可时期达到了巅峰——在那个时期，不管是真实的还是虚幻的，建筑物都被看作壮观的“空间描绘”，建筑则被视为“剧院”。

弗里德里希·絮斯特利，
慕尼黑皇宫区古物陈列馆，
1569—1571年，慕尼黑。

巨大的带有装饰性弦月窗的筒形拱顶是极为古典的建筑类型；其怪诞的装饰与其风格协调一致，这最早起源于16世纪罗马的考古发现。圆顶的寓言性描绘是彼得·坎迪德的作品。

古物陈列馆被视为文艺复兴时期不朽的伟大建筑之一。沿大厅壁画墙陈列的是古代半身雕像和其他雕像。

弗里德里希·絮斯特利将建筑、装饰和展览完美结合，使古物陈列馆成为德国第一座适合陈列古典风格雕塑的博物馆。

怪诞是一种在16世纪的艺术中颇受欢迎的图画装饰。其名字源于被称为格罗特的房间，这种房间是在奥匹亚山上被发现的，事实上，它是尼禄黄金屋遗迹。这种风格的典型特征是奇怪扭曲的人物和几何、自然装饰，全部以一种类似书法的方式表现出来，通常都会有一个空白背景作为衬托。

鲁道夫·梵特仕，
艾可拉尼宫的林地大厅，
约1810年，
博洛尼亚。

艾可拉尼宫一层大厅的椭圆形墙面连续统一体呈现出非凡的绘制饰：梧桐树、柳树、栎树和松树的倒影映在小湖的湖水中，一片恬静的田园风光。这种透视画创造出完美的错觉，将内部与外部混淆，在楼板上为了模仿乡村小径而绘制的阴影和石头进一步增强了这种错觉。

通往英国浪漫的景观花园的大厅是透视图不可分割的一部分，也是被称为“林地”（森林的、乡村的）或“乡村房间”（乡间小屋）的绘画流派中最为成功和最具感召力的例子，完全是波伦亚画派的艺术特色，该画派在18世纪晚期到19世纪中期处于繁荣发展的阶段，艺术家们通过在贵族宅邸的墙壁上画林地和花园来自娱自乐。

由于这种绘画的虚构，墙体更贴近自然，风景如画、富有诗意，与英国浪漫的景观花园的风格一致。墙体呈现出的乡村背景与真实的花园不相上下。在1821年，阿斯托雷·艾可拉尼在房间中央摆放了安东尼奥·卡诺瓦的《丘比特与普赛克》的复制版，模仿了绘制的公园里的雕像。

雕塑

建筑雕塑起到了装饰、象征和教化的作用，它可以被看作是建筑物的补充；即使是当它具有自身的艺术价值时，也不能同它所从属的建筑作品分离。人们可以直接将雕塑置于建筑系统中（例如用一个古典陇间板）：它能够延伸建筑（比如在哥特式大教堂被用作排水口的怪兽状滴水嘴），它还能够覆盖一个建筑构件或膜状物（比如柱头）。有时，雕塑可以在形式上与建筑物分离，但却与建筑物有微妙的象征关系。

建筑雕塑通常是由石头制成的，自古以来在埃及美索不达米亚地区即已被使用，在希腊寺庙的楣饰和檐壁中得以繁荣，那时整个希腊寺庙都饰有浮雕或雕塑。在罗马和拜占庭建筑中，雕塑的地位不是特别重要，但是在中世纪时期，人们开始大规模地用雕塑来装饰柱头、入口及整个立面。在文艺复兴时期，尽管它还被局限于重复的形式，如男像柱和女像柱，但雕塑却获得了“自治权”，直到巴洛克时期，雕塑才仅起装饰作用。在那个时代，建筑内部的房间经常用粉饰灰泥来装饰，粉饰灰泥是制作檐口、檐壁和线脚之类的装饰构件的理想材料，同时也适用于在高浮雕甚至是圆浮雕里创造更为复杂的形象。

建筑雕塑在远东地区的文化中也反复出现，许多由伊斯兰艺术设计出的装饰形式后来在西方建筑中都被复制并进一步完善，例如穆加纳斯，即层叠的小型三维钟乳石，使大量模式化且精雕细琢的重复设计成为可能。汉斯·珀尔齐格于20世纪早期在柏林大剧院（现已毁坏）中使用了这种形式。

相关词条
墙、立面。

沙特尔大教堂怪兽状滴水嘴细部，
1194—1221年，
法国。

格兰第圣母院，
1130—1150年，
波堤亚。

波堤亚格兰第圣母院的立面——在垂直方向上被分为三个部分，按顺序排列依次为门廊、窗户和装饰板，它们在水平方向上被带状檐口分隔——是罗马时期模型化精雕细琢的教堂建筑的出色范例之一。

饰有雕塑的双排拱、门廊两侧的盲拱廊以及饰有圆形图案的三角形山墙为前壁增添了生气。

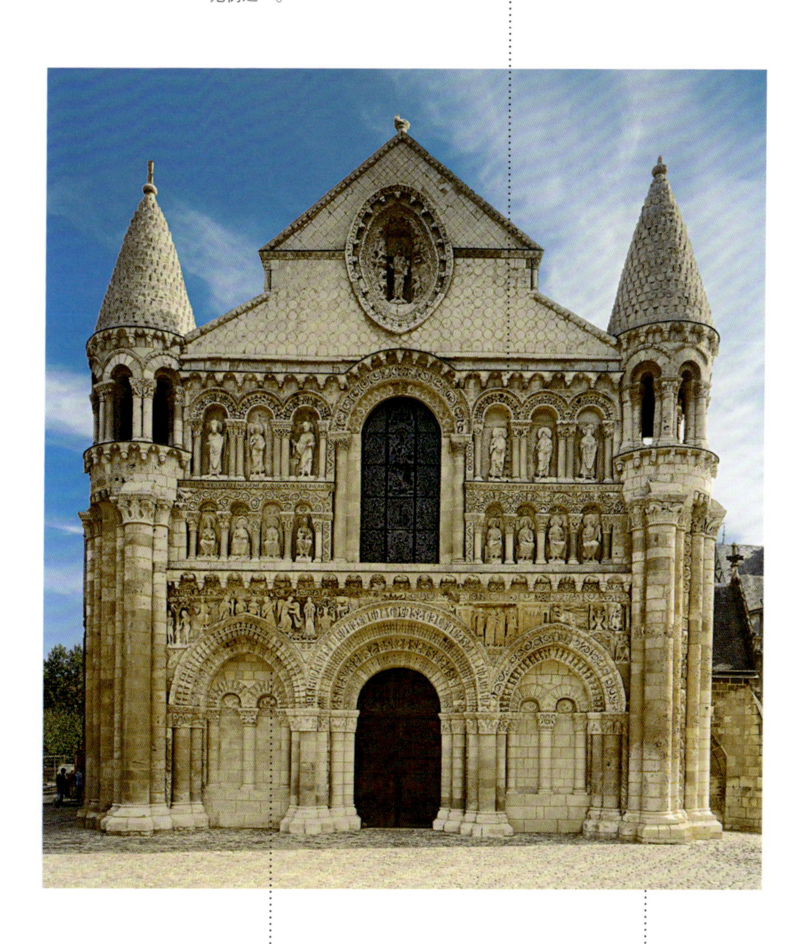

肖像画是以《新约》和《旧约》故事为基础的；在一层，拱顶部和檐口之间的表面刻有浅浮雕，记载着神圣的故事。植物涡卷和动物形图案的大量重复是典型的中世纪动物寓言集，这些使拱门饰活灵活现。

在中央一排，十二位门徒及两名主教或坐，或站，均位于小拱券里；基督站立于三角形山花刻有浮雕的装饰板上，其周围是马太、马可、路加、约翰四人的四联像。

在法国西南部罗马风格的建筑中，立面的雕塑装饰包括网状小型图案，密布所有表面。

贝尔纳多·布翁塔伦，
波波里花园大石窟立面，
1583—1588年，
佛罗伦萨。

人造大石窟是一个奇特的发明，它的立面是以一个精致的三巨石结构为基础的，上面饰有雕塑和浮雕。界限分明的结构布局与其采用的装饰相抵触，内部的三个由石灰石块、钟乳石和贝壳装饰的房间也是如此。

这个风格主义的杰作，其独特之处在于建筑和装饰的创新性混合，体现了16世纪的建筑品位：人们热衷于对自然洞穴进行奇妙而复杂的重建，往往少不了采用雕塑、绘画和喷泉作为装饰。

大石窟是波波里花园杰出的作品之一，被构想为宫廷爱情的发生地。

马特马斯·达尼埃尔·珀佩尔曼和巴尔赛撒·珀莫瑟，
茨温格宫，
1709—1732年，
德累斯顿。

奉萨克森国王奥古斯塔斯二世之命建造的茨温格宫，是欢庆的场所，它呈现了一座异常新颖别致的建筑，亭台、带有柱廊的侧翼和楼梯相映成趣。

珀佩尔曼创造了一个动态的综合建筑群，深入挖掘了密集与空旷空间的明暗对比效果，雕塑与建筑共同创造了一个不可分割的整体，以庆祝权力。

可塑性结构完美地结合在一起，通过增添连续的水平线来对空间进行限定。

茨温格宫的立面实现了建筑与雕塑的完美平衡，形成了戏剧性的展示效果，具有典型的巴洛克风格：在某种程度上来说，它是一个超大的凹凸形。

壁柱的游戏使复合线性结构动感十足，这些壁柱变为男像柱、栏杆柱和山花，当它们被雕像、面具、纹章标志和涡卷美化时，便完全丧失了其结构属性。

贾科莫·塞尔波塔，
圣齐塔教堂玫瑰经祈祷室粉饰灰泥装饰细部，
1717年，
巴勒莫。

粉饰灰泥装饰被展示在高浮雕之中，它向外凸出，简直就像与背景脱离、与墙体脱离的雕刻形式。通过这种方式，取得了更加明显的自主性装饰效果，从而形成了特别富有生气的建筑形式。

塞尔波塔被要求用源自《玫瑰经辉煌的十五大奥秘》以及勒班陀战役历史的主题来装饰整个祈祷室，他用遒劲有力且复杂的辞藻在墙上呈现了一则非凡的雕刻故事。

在这儿，粉饰灰泥被用作白色和彩色大理石的替代品，大大减少了工期和费用。

整个装饰项目都是由粉饰灰泥制成的，粉饰灰泥是一种延展性很好的石膏，可由于它是由石膏、石灰、沙子和水构成的，因此经不住大气因素的侵蚀。正因为如此，它才被用来装饰室内。在罗马建筑中，人们就已经使用粉饰灰泥了，在巴洛克和洛可可时期，粉饰灰泥达到了最高辉煌，它被用作适合于将建筑结构与可塑性装饰结合在一起的建筑构件。

入口的墙壁呈现了勒班陀战役的全貌，这是通过比喻性地描绘两个“自然地”坐在模塑檐口上的男孩来实现的：坐在左侧的男孩凯旋、平静安详；坐在右侧的男孩被火枪威胁，很不高兴。

在西西里岛，贾科莫·塞尔波塔遵从被当地无数学校保留下来的古老传统，并将它发展为最高境界的艺术。多亏了被称为“allustratura”的特殊技术，他通过在粉饰灰泥混合物里增添蜡和大理石粉末的方法对工程进行了完善，使其作品既闪亮又柔和。

紫禁城建筑装饰细部，
15世纪，
北京。

一个建筑物的重要性是通过该建筑装饰的奢华程度来体现的。在这儿，顶饰被制成龙造型和奇异的动物造型，似乎形成了长长的游行队伍，沿着屋顶的斜坡缓慢前行。

位于屋檐下的龙脸兽像就像是对支承中国建筑物屋顶的支架结构的理想延续，起到排水口的作用。

梁端的黏土管装饰以及屋顶砖瓦的使用既体现了技术价值，也体现了美学价值。

中国建筑的等级制度体现在许多与三维装饰、颜色确立、材料和布局有关的规则中。金黄色（金黄色是古代皇帝独享的颜色）的陶瓷制品展现了色彩对比的丰富性。

伊斯迈尔汗，
泰姬陵浅浮雕花卉装饰细部，
1632—1654年，
阿格拉。

泰姬陵的大理石浮雕非常光滑闪亮，它提升了这种珍贵材料的美感，莫卧儿雕塑家可以通过浮雕作品尽显其技术和艺术天赋。

一朵刚刚开始凋零的花朵象征着尘缘的短暂。因此，镶板用永恒的象征——大理石来使一个死亡的意象成为不朽。

象牙白的大理石呈现了浅浮雕里精致的花卉装饰，自然超俗。

多亏了精美的装饰和所用材料的色彩品质，泰姬陵的外表每时每刻都根据光线变化和大理石上的阴影产生的各种光学效应而发生变化。

镶嵌图案

镶嵌图案是一种覆盖墙壁和地面的装饰。它是由不同形状和材料的小型彩色镶嵌片构成的，如鹅卵石、宝石、玻璃、赤陶土、陶瓷、大理石、贝壳和搪瓷等，这些都靠黏结砂浆与建筑主体连在一起。由于制作起来耗时且造价高，镶嵌图案适合于各种各样高度原创的装饰应用，这主要是因为它具有很好的图片适应性——非常适用于抽象设计和人物设计。图像的形状是由不同颜色的镶嵌片的排列定义的。从近处看时，这些镶嵌片会显示出强烈的对比，但若从远处看，它们便会融合成一个连贯的形象。

镶嵌图案作品最古老的例子可以追溯到古代艺术中的地面装饰，这些地面装饰最初是几何形装饰图案，后来不断演化为模仿地毯的复杂图案，主要包括神话或宗教叙述、狩猎场景、真实和虚幻的动物、地图以及拟人化的十二生肖、月份和月相。在拜占庭建筑中，设计镶嵌图案装饰似乎是为了干预空间感知：比如带有统一金色背景的带洞的墙壁镶嵌图案。在中世纪时期，人们青睐壁画主要是出于经济原因，但到了12世纪，人们创造了大量地面镶嵌图案的杰作。后来，瓷砖的丰富导致媒介物的逐渐衰退。多亏了印象派画家和点彩派画家对颜色的区分，19世纪和20世纪见证了镶嵌图案的重生。装饰派艺术和新艺术运动使镶嵌图案再次成为主要的艺术形式，这在绘画界克利姆特和建筑界高迪等人物的身上可见一斑。

术语来源

镶嵌图案这一术语的起源并不是确定的。有些人将它追溯到希腊语“musaikón”，意思是“配得上缪斯的耐心的作品”，在拉丁语中被称为“镶嵌”。其他人则将它视为阿拉伯语的“muzauwq”，意为“装饰”。

相关词条

墙、立面。

阿奎莱亚教堂地下室的龙虾地面镶嵌装饰，4世纪。

圣马克大教堂圆顶镶嵌图案细部，
1063—1094年，
威尼斯。

大教堂内部的空间感源自五个互相贯通半球形的穹顶，上面是复杂的镶嵌图案的循环：金色背景完全覆盖住所有墙壁，隐藏了其真实的材质及结构。该建筑物的覆盖层似乎丧失了物质形态，其结构构件和有形墙体全部被剥夺了。

由于大教堂的建筑理念在本质上是拜占庭式的，因此作为一个融入性构件，镶嵌图案自然是很好的选择。照射到镶嵌图案表面上的光闪烁变幻，美化了墙体及其表面，赋予它们图像价值并抵消了任何空间深度感。

图像的素材源自《旧约》和《新约》故事、寓言故事里的人物及基督、圣母和其他圣人生活的片段。暖色调占支配地位，尤其是金色镶嵌片，置于不同的角度，它会反射出暖色调的光。整个空间被笼罩在幽暗的光线之中，随着时刻的不同不断变换颜色，产生了强烈的共鸣效果。

对光学定律的研究在一些镶嵌图案中使用了“反透视画法”，即在地平线同一灭点上对线条交点的故意逆转。这种权宜之计被用来消除所有对现实的再现感，降低观赏者的地位，因为观赏者面对的透视图是以另一个维度为基础的。

胡安·奥格曼，
墨西哥国立自治大学图书馆，
1956年，墨西哥市。

墨西哥国立自治大学中央图书馆立面的镶嵌图案装饰让人回想起该国的历史，阿兹特克人图案和神话生物被加入到当代意象和题材中。

作为20世纪的一个幸运的发现，镶嵌艺术在墨西哥被奉为壁画类型的延伸。

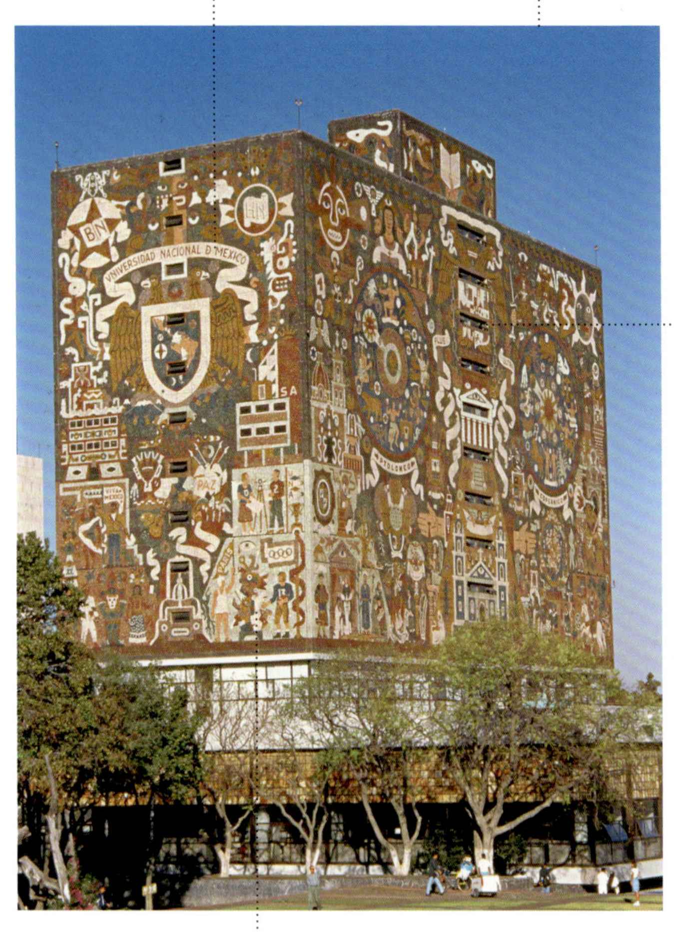

奥格曼设计了这座12层楼高、没有窗户的图书馆，它就像是一个巨大的矩阵，上面呈现了色彩亮丽的镶嵌图案，描绘了哥伦布发现美洲大陆之前墨西哥历史的方方面面，图书储藏室外部每一平方厘米都饰有镶嵌图案。

由于奥格曼认为当代建筑缺乏装饰及历史象征价值，因此他与当代建筑潮流背道而驰。由于对材料和光线的熟练使用，奥格曼将体量和形状与清晰的产生奇妙装饰效果的功能主义矩阵结合在一起。

圣地亚哥·卡拉特拉瓦，艺术与科学之城由镶嵌图案装饰的进气口细部，2005年，巴伦西亚。

应用于外部结构的现代陶瓷镶嵌片的优势在于将它们重要的美学特征与较高的抗拒各种压力（无论是机械压力、化学压力还是大气压力）的能力结合在一起。

21世纪伊始，对古代装饰技术的重新发现要归功于一位建筑师，他不仅特别关注形式，还关注材料的属性及其表现力和技术可能。

正如卡拉特拉瓦所说："为了将这座宫殿与巴伦西亚更紧密地连接在一起，我使用了我们古老传统的陶瓷工艺，甚至是那些陶瓷碎片，即碎陶。"

被列成一排的特殊进气口用蓝白相间的镶嵌图案装饰，白色代表城市，蓝色代表巴伦西亚的大海。

陶瓷工艺

陶瓷工艺是一种在地中海和远东文化中有着很深渊源的技术，在建筑装饰中起着重要的作用。陶瓷制品是一种有着古老传统，且对于许多其他建筑材料来说必不可少的材料，是净化的黏土及其他泥土与水的混合物；这种混合物在室温成型、干燥，然后放进窑里烘烤。

得到的物质的特性根据其烘烤温度的不同而发生变化：从多孔且抵抗力一般的无釉赤陶到被一层透明光滑层包裹的结构紧凑、玻璃化的陶瓷制品，比如因其抗渗性而被用于外部装饰的上过釉的粗陶。一些种类的釉料和装饰（如滑配和粗糙雕刻）是在第一次烧窑前就被添加进来的；而其他种类的釉料和装饰则是在第一次烧窑后才被添加进来的。

随着时间的推移，陶瓷制品的属性（比如耐久性）被逐渐完善。陶瓷适合于很多装饰用途和艺术用途——无论是室内环境还是室外环境的装饰，甚至是城市大背景的装饰。陶瓷制品具有很多美学特征，其演化过程与生产方式和技术的进步同步。

在古埃及，上过釉的砖和彩色瓷砖便被用于装饰，但陶瓷制品却是在巴比伦大门和伊斯兰艺术的装饰图案中实现了其最高美学价值和形式表现，开创了伊比利亚地区的葡萄牙瓷砖画传统。在欧洲的其他地区，德国北部的砖建筑通常是由上过釉的砖制成的。17世纪的意大利南部成为彩绘瓷砖（这些彩色瓷砖被装饰于圆顶和钟塔之上）和由陶瓷及瓷器制成的家居装饰物的聚集地。到了19世纪和20世纪，在历史主义和新艺术建筑作品中，陶瓷制品才成为一种重要的装饰性建筑材料。

术语来源
早在公元前2世纪，上过釉的陶瓷制品就被用于美索不达米亚建筑中，而以白色（这是因为制作陶器时主要使用高岭石作为原料）为主要特征的瓷器在中国被发明。

相关词条
墙、立面。

卧佛寺由彩饰瓷器制成的佛塔的花卉装饰细部，
17世纪，
曼谷。

埃斯托伊皇宫，
19世纪，
法罗附近。

埃斯托伊伯爵之前的住宅是一座用葡萄牙瓷砖画和英式浪漫主义风格花园装饰的迷人宫殿。

令人印象深刻的双层坡道楼梯上有栩栩如生的装饰，主要是植物图案和美丽风景。

上光花砖是一种覆盖有花饰上釉陶器或天然漆的瓷砖，经常被漆成艳丽的色彩，并被装饰图案装饰，在葡萄牙、西班牙和拉丁美洲建筑中用于内部和外部装饰，以蓝白色调为主。

多梅尼克·安东尼奥·瓦卡罗，
圣基娅拉修道院回廊，
1742年，那不勒斯。

1742年，多梅尼克·安东尼奥·瓦卡罗重新改造了伟大的圣基娅拉修道院回廊，原来的回廊是哥特式风格的，改造后，原来的结构和72根八边形的柱子都被覆盖上洛可可风格的令人惊叹的五彩陶砖。这些是瓦卡罗自己设计的，由那不勒斯瓦匠（riggiolari）多纳托和朱塞佩·玛莎制作。

回廊被分为两条在中央相交的内部大型通道，将主要种植柑橘树的大型园区割裂为四大部分。从装饰的主题中可以推断，当时建造的回廊，与其说是纯粹的冥想之地、祈祷之所，不如说是欢乐的花园。

被长凳分隔的柱子被葡萄藤和紫藤装饰，葡萄藤和紫藤一直缠绕到支承藤架的柱头。长凳靠背被锡釉陶覆盖，上面的装饰图案有乡村摆设、海景、面具、胜利和神话场景。花园里的两个喷泉也装饰有锡釉陶，其柱础上绘有鱼形图案。

Sammezzano别墅孔雀厅，
约1853年，
佛罗伦萨。

历史建筑采用古代陶瓷装饰艺术为别墅和住宅内部提供豪华的装饰。

Sammezzano别墅的孔雀厅体现了一种混合风格，这种混合风格源自摩尔式传统和被称为带复杂花叶形装饰的西班牙哥特式建筑风格。孔雀的尾部是通过天花板上精巧的扇形粉饰灰泥再现出来的，柱础带被彩绘瓷砖装饰，形成了动态感十足的几何图案。

奥东·莱克纳，
地质研究所屋顶装饰细部，
1898—1899年，
布达佩斯。

地质研究所神奇的屋顶在佩斯州占据重要位置，其蓝色的瓷砖和尖塔的灵感来自印度寺庙造型。

在其立面和山花上的浅黄色墙壁被传统的蓝色乔纳伊陶瓷装饰，与砖的边齿和窗户的檐口形成鲜明的对比。

和谐的色彩以及光的使用体现了匈牙利分离派风格的壮丽。砖、混凝土、钢铁、陶瓷、玻璃——莱克纳在材料的选择上没有任何限制。他的想象力在首都的许多建筑中都留下了不可磨灭的印记。

安东尼·高迪，
文生之家，
1883年，
巴塞罗那。

文生之家的彩色表面被不规则的彩陶砖碎片装饰，其华丽的几何设计与未经加工的砖、石形成了鲜明的对比。

文生之家是为一名砖陶制造商建造的，体现了对装饰图案的绝对原创的使用，这些装饰图案源自西班牙摩尔式传统和穆德哈尔传统，同时，文生之家也是对建筑物资助人所生产的产品的非凡展示。

立面的色彩和设计蔚为壮观，甚至是匪夷所思——从下至上，一直到建筑物的屋顶，设计越来越怪诞，直至屋顶的无数摩尔式塔楼，设计的奇特性达到了巅峰。在上部楼层的拐角处是带有复杂陶瓷装饰的阳台。

高迪大量使用了彩色锡釉陶，有时还加入垂直线条以连接棋盘图案，赋予整个宫殿强大的视觉冲击力。

木材的艺术

尽管木头具有易腐烂的特质，然而它却被雕刻、弯曲和收集，以制造大量装饰物，应用到建筑结构中。这种装饰物是以对木材的确切了解为基础的创造过程的产物。选择合适的木材是非常重要的，这不仅取决于是否能获得木材，还取决于成本。由于某些特殊种类的木材非常昂贵，因此不能用它们来进行有一定威信的创作。

木工、细木工人和家具木工的技能被清晰地展现在镶嵌式天花板和地板的几何形装饰图案中，这些镶嵌式天花板和地板是使用不同颜色的木条制成的——有时能实现三维效果——抑或是由门、百叶之类的补充构件的穿孔板制成的。木材在装潢领域也起着十分重要的作用。

从装饰的角度来看，木工艺在伊斯兰建筑中具有特殊意义，所谓的木格屏风的创造，是为了与阳台相隔离，并控制射入的阳光量，产生明暗对比的变幻效果；除此之外，还有壁龛和镶板天花板。木材在天花板装饰中的使用还体现在西方建筑、木桁架结构或拱顶装饰中，使它们很像是倒置的船体。典型的例子是伊利大教堂的八角形结构，它支承着一个木制天窗——天窗由橡木制成，被支承于悬臂托梁之上——这样装饰是为了使其看起来像有棱纹的石制拱顶。

深度解读

细木工艺是木工艺的一个分支，它包括制作装饰物、镶嵌图案和木质设计的艺术，主要被用于家具制作中。家具木工的形象出现于文艺复兴时期，木工的身份也由工匠转换成艺术家。

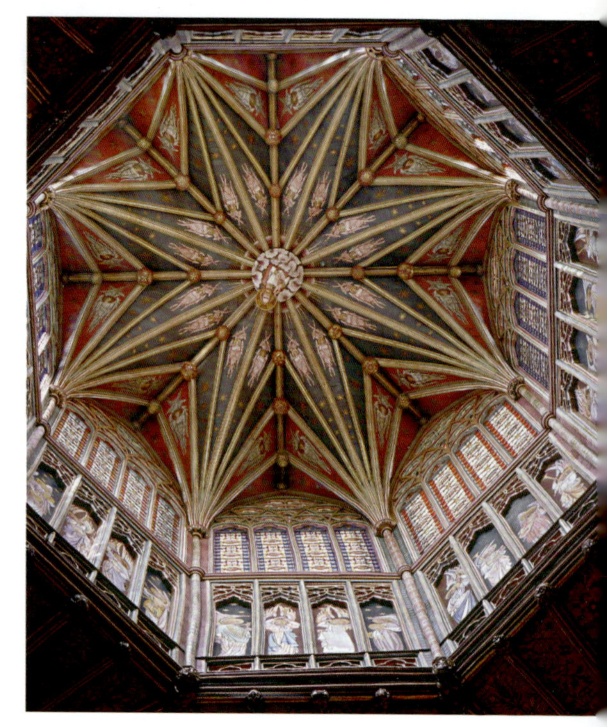

伊利大教堂八角天窗，
1322—1342年，
英国。

阿兰布拉宫木质天花板，
格拉纳达。

壮丽的镶木天花是穆德哈尔木工艺的典型产品。它呈现了一个精致的几何设计，设计中有树叶和水果形状的植物图案。

相互交织的几何形状是伊斯兰艺术的特色。伊斯兰建筑以其丰富的精美装饰而著称，这种装饰是以对装饰每个表面的形状的连续重复为基础的。

天花板被各种不同种类的木制镶嵌物装饰，这些木制镶嵌物的图案和复杂装饰吸取并反射太阳光。

金属的艺术

用金属来装饰和补充建筑物的艺术自古有之。钢铁建造技术在6世纪的中国就已出现，钢铁被用来制造塔基。

钢铁的硬度大、功能性强、用途广泛，是一种非常适合于功能性应用的材料，但早在12世纪和13世纪，铁匠们通过熟铁技术开始将铁用于装饰。这种方法需要将金属捶成所需要的形状，从一开始，就被用来制造辉煌的大门、手柄、门叩及门道和阳台的装饰物。

在文艺复兴时期，随着形状的简化，栏杆和大门与建筑融为一体，而在巴洛克和法国洛可可时期则达到了非同寻常的华丽程度。在新古典主义时期，熟铁的使用衰落了，随着哥特式建筑风格的复兴以及艺术和手工艺运动的影响，熟铁的地位才在19世纪的英国得以恢复。那时，熟铁的地位与欧洲新艺术运动的其他形式同等重要。新艺术运动青睐于将自然形式作为其创作的源泉，因此喜欢缠绕于弯曲线条的植物和花卉形状（都源自对古典建筑柱式和任何僵化教条风格的构件的摒弃）。新艺术运动使熟铁成为那个时代的代表材料，能够满足各种形式与结构的需要。

相关词条
立面。

亨利·古东，
CCF银行熟铁阳台细部，
1900—1901年，
南锡。

约瑟夫·玛丽亚·奥尔布里希，
分离派建筑仿金铜箔圆顶细部，
1898年，
维也纳。

被当代批评家称为“金白菜”的分离派阁楼是以一个正方形带有中庭的构件为基础的，中庭顶部是一个由镀金青铜月桂树叶制成的半球形圆顶。

该阁楼因其基本形状和均衡布局而著称，它被闪耀的装饰物装饰，这些装饰物将阁楼变为一幅“建筑绘画”作品，是从19世纪晚期的审美向现代审美的过渡过程中重要的一步。

圆顶呈现了典型的新艺术植物装饰覆盖下的金属结构。通过密密的镀金月桂树叶交织而成的大网，金属球体将光线滤进其下的前厅，喻指自然的创造力。

一提到宫殿，人们就会自然想到维也纳分离派思潮及其有关抽象装饰至高无上的霸权和不间断地使用花卉装饰的争论。该建筑似乎选择了第三条路线，它是以质量和比例值为依据的，根据这一理论，装饰物仅能体现建筑潜在的指导原则。

建筑杰作

施里夫、拉姆和哈蒙建筑公司，
帝国大厦，
1931年，
纽约。

帕特农神殿，
公元前447—前438年，
雅典。

神殿代表了希腊建筑的精髓，是以均衡而和谐的比例为基础的。它经受了一系列旨在改进其外表的修复，例如柱座的弧线、内部墙壁的收缩以及圆柱的收分曲线等。冠部额枋和檐口的外形轮廓是中央略凸的形状，而圆柱和墙壁则向内倾斜，以矫正视线缩短的视觉印象。

神殿的内部既有多立克式构件，又有爱奥尼克式构件。内殿有传统的双层多立克柱廊，而后殿则有四根标准长度的爱奥尼克柱式。

供奉雅典娜·帕特农（贞女）的帕特农神殿于伯里克利统治期间被建于雅典的卫城之上。该建筑被委托给建筑师伊克梯诺和卡里克利特设计，菲迪亚斯也参与其中，他监督了丰富的雕刻装饰。帕特农神殿是一座八柱式围柱殿，南北两侧（长侧面）有17根多立克柱，东西两侧有8根（短侧面），它是由白色潘泰列克大理石制成的；塑像具有彩色装饰的痕迹。神殿采用了三巨石结构：额枋支承屋顶，各个构件由铁夹相连。

末端圆柱的直径比其他圆柱的直径要长，以弥补外倾给人造成的视觉印象，这样处理的原因是，边角柱处于外部的明亮背景，而其余柱子的背景是较暗的墙壁，人的视觉习惯会把尺寸相同的柱子在暗背景上看得较粗，亮处则较细，视觉矫正就是要反其道而行，把亮处的柱子加粗，看起来就一致了。由于同样的原因，边角的柱子与邻近的柱子之间的距离比中央两柱子之间的距离要小。

外部装饰与多立克柱式一致；西面山花上有精雕细琢的浮雕——今天，这些浮雕被存放于伦敦的英国博物馆中——浮雕描绘了雅典娜和海神波塞冬为了争夺阿提卡而进行的斗争，神话传说中当地的英雄人物以及被拟人化了的河流。

檐部的92个柱间壁被花纹装饰分隔，描绘了神话与传奇：半人半马怪物、亚马孙人和巨人。内殿被爱奥尼克柱式的连续檐壁装饰，描绘了泛雅典娜节的情景。菲迪亚斯制作的黄金象牙雕的雅典娜·帕特农巨像在古代即已被破坏。

平面轮廓提供了一幅以东西轴为参照定位的矩形平面图。所使用的模数是以圆柱的内直径（1.905米）为基础的，各个构件之间的比例（高宽比和宽长比）为4:9。

哈德良别墅半岛别墅，
约118—138年，
蒂沃利。

哈德良自己设计了被称为哈德良别墅的大型建筑群。该布局并没有反映出任何使用用途上的必要性，这是因为该别墅仅是建筑师皇帝实现自己创新理念的托词——事实上，它是一座真正的建筑实验室，注定要被很多世纪以后的巴洛克建筑师们仔细研究。

半岛别墅，或称为海洋剧场，具有圆形的轮廓，其内部是为皇帝娱乐而设计的结构。复杂的结构如半圆壁龛、敞开式谈话间、弧线形的房间等围绕中心轴对称排列。主轴稍微有点向西偏转，朝向主入口。

制砖者的数量在哈德良时期大幅度增长，这些砖块都带有识别制砖者身份的印章。由于在建造别墅墙壁时大量使用了这种砖，因此如今人们可以将该建筑追溯到大约123年。

该建筑形式是为了纪念哈德良在帝国的各个省市旅行时所欣赏的名胜古迹；半岛别墅让人情不自禁地联想起耶路撒冷的黑洛德堡。

砖的使用将皇帝的热情想象演绎为罗马形式。他青睐于线性平面、曲线、圆形屋子和各种不同类型的拱顶，试图将业余折中主义与创新性空间概念的建筑综合在一起。

最初被筒形拱顶覆盖的环形柱廊位于围墙和40根光滑的爱奥尼克式圆柱之上，这些圆柱有规则地间隔排列；半岛的爱奥尼克式圆柱是有凹槽的。弧线形柱廊柱顶横檐梁上的檐壁饰有带翅膀的丘比特驾着双轮马车和一排排海洋动物、蝾螈及神话人物。

该建筑的外部涂漆和装饰，不论内外都曾被彻底拆除：粉饰灰泥、精心绘制的拱顶和镶嵌地板。最初，附件内表面的条砖被漆成红色，石头工艺则被漆成黄色；后来，被替换成这样的装饰——黑红相间的粉饰灰泥和基部的凹凸形大理石。

半岛别墅比住宅的庭院大约低2.5米，它被一层高高的砖墙环绕，砖墙上嵌有呈钻石状的石头，即所谓的罗马混凝土工艺。

1.5米深、用作游泳池的人工池塘被布置在环形空间的同心环中。其特征就像是一个真正的半岛，人们可以通过两座小桥抵达“岛屿”。

圣索菲亚大教堂内部构造，
532—537年，
伊斯坦布尔。

为供奉智慧之神而建造的圣索菲亚大教堂代表了君士坦丁大帝建筑的最高成就，他想建一座在设计、规模上无与伦比，在装饰风格上多姿多彩的宗教建筑。结构清晰的工地上雇用了成千上万的工人，有现场的砌砖工程和自己的采石场。建筑日程被安排得十分紧凑——包括装饰在内，一共用了五年的时间便完工了。

对建筑师的选择似乎具有奇特的关联性：特拉莱斯的安提米乌斯与美里塔司的伊西多尔同是数学家、统计学、体积测定法和几何投影方面的专家，同是理论科学家，而不是工程师或建筑专家。

支承结构的典型特征是多彩的大理石结构：敞开式谈话间的圆柱是红色的埃及斑岩；中堂圆柱是塞萨利铜绿。

巨大的中央空间是一个被光滑的圆柱支承的双层走廊，圆柱上精美的拜占庭风格的柱头被花饰窗格装饰，包括君士坦丁大帝的徽章。

最初的内部构造富丽堂皇，似乎将墙体隐没了——彩色大理石、带有金色背景的镶嵌图案、珍贵的家具、粉饰灰泥、紫色的窗帘，可谓琳琅满目，璀璨的光线和绚烂的色彩更使墙体不见了踪影。由于结构问题，无数关闭着的窗户附近的许多装饰物都丢失了，这导致了如今人们看到的教堂内部光线昏暗。

圣索菲亚大教堂呈现了一个混合的平面布局，中心平面与纵剖面相交，形成了一个巨大的圆顶空间，其规模和结构是如此宏大，颠覆了当时技术和建筑的极限。教堂内部有一个边长为32.5米的正方形空间，被位于四个球形穹隅之上的圆顶覆盖，穹隅位于两个覆盖尖形敞开式谈话间的半圆顶的侧面。

1453年，土耳其征服了君士坦丁堡，圣索菲亚大教堂被转变为清真寺；在1934年又被变为博物馆。

半圆顶被带有金色背景的镶嵌图案装饰，最初的装饰图案是波斯花卉和几何图案的变体，与福音组歌、Dodecaorto场景以及12个拜占庭节日的日历融合在一起。

鉴于圆顶的规模，大部分推力都被由石头制成的厚厚的四大柱墩吸收，只有一小部分被敞开式谈话间的半圆顶吸收。所使用的石材是当地的石灰石，有点软，但比砖的抗压缩能力要强得多。

巴黎圣母院，
约1163—1250年，
巴黎。

巨大的唱诗堂内部有双层回廊，其周围由皮耶·德·谢耶于1296—1302年建造的小礼拜堂呈放射状排布。空中的两个蔓延拱结构带有耸立于巨大扶壁之上的中间壁柱，在外部对唱诗堂起加固的作用。

巴黎圣母院全部是由石头制成的，被铅板屋顶覆盖，是早期哥特式建筑的最后一部杰作。整座建筑被普通的装饰图案装饰，使哥特式表面更加富有生气：尖塔、尖顶、壁龛及令人惊叹的被雕刻成中世纪动物寓言集奇异造型的怪兽状滴水嘴。所有这些都于19世纪在维欧勒·勒·杜克的监督下得以修复。维克多·雨果曾在他的小说《巴黎圣母院》（著于1831年）中对圣母院做过最充满诗意的描绘，从此巴黎圣母院的浪漫意象便被放大化了。

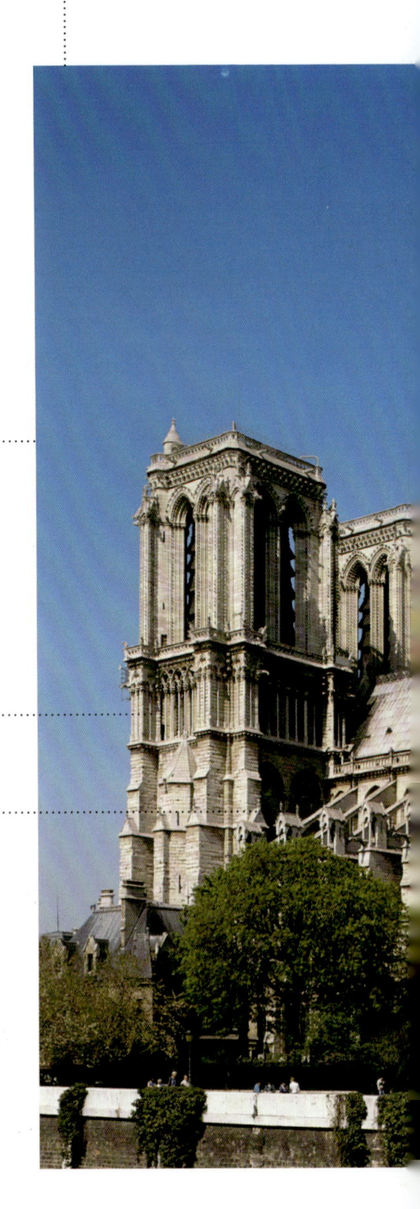

大教堂平面呈横翼较短的拉丁十字形，带有短短的并不向外突出的耳堂和一个非常深的唱诗堂。和谐的立面两侧是两座建于1245年的69米高的方形塔楼，每座塔楼都与侧堂的宽度相一致。

巴黎圣母院的中堂带有四个侧堂和一个短小耳堂，在外部被反射到阶梯状的侧面。中堂和侧堂的高度以及1米厚的墙壁需要外部用扶壁支承，以平衡圆顶的侧推力，同时，也可以使用大窗。

上部是雅致的成对尖顶窗，尖顶窗上是带有彩色玻璃的天窗，这些彩色玻璃上面都绘有图案；在一楼是巨大的带竖框的窗户，上面饰有叶形饰和几何形图案的窗饰。耳堂顶部是玫瑰花状的带窗饰的大圆窗，大约创建于1268年，窗饰取材于《旧约》故事。

大教堂于1163年开始动工，于1182年在建完唱诗堂后祝圣。立面的修建开工于1204年；在1250年，尚·德·谢耶建造了北翼耳堂的立面，在1258年，他开始修建南翼耳堂，南翼耳堂最终是由皮耶·德·蒙特厄依完成的。

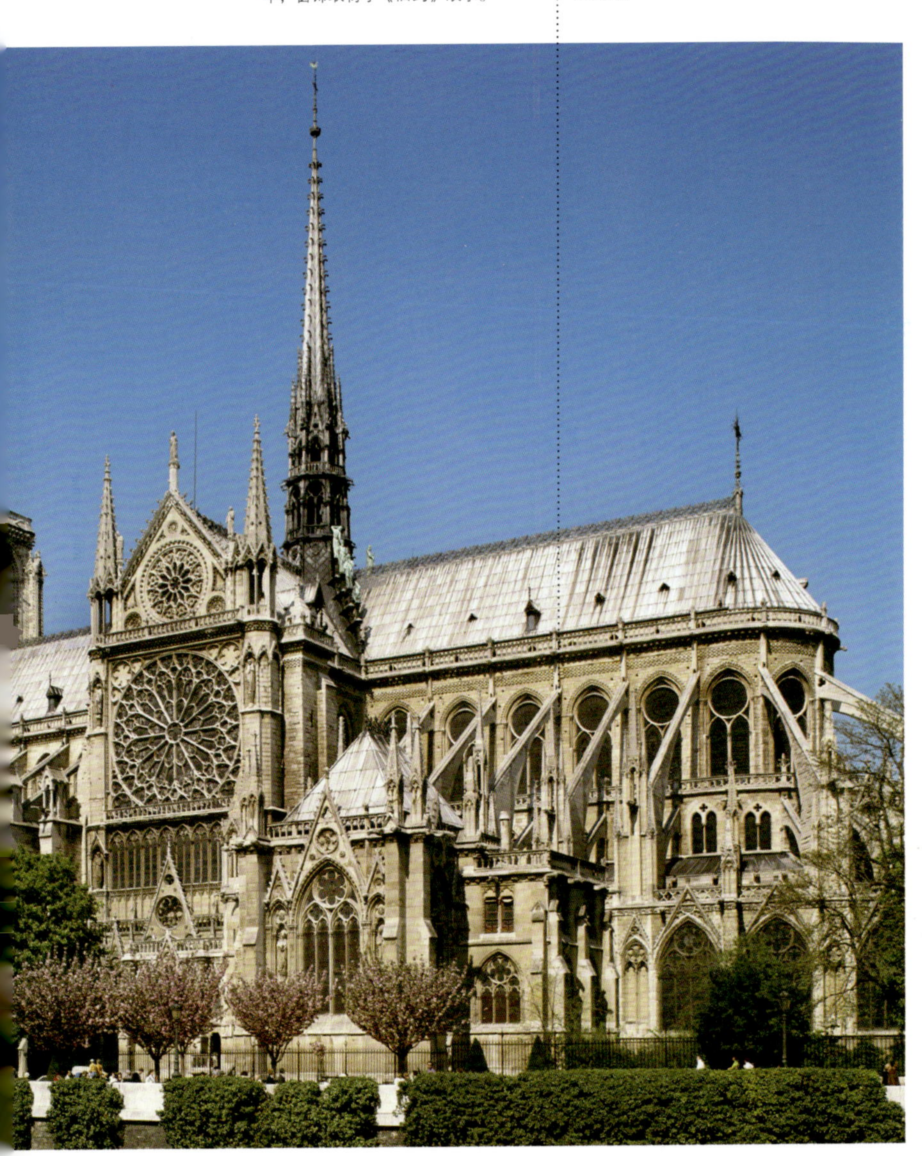

朱利·罗马诺，
德泰宫西立面，
约1524—1535年，
曼图亚。

入口的粗面三拱券是宫殿纵向设计的自然基点，它沿着东西轴排列，在其周围排列着建筑物的其他建筑构件，比如庭院、花园及从敞开式谈话间一直延伸到看不见灭点的羊肠小径。

德泰宫水平外立面的混合柱式源于对由中央壁龛周围光滑的爱奥尼克式壁柱构成的构件的复现。嵌于墙体空间内的是八扇巨窗，每扇窗柱顶盘檐壁的下方都设有一扇较小的窗户。被分为三部分的入口通道反映了中庭的建筑布局。

瓦萨里叙述道，由于当地缺乏石矿场，因此朱利·罗马诺“充分利用了砖和烤石，后来他又在上面覆盖上一层粉饰灰泥”。

作为贡扎加宫廷的郊区宅邸的德泰宫是朱利·罗马诺的建筑杰作。朱利·罗马诺是拉斐尔的学生和合作者，他在罗马文艺复兴的鼎盛时期得到了真传。朱利·罗马诺到达曼图亚，多亏了巴尔达萨雷·卡斯蒂利奥内的帮助，他被誉为贡扎加建筑的“优秀统帅”，并积极参与到建筑设计和城市设计的活动中来，改变了整座城市的面貌。

德泰宫的独特之处首先体现在古典元素间的平衡——与墙壁相区分并连接围墙的壁柱，檐壁、拱券上的凉廊及圆柱等；其独特之处还体现在纯粹的矫饰，例如颇具可塑性的粗面砌筑以及一系列的壁龛和窗户。低矮而细长的造型很可能是以塞巴斯蒂亚诺·塞利奥编撰的模型为基础的。

立面的建筑设计似乎是实体空间和虚幻空间并置的结果，处于以明暗效果为基础的装饰图案的不断转换中。

朱利·罗马诺建筑的主题是：立面是由低矮粗糙的部分和相对较为光滑的上部构成的，中间被一个饰有古典檐壁的檐口分隔，檐壁体现了希腊建筑中的主要图案。

圣彼得大教堂，
1504—1657年，
罗马。

1546—1564年，由米开朗琪罗负责大教堂圆顶的设计，高大且带有窗户的鼓座支承着圆顶，多亏了类似于扶壁的对柱，既满足了静力的需求，又满足了形式的需要。圆顶由双壳结构构成，从内部看，圆顶呈半球形轮廓，而从外部看，则呈凸起的轮廓。垂直推力被16个终结于灯塔的肋架结构加强，这与鼓座和立面成对圆柱的节奏遥相辉映。多年来，安装的铁索多达10根，以承载圆顶基部外围的侧向负荷。

卡罗·马德诺设计的立面有51米高的水平剖面（唯一能看见圆顶的处理方法），明显区别于巨大的科林斯式圆柱和27.5米高的壁柱。该建筑还需要在两端建造双塔楼，但由于地基不稳而没能实现。

1657年，由贝尼尼设计的椭圆形带柱廊空间通过两翼会聚所产生的较小广场与立面相连，被多梅尼科·丰塔纳建造的方尖碑加强。柱廊沿着难以察觉的斜面排布，圆石标志着椭圆的中心，从这儿望去，柱廊似乎仅仅是由单排圆柱构成的，而不是由四排圆柱构成的。

圣彼得大教堂的建造史围绕着这样的争论展开：究竟该采用中央平面布局，还是巴西利卡式布局。布拉曼特最初的希腊十字架结构在1514年被拉斐尔重建为纵向布局，小安东尼奥·达·桑加罗于1520年继续施工。

1547年，米开朗琪罗重新确立了中央平面的有效性，又回归到希腊十字架结构，这种结构在空间上强调圆顶的使用，在米开朗琪罗去世后，由雅各柏·德拉·波尔塔修建（他生于1568年，卒于1588年）。设计之争结束于卡罗·马德诺大约在1607年创造的纵向中堂主体。

约翰·卢卡斯·冯·希尔德布兰德，
上美景宫，
1721—1722年，
维也纳。

屋顶的上下起伏以及建筑主体的进与退动感十足，装饰结构让整个建筑浑然天成——装饰结构的核心是较下面的整层楼，被抹灰挑檐加强，同时又与旁边的阁楼相拥而立。

该建筑群是为欧根·萨伏依王子建造的夏季行宫，由两个相互独立的建筑物构成，分别为较低的下美景宫（1714—1716年）和较大的上美景宫（1721—1722年）；这两个部分是由一座法式花园连接在一起的。

上美景宫既呈现了奥地利国家美术的方方面面，又展现了洛可可建筑的精致与感性，被认为是巴洛克晚期非宗教建筑成功的作品之一。

希尔德布兰德颇具创新性地统一了这一时期建筑界的所有主要思潮：体量上的一体化和外墙形成了一个充满活力的表面，在这个表面上，形式产生、消失并被转化。

上美景宫具有细长的中央平面，以庭院为基础，其独特之处在于巨大的一系列不同高度的建筑构件按非同寻常、意想不到的结构排列。中央阁楼高高耸立，构成了整个建筑的冠顶；在它的前面是一段楼梯和带有活泼分段檐口的门厅。

建筑物的每个侧翼都以一个带圆顶的八边形阁楼结束，既延续着又终结了由不同高度的建筑物谱写的乐章。

上美景宫的结构特别新颖，巴洛克花园的无限景观被缩减为一个封闭的空间：宫殿的位置比较高，可以居高临下地控制周围空间。

这种建筑技巧使人们可以以两种方式来欣赏这一建筑与自然统一的伟大作品。第一种方式是远观；第二种方式是从中部看，但是由于建筑物前面的大片水域，另一个方法是从接近入口的地方来欣赏这座复杂的建筑物。

约翰·纳什，
坎伯兰连排住宅，
1827年，
伦敦。

作为复杂的城市设计的一部分——约翰·纳什设计的作品注定改变伦敦中心的面貌，它的与众不同之处在于其外形轮廓充分利用了而不是掩饰了不规则的地形——坎伯兰连排住宅是面临里琴公园的巨大建筑之一。

该建筑清晰地呈现了新古典主义的正面，巨大的爱奥尼克式圆柱位于高高的粗面柱础之上。由于短翼微微向后缩回，使正面柱廊看上去像是一个设置在建筑物前面的门廊。

被涂上石膏的浅色表面轮廓清晰，增强了新古典主义的体量、平面的清晰划分以及整体的对称性。

坎伯兰连排住宅是对整个伦敦住宅区进行新古典主义式重建的一个典型，将街道和公园和谐地结合在一起，其结构的匀称性和统一性使其成为19世纪早期城市设计的杰出代表。

该建筑顶部是一个有栏杆的阳台和一个令人赞叹的三角形山花，在蓝色背景的衬托下，门楣上装饰有很多雕刻物。

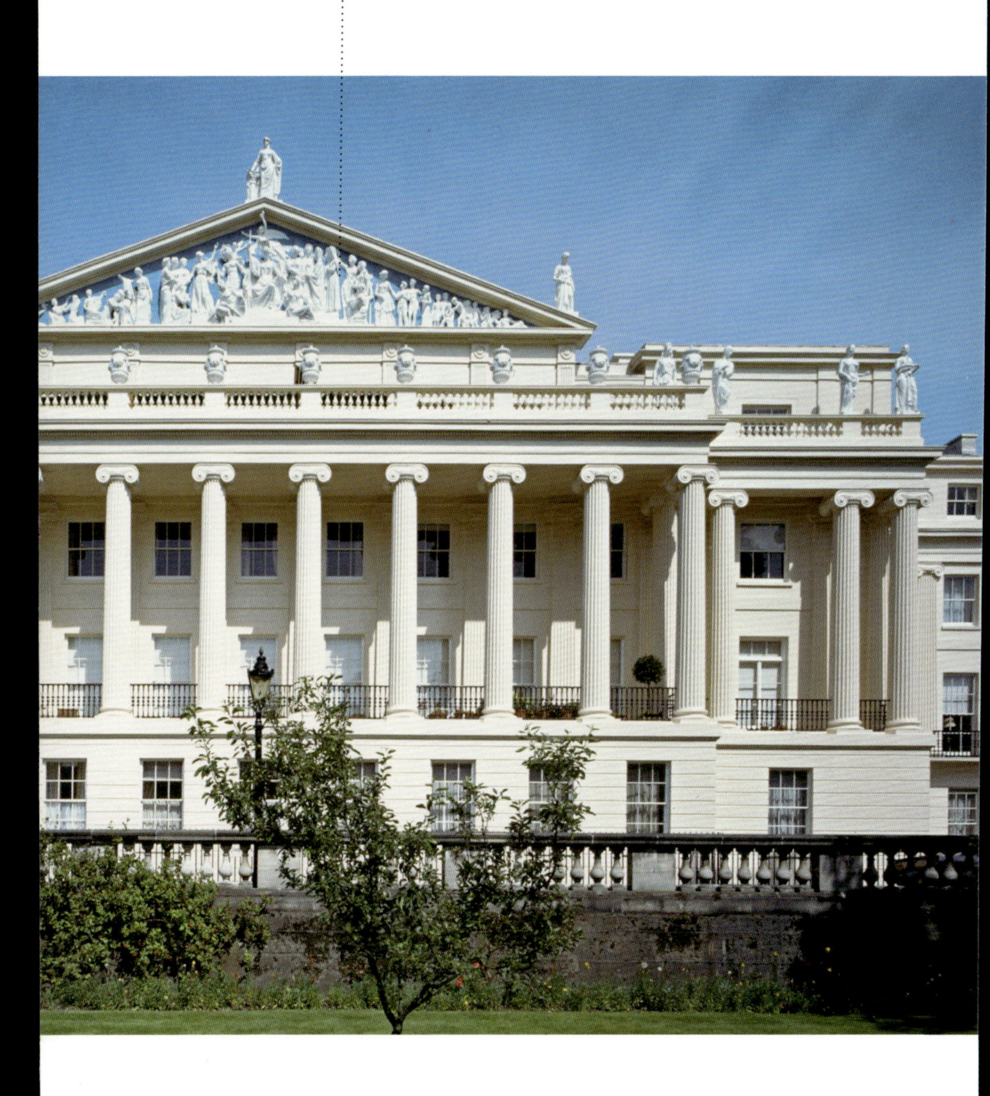

巴黎大皇宫，
1897—1900年，
巴黎。

屋顶是由钢铁和玻璃制成的，为室内提供了照明；中央带圆顶的巨大平坦拱位于铰接梁之上，圆顶同样也是中间呈凹形，其上方是一座高耸的灯塔。

1900年，世博会在巴黎召开，巴黎大皇宫就是为举办世博会而建造的——它被设计为美术展馆和装饰艺术展馆——是三位不同建筑师心血的结晶：亨利·德格朗是建筑主体的设计者；路易·卢旺设计了中央部分；艾伯特·托马斯则负责后翼。

主要侧堂拥有一个巨大的带有爱奥尼克式柱廊的石制立面，长240米，高20米，被带有镶嵌图案的檐壁装饰，上面刻绘的场景记载了艺术历史的重大时刻。对柱上的巨大柱廊增强了入口的效果。在建筑物的拐角处是带有次要入口的弧线形立面，其上是带有浮雕图案的铜雕像。

该建筑完美地展示了19世纪晚期的新技术和新材料。它具有规则的H形布局，短短的后臂相对于建筑主体而言略微开敞。

巴黎大皇宫在风格上兼收并蓄，由三组不同的施工队伍建成。其工程如此浩大，需要1500名工人鼎力相助。既包括传统工艺也包括创新性技术，例如，用带钻石头的锯来切割石材及钢筋混凝土的使用等。

瓦尔特·格罗皮乌斯，
包豪斯，
1925—1926年，
德绍。

该建筑是理性主义建筑理念的物质表现，是一个没有主要正面和立面的铰接结构。它包括分别用作教室和实验室的两个结构，这两个部分被悬置于街道的结构和五层楼高、用作学生宿舍的结构连接。

学术综合楼由一楼用以容纳教室的和实验室的长方体结构及二楼用以容纳礼堂和服务室的L形状结构构成。

尽管包豪斯没有任何装饰，但其外表却颇具创意，这是对各个立面不同处理的结果：白色的混凝土区域，黑色金属的外部轮廓及无色透明的玻璃结构。

由瓦尔特·格罗皮乌斯设计的包豪斯有一个敞开式的平面构造，其显著的活力要归功于几座建筑的巧妙排列。

该建筑是各种体量的联合体，其所采用的材料体现了典型的20世纪30年代欧洲理性主义风格：被涂成白色的混凝土、金属和玻璃。格罗皮乌斯认为，玻璃和钢铁结构“没有实质”，因此他使用玻璃和钢铁结构来建造幕墙，从而使整个建筑紧凑而透明。

混凝土支承的结构与建筑物表面分离，正因为建筑物表面在结构上不起任何作用，因此才可以采用连续的玻璃表面。

伦佐·皮亚诺和理查德·罗杰斯，
蓬皮杜艺术中心，
1971—1978年，
巴黎。

蓬皮杜艺术中心位于巴黎的核心位置，是由伦佐·皮亚诺、理查德·罗杰斯设计，艾拉普工程顾问公司协作完成的。

敞开平面在地面上的五层楼里重复使用，赋予该建筑特殊的灵活性。该建筑没有任何承重墙或隔墙，这种布局使人们可以随时改变其内部空间。

所使用的结构和材料清晰地体现了该建筑的工业美学特征。同时，不同的颜色表明了不同的功能：承重结构和进气管是白色的；平台和电梯井是红色的；空调系统是蓝色的；电力系统是黄色的；排水系统是绿色的。

自动扶梯凹凸不平的线条是该建筑的标志，同时也提供了一种理解其结构的方法——该建筑绝不是管道的随意堆叠，而是对每一模块系统的精心安排，这些模块是按照特殊的节奏重复出现的。

该建筑的技术方面以及其外部的实体设备和支承结构是设计方案不可或缺的一部分：要用技术的方法来理解建筑的立面。

蓬皮杜艺术中心颠覆了常规的建筑方法，让其实体设备、技术服务和支承结构都一览无余，成为一个巨大的空容器，随时准备承办博物馆活动、展览和比赛。

蓬皮杜艺术中心是现代主义的真正胜利，是一种新的建筑语言的体现。由钢铁制成的支承结构包括网状管和梁——这些结构都是精心打造而成的，因此形态各异——它们由被称为“盖贝尔”的铸钢悬臂梁连接。斜拉杆囊括了整个结构构架，并被置于立面外缘稍微靠后一点的位置上，以减少视觉冲击。

弗兰克·盖里，
古根海姆博物馆，
1990—1997年，
毕尔巴鄂。

弗兰克·盖里对博物馆的初步研究成果被演绎为流动而随意的形状，这使得其由复杂的计算机系统设计的外部轮廓显得更加与众不同。

盖里创造的建筑造型在几何学上被定义为通过计算机设计的三维数字模型。对立体图和比例模型要分别进行测试，该项目的每一个步骤都经过严格而细致的成本控制，因此，最后该建筑以具有竞争性的总价宣告落成。

博物馆的布局由包裹在中央核心入口周围的27片花瓣构成，是当代建筑中不可缺少的所谓的敞开式平面布局的典范。长长的中央中庭有50米高，顶部是一朵金属花，将朝向东、南和西面的三个侧翼连接在一起。博物馆北临大运河，其倒影便映在河水之中；第四个被截去顶端的侧翼有巨大的玻璃门。

在大风天气里，覆层0.38毫米厚的钛板会随风颤动，扩大了表面积，使该建筑绝妙的流线形设计充满了活力。

被闪亮的钛覆层覆盖的弧线形表面（而其他表面则由米色石灰岩制成）将由镀锌钢制成的复杂支承结构遮盖住，这个复杂的支承结构随着建筑物弧度的变化而变化；透明的区域是耐热玻璃制成的。

该建筑按照组合机制建造而成，反对透视的重要性和传统观念，属于解构主义建筑。盖里自己也提到过在设计这座有悖传统观念的建筑时参考了很多大家的创作，比如弗里兹·朗的《大都会》以及布兰诺西的作品等。其强大的视觉冲击力体现了当代建筑的特征。

卡纳克阿蒙神庙多柱厅外部构造，
公元前1530—前323年，
底比斯。

由古埃及人传给我们的永恒性建筑大部分是反映埃及文明基本价值观的宗教建筑，比如对死者的礼拜和对法老的盲目崇拜等。正是由于这个原因，法老所使用的（事实上是法老所设计的）建筑具有绝对突出的地位。

在设计过程中，法老需向祭司说明该建筑，明确其对场地的权限、神庙的朝向及其类型、建造和装饰的细节等。然后，建筑师和工匠们才开始为实际建筑绘制平面图并展开建造工作。

阿蒙神庙位于肥沃的尼罗河流域的边缘地带，是由大块石灰岩建造而成的，人们将这些石灰岩运到尼罗河上并沿着可航行的运河将其带到卡纳克。考虑到当地黏土资源丰富，坚固的梯形外墙（约有8米厚）全部是由生砖制成的。

不朽的卡纳克神庙建筑群反映了控制新首都的欲望，这个新首都即礼拜阿蒙神的中心。神庙由三块不同的区域构成：分别献给阿蒙神、阿蒙神之妻穆特和鹰首人身的莫神。在图特摩斯一世（公元前1505—前1493年）和拉美西斯二世（公元前1304—前1237年）统治时期，也是神庙的鼎盛时期，他们创造了宏伟的多柱厅。

圣地的建造工期非常长——从开建到竣工经历了几个时期——构成了对古埃及历史的概览。它保留了所有有代表性的埃及神庙。从宏大的塔门进入阿蒙神庙，人们会发现该神庙是一系列区域和院落的复合体，每块区域、每个庭院里的雕像和方尖碑都各不相同，它们沿着一条呈直线形、与太阳轨迹一致的轴排列，人们经常在这条轴附近举行各种游行仪式。

宏伟的多柱厅拥有巴西利卡式的造型，被石头制成的平屋顶覆盖，平屋顶下方是高高的被圆柱支承的中央走廊，阳光透过带有石头护栏的窗户照射进来。该综合体是用三巨石建筑系统修建的。

外部结构雕刻有描绘法老塞提一世和拉美西斯二世军事胜利、庆祝和日常生活场景以及象形文字的浮雕。

沙哈清真寺，
约1612—1638年，
伊斯法罕。

清真寺的建造始于阿巴斯一世统治时期，由其继任者萨菲完成。它代表了伊斯兰近千年建筑经验的总结，其显著特征是其独一无二的威严壮丽。

宏大的建筑呈现了伊朗清真寺的典型布局：一个带有对称轴布局且朝向麦加的巨大矩形结构。

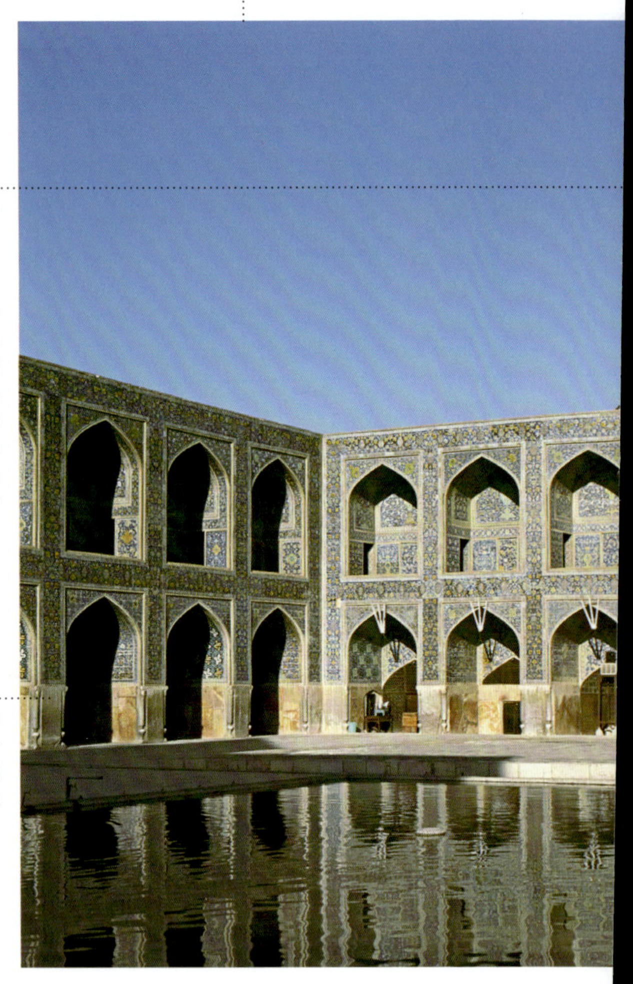

越过雪花石膏的连续带，整个建筑物被彩色瓷砖覆盖——这些彩色瓷砖部分修复于20世纪30年代，装饰着所有表面。其主色调为蓝色，用被称为“七彩”的技术涂以磁漆，这种“七彩”涂漆技术指瓷砖被涂成不同的颜色，被黑色油性物质构成的轮廓线分隔，在烧制过程中，瓷砖上的黑色油性物质便消失不见了。由于这种瓷砖比用于镶嵌图案中的瓷砖便宜，因此能在短时间里用来覆盖巨大的表面，这优先考虑了整体效果而不是材料内在的美。建筑师们巧妙设计的采光效果也增添了建筑的美感。

色彩的广泛分布体现了一个统一的功能；墙壁与连续的花卉装饰层融为一体，共同形成了一个装饰毯——抽象而奇妙，似一首波斯抒情诗，呈现了花的天堂。

到了7世纪末期，清真寺的主要功能和类型被严格地规范；为了迎接大批穆斯林，清真寺的空间结构由巨大的内部中心庭院构成，庭院四周是四个被称为伊万的屋子。

一对宣礼塔在朝向祈祷方向的入口通道和伊万门上空腾空而起。清真寺的显著构件是庞大惊人的位于祈祷大厅顶部、直径为52米的葱形圆顶。

内庭是边长大约为70米的正方形，被双层拱廊环绕。

建筑构件有节奏的重复、对称排列的拱券、起饰面作用的伊万门及静止而宁静的洗礼池增强了空间结构的宏伟壮观。

吴哥窟，
约1113—1150年，
吴哥。

在苏耶跋摩二世的命令下建造的吴哥窟历经近40年的时间才宣告建成，长方形的寺庙被人造护城河环绕；人们可从西部沿石筑堤道进入吴哥窟。采用的东西轴表明了该寺庙是苏耶跋摩二世的皇陵。

中央的五座宝塔象征须弥山五座神圣的山峰，而墙壁和护城河则分别象征环绕须弥山的山峦和咸海；各回廊的每个基点上都建有廊门。

护城河如一道屏障，阻挡丛林的围困，因此吴哥窟保存得较为完整，在20世纪，人们对吴哥窟进行了修复，基本将砂岩和红土石（在炎热潮湿的热带地区，地表有丰富的红土石，被用来建造外墙及隐闭的结构）结构完整地保存了下来，而那些更易腐烂的材料，如宝塔上镀金的粉饰灰泥和天花板的木板等，却消失在历史的长河中。

吴哥窟是高棉古典建筑艺术的杰作，因其建筑节奏和施工精良而闻名于世，它是一座“寺庙山”，象征神圣的须弥山，在印度神话中，须弥山坐落于宇宙的中心，是众神之家。

呈棋盘布局的吴哥窟由三层带拱顶的矩形回廊构成，一层比一层高，且具有共同的中心。最矮的一层由四棱壁柱支承。里面一层的四隅是莲花形宝塔，中央是高65米的中央宝塔，四座小宝塔与中央宝塔之间通过石柱廊连接。宝塔的屋顶由叠层石块构成；回廊的屋顶由石块制成，被雕刻成重叠的屋瓦状。

尽管曾使浅浮雕充满活力的彩色装饰及山花上的花卉装饰已经脱落，但整个结构仍被大量雕刻装饰覆盖，这些装饰描绘了蒂娃妲（守护神）源自印度神话和印度史诗的场景。一些按逆时针方向排列的浅浮雕增强了这样的假设：苏耶跋摩二世将该建筑看作一座陵墓，这是因为在婆罗门葬礼上在墓地巡行的方向即为逆时针方向。

紫禁城，
北京，
15世纪。

该建筑的屋顶是黄色琉璃瓦，黄色是专供皇帝使用的颜色。建筑的重要性还取决于其地势的高低和屋脊上小雕像的数量。

该建筑在水平方向上体现了恢宏的气势。低矮宽阔的建筑按照相关性规则有规律地排列。根据相关性规则，任何建筑构件都不能独立存在，必须由相似或相反的其他构件补充。

紫禁城沿着三个从南向北的平行轴延展开来，沿轴线排列着主要建筑物。举行盛大仪式的大殿与巨大的中央庭院平齐，位于高台之上，被由白色大理石制成的精美栏杆柱环绕，层层台阶使其充满活力。儒家的实用主义哲学解释了轴对称的严格规定，使皇家宫殿成为城市体系的中心。

阁楼的建筑类型自古便被编撰成书。其三重结构分为：座基、支承支架体系的柱子和屋顶。这种结构对实现整个建筑结构的和谐性起到了重要作用。

木材是按古老技术建造而成的建筑物的主要材料，但由于它遇火容易燃烧，因此被石材取替。最初，用于修建紫禁城的石材源自北京附近的采石场，而柱子、横梁和桁架则是由巨型树干制成的。

桂离宫老书院，
17世纪，
京都。

该建筑的大部分是由木材制成的：从竹制的阳台到柳杉（属柏木科）长板制成的巨大走廊地面，从柏树皮屋顶板到置于规则排列的巨石之上的平台，从纤细的四边形柱子到矮墙和窗户栅栏，无一例外。阳光透过窗户照进室内。

由于缺乏准确的日期，人们很难推测桂离宫的确定归属；老书院是桂离宫建筑群中最先被建造出来的，在古代文献中被称为“瓜田里的茶楼”，大约于1615年归智仁亲王所有。

桂离宫是按敞开式平面图建造而成的，这种平面图依托于按地形设计的相互贯通的方形和长方形几何模块，即所谓的“飞行中的大雁群”布局。根据这一模式，各建筑物围绕一个中心轴分布，一个比一个向后错，以使正面部分也能朝向东南方，从而保证主要房间采光的最优化。

尽管桂离宫很“纤弱”，但却从未被改造，它是日本古典建筑的杰出典范，在精心的定期修复下，虽经岁月无情的侵蚀却依然屹立。

古典书院风格——日本武士住宅的典型——与所谓的数奇屋风格融为一体，显得更加开放、怪异，更适合乡村屋舍的风格。

铺满碎石的小径从湖边的小码头一直通向所谓的月波楼；人们经常在湖面举办游船会来观赏冉冉升起的月亮。

位于浓密的花园植被之中，面临静静湖水的老书院是住宅的中心，它有一个典型的斜屋顶。鼓状结构上被六层金叶覆盖的菊花形标志清晰可见。

在屋外平台的外围是一系列白色障子（纸糊隔墙），这种屏障增强了白墙的清晰度，只是偶尔被窗台、门楣和柱子的黑边中断。

附　录

图片出处说明

I.M. 贝聿铭，
卢浮宫金字塔入口的楼梯通道，
1983—1993年，
巴黎。

图片出处说明

AKG-images, Berlino, pp. 148, 225, 258, 332 / Bildarchiv Monheim, 12, 75 sin., 81, 87, 89, 91, 101, 107, 111, 115, 122, 124, 127, 146, 149, 154, 157, 163, 186, 203, 236, 250, 317, 352-353, 356-357, 360-361 / Richard Booth, 162 / Hervé Champollion, 66, 78, 190 / Mark de Fraeye, 219 / Gérard Degeorge, 77 sin. / Stefan Drechsel, 153 / Werner Forman, 85 / Rainer Hackenberg, 177 / Hilbich, 110, 118 / Dieter E. Hoppe, 151 / Jànos Kalmàr, 183, 336 / Tristan Lanfranchis, 244 / Joseph Martin, 67 des., 126, 372 / Jean-Louis Nou, 221 / Robert O'Dea, 255 / Pirozzi, 65 / Profitlich, 239 / Jurgen Raible, 261

Archivi Alinari, Firenze, p. 198

Archivio Fuksas, p. 175

Archivio Mondadori Electa, Milano, pp. 8, 11, 16-17, 19, 21, 22, 24-25, 41, 43, 90, 143, 147, 155, 167, 204, 223, 287, 310 / Graziano Arici, 323 / Fabrizio Carraro, 88, 120, 156 / Maurizio di Puolo, 76 des. / Gorge Fessy, 187 / Andrea Jemolo, 202 / Alejandro Leveratto, 132 / Marco Ravenna, 222, 235, 318-319 / Giovanni Ricci Novara, 42 / SPADEM, Parigi, 77 des. / Arnaldo Vescovo, 188-189, 297, 299, 316

Archivio Richard Rogers, p. 46

Archivio Zaha Hadid, p. 47

© Artur / Zooey Braun, p. 228 / Dennis Gilbert/VIEW, 274 / Gerard Hagen, 282 / Roland Halbe, 277 / Jochen Helle, 218, 268 / Christian Michel/VIEW, 226 / Monika Nikolic, 161 / Dirk Robbers, 229 / Grant Smith/VIEW, 358-359 / Barbara Staubach, 207

Achim Bednorz, Colonia, pp. 212, 315

Biblioteca Apostolica Vaticana, p. 30

Fabrizio Carraro, Torino, pp. 93, 119, 193

Giovanni Chiaromonte, Milano, p. 18

© CORBIS, pp. 33, 168-169, 266-267 / Paul Almasy, 109, 114, 201/ Archivo Iconografico, S.A., 70, 213 / ART on FILE, 129, 273, 291 / Yann Arthus-Bertrand, 354-355 / Atlantide Phototravel, 214-215, 240-241, 242-243, 303, 342-343 / Tiziana and Gianni Baldizzone, 309 / Jonathan Blair, 278 / Chris Bland/Eye Ubiquitous, 196, 274 / Christophe Boisvieux, 82 / Richard Bryant/Arcaid, 60 / Inigo Bujedo Aguirre/Arcaid, 176 / Demetrio Carrasco/JAI, 172 / Elio Ciol, 322 / Dean Conger, 108 / Richard A. Cooke, 160 / Pablo Corral Vega, 56 / Marco Cristofori, 112, 130-131, 294 / Barry Cronin/ZUMA, 276 / CSPA/NewSport, 283 / Gianni Dagli Orti, 179 / Edifice, 334 / Abbie Enock/Travel Ink., 220 / Rufus F. Folkks, 262-263 / Werner Forman, 340-341 / Franz-Marc Frei, 279 / Michael Freeman, 289 / Todd Gipstein, 61 / Lindsay Hebberd, 164-165 / John Heseltine, 137 in basso / Historical Picture Archivi, 270 / Angelo Hornak, 59, 185, 265, 336 / Ladislav Janicek/zefa, 54 / Andrea Jemolo, 80 in alto, 138, 180, 182, 260, 306 / Mimmo Jodice, 74 / Thom Lang, 304 / John Edward Linden/Arcaid, 96, 290 / Xiaoyang Liu, 320 / Massimo Listri, 84, 141, 166, 311, 314, 333 / Ramon Manent, 73, 113 / James Marshall, 326 / Kevin R. Morris, 366-367 / Michael Nicholson, 191 / Richard T. Nowitz, 83, 209 / Clay Perry, 224 / José F. Poblete, 199 / Carmen Redondo, 362-363 / Hans Georg Roth, 300 / Gregor M. Schmid, 216 / Richard Schulman, 272 / Paul Seheult/Eye Ubiquitous, 233 / Grant Smith, 97 / Lee Snider/ Photo Images, 150 / Paul A. Souders, 49, 75 des. / Tim Street-Porter/Beateworks, 249 / Rudy Sulgan, 350-351 / Murat Taner/ zefa, 98, 121 / Arthur Thévenart, 63, 364-365 / Paul Thompson, 256 / Vanni Archive, 137 in alto, 140, 296 / Sandro Vannini, 181, 232, 298 / Francesco Venturi, 327 / Brian A. Vikander, 136, 368-369 / Patrick Ward, 103 / Nik Wheeler, 58 / Roger Wood, 135 / Adam Woolfitt, 117, 208, 333 / Michael S. Yamashita, 230

Roland Halbe, Stoccarda, pp. 92, 95, 133, 210, 246-247, 284, 325

© Erich Lessing / Contrasto, pp. 100, 238, 257, 285, 307

Yoshiharu Matsumura, pp. 370-371

Luca Mozzati, Milano, pp. 57, 71, 134, 144, 170, 197, 231, 302, 321

Luciano Pedicini, Napoli, p. 328

Per gentile concessione della Fabbrica di San Pietro in Vaticano, pp. 44-45, 67 sin.

Matteo Piazza, Milano, p. 280

Francesca Prina, Milano, p. 308

Rabatti & Domingie, Firenze, pp. 99, 106, 116, 200, 205, 305

Mauro Ranzani, Milano, p. 171

Marco Ravenna, Bologna, pp. 128,

AKG-images, Berlino, pp. 148, 225, 258, 332 / Bildarchiv Monheim, 12, 75 sin., 81, 87, 89, 91, 101, 107, 111, 115, 122, 124, 127, 146, 149, 154, 157, 163, 186, 203, 236, 250, 317, 352-353, 356-357, 360-361 / Richard Booth, 162 / Hervé Champollion, 66, 78, 190 / Mark de Fraeye, 219 / Gérard Degeorge, 77 sin. / Stefan Drechsel, 153 / Werner Forman, 85 / Rainer Hackenberg, 177 / Hilbich, 110,

118 / Dieter E. Hoppe, 151 / Jànos Kalmàr, 183, 336 / Tristan Lanfranchis, 244 / Joseph Martin, 67 des., 126, 372 / Jean-Louis Nou, 221 / Robert O'Dea, 255 / Pirozzi, 65 / Profitlich, 239 / Jurgen Raible, 261
Archivi Alinari, Firenze, p. 198
Archivio Fuksas, p. 175
Archivio Mondadori Electa, Milano, pp. 8, 11, 16-17, 19, 21, 22, 24-25, 41, 43, 90, 143, 147, 155, 167, 204, 223, 287, 310 / Graziano Arici, 323 / Fabrizio Carraro, 88, 120, 156 / Maurizio di Puolo, 76 des. / Gorge Fessy, 187 / Andrea Jemolo, 202 / Alejandro Leveratto, 132 / Marco Ravenna, 222, 235, 318-319 / Giovanni Ricci Novara, 42 / SPADEM, Parigi, 77 des. / Arnaldo Vescovo, 188-189, 297, 299, 316
Archivio Richard Rogers, p. 46
Archivio Zaha Hadid, p. 47
© Artur / Zooey Braun, p. 228 / Dennis Gilbert/VIEW, 274 / Gerard Hagen, 282 / Roland Halbe, 277 / Jochen Helle, 218, 268 / Christian Michel/VIEW, 226 / Monika Nikolic, 161 / Dirk Robbers, 229 / Grant Smith/VIEW, 358-359 / Barbara Staubach, 207
Achim Bednorz, Colonia, pp. 212, 315
Biblioteca Apostolica Vaticana, p. 30
Fabrizio Carraro, Torino, pp. 93, 119, 193
Giovanni Chiaromonte, Milano, p. 18
© CORBIS, pp. 33, 168-169, 266-267 / Paul Almasy, 109, 114, 201/ Archivo Iconografico, S.A., 70, 213 / ART on FILE, 129, 273, 291 / Yann Arthus-Bertrand, 354-355 / Atlantide Phototravel, 214-215, 240-241, 242-243, 303, 342-343 / Tiziana and Gianni Baldizzone, 309 / Jonathan Blair, 278 / Chris Bland/Eye Ubiquitous, 196, 274 / Christophe Boisvieux, 82 / Richard Bryant/Arcaid, 60 / Inigo Bujedo Aguirre/Arcaid, 176 / Demetrio Carrasco/JAI, 172 / Elio Ciol, 322 / Dean Conger, 108 / Richard A. Cooke, 160 / Pablo Corral Vega, 56 / Marco Cristofori, 112, 130-131, 294 / Barry Cronin/ZUMA, 276 / CSPA/NewSport, 283 / Gianni Dagli Orti, 179 / Edifice, 334 / Abbie Enock/Travel Ink., 220 / Rufus F. Folkks, 262-263 / Werner Forman, 340-341 / Franz-Marc Frei, 279 / Michael Freeman, 289 / Todd Gipstein, 61 / Lindsay Hebberd, 164-165 / John Heseltine, 137 in basso / Historical Picture Archivi, 270 / Angelo Hornak, 59, 185, 265, 336 / Ladislav Janicek/zefa, 54 / Andrea Jemolo, 80 in alto, 138, 180, 182, 260, 306 / Mimmo Jodice, 74 / Thom Lang, 304 / John Edward Linden/Arcaid, 96, 290 / Xiaoyang Liu, 320 / Massimo Listri, 84, 141, 166, 311, 314, 333 / Ramon Manent, 73, 113 / James Marshall, 326 / Kevin R. Morris, 366-367 / Michael Nicholson, 191 / Richard T. Nowitz, 83, 209 / Clay Perry, 224 / José F. Poblete, 199 / Carmen Redondo, 362-363 / Hans Georg Roth, 300 / Gregor M. Schmid, 216 / Richard Schulman, 272 / Paul Seheult/Eye Ubiquitous, 233 / Grant Smith, 97 / Lee Snider/ Photo Images, 150 / Paul A. Souders, 49, 75 des. / Tim Street-Porter/Beateworks, 249 / Rudy Sulgan, 350-351 / Murat Taner/ zefa, 98, 121 / Arthur Thévenart, 63, 364-365 / Paul Thompson, 256 / Vanni Archive, 137 in alto, 140, 296 / Sandro Vannini, 181, 232, 298 / Francesco Venturi, 327 / Brian A. Vikander, 136, 368-369 / Patrick Ward, 103 / Nik Wheeler, 58 / Roger Wood, 135 / Adam Woolfitt, 117, 208, 333 / Michael S. Yamashita, 230
Roland Halbe, Stoccarda, pp. 92, 95, 133, 210, 246-247, 284, 325
© Erich Lessing / Contrasto, pp. 100, 238, 257, 285, 307
Yoshiharu Matsumura, pp. 370-371
Luca Mozzati, Milano, pp. 57, 71, 134, 144, 170, 197, 231, 302, 321
Luciano Pedicini, Napoli, p. 328
Per gentile concessione della Fabbrica di San Pietro in Vaticano, pp. 44-45, 67 sin.
Matteo Piazza, Milano, p. 280
Francesca Prina, Milano, p. 308
Rabatti & Domingie, Firenze, pp. 99, 106, 116, 200, 205, 305
Mauro Ranzani, Milano, p. 171
Marco Ravenna, Bologna, pp. 128, 312-313
© Scala Group, Firenze, pp. 123, 346-347
© Sime / Giovanni Simeone, pp. 348-349
© The Bridgeman Art Library, pp. 158-159 / Paul Maeyaert, 286 / Ian Pearson/Mexicolore, 324
© Tips / Sunset, pp. 344-345
Arnaldo Vescovo, Roma, pp. 173, 237, 248

I disegni delle seguenti pagine sono tratti da volumi Electa, pp. 13, 14, 15, 20, 23, 26, 27, 28, 29, 31, 35, 36, 37, 39, 40, 48, 51, 52, 64, 76 sin., 80 in basso, 139, 142, 184, 192, 234, 264, 293.

L'editore è a disposizione degli aventi diritto per eventuali fonti iconografiche non identificate.